林标声　郑新添　著

# 发酵技术及其应用

FAJIAO JISHU JIQI YINGYONG

化学工业出版社

·北京·

**图书在版编目（CIP）数据**

发酵技术及其应用/林标声，郑新添著. —北京：化学工业出版社，2023.8（2025.2重印）
ISBN 978-7-122-43421-0

Ⅰ.①发… Ⅱ.①林… ②郑… Ⅲ.①发酵工程 Ⅳ.①TQ92

中国国家版本馆CIP数据核字（2023）第079456号

责任编辑：邵桂林　　装帧设计：韩　飞
责任校对：边　涛

出版发行：化学工业出版社（北京市东城区青年湖南街13号　邮政编码100011）
印　　装：北京科印技术咨询服务有限公司数码印刷分部
787mm×1092mm　1/16　印张12　字数272千字　　2025年2月北京第1版第3次印刷

购书咨询：010-64518888　　售后服务：010-64518899
网　　址：http://www.cip.com.cn
凡购买本书，如有缺损质量问题，本社销售中心负责调换。

**定　　价：59.00元**

# 前言

发酵技术是人类最早通过实践掌握的生产技术之一，许多传统产品的生产都应用了发酵技术，在我国有酱油、醋、白酒、黄酒等，而西方有啤酒、葡萄酒、奶酪等。随着社会经济与科技的发展，由发酵技术支撑起的发酵产业开始诞生与兴起。20世纪60年代以来，我国的发酵工业迅猛发展，所涵盖的产品也从原来的食品、抗生素等渗透到人民生活的各方面，如食品、医药、农业、日化、材料等。如今，生物发酵产业已逐渐占据了生物经济发展的主导地位，是生物技术在日常生活中应用的最典型案例之一。生物发酵产业的高质量发展对于推动我国经济社会转型和满足人民美好生活需要具有重要意义，发酵技术及其相关产品在我国将会有巨大的发展前景。

目前国内关于发酵技术的图书多为高校、科研院所的专业教材或者是专家学者严谨的学术著作，理论知识较为复杂高深，普通读者和非专业人士阅读有一定难度。本书立足于发酵技术的基本原理，对发酵技术在生产生活中的应用进行系统介绍，突出发酵技术的实用性，是一本帮助读者了解发酵技术的科普著作。本书文字简练、内容简单易懂，具体包括发酵技术基础知识、发酵技术与酒、发酵技术与调味品、发酵技术与有机酸、发酵技术与药物、发酵技术与农业、发酵技术与环境治理及发酵技术在生活中的其他应用，并在部分章节中增加拓展知识，介绍发酵技术与人们日常生活密切联系的实践性、趣味性更强的知识点。

本书可面向地方应用型高校及科研院所生物技术及相关专业（如生物工程、生物科学等）教师、科研工作者及本科学生使用，也可以作为对发酵技术研究感兴趣的大众科普著作。

由于编者学术水平、编写能力和实践经验有限，书中难免会有一些不当之处，敬请广大读者给予批评指正。

著　者

2023年5月

# 目 录

# 第一章
# 发酵技术基础知识

## 第一节 发酵技术的定义及历史

### 一、发酵及发酵技术的定义

#### (一)发酵(Fermentation)

发酵最初来自拉丁语“发泡”(Fervere)这个词,是指酵母作用于果汁或发芽谷物产生 $CO_2$ 的现象,是糖厌氧发酵产生二氧化碳的结果。巴斯德研究了酒精发酵的生理意义,认为发酵是酵母在无氧条件下的呼吸过程,是“生物获得能量的一种形式”。也就是说,发酵是在厌氧条件下,糖在酵母菌等生物细胞的作用下进行分解代谢,向菌体提供能量,从而得到酒精和 $CO_2$ 的过程。然而,发酵对不同的对象具有不同意义。对生物化学家来说,关于发酵的定义是指微生物在无氧条件下分解代谢有机物释放能量的过程。

现在所指的发酵早已赋予了不同的含义。发酵是生命体所进行的化学反应和生理变化,包含多种多样的生物化学反应,是根据生命体本身所具有的遗传信息去不断分解合成,以取得能量来维持生命活动的过程。发酵产物是指在反应过程中或反应到达终点时所产生的能够调节代谢使之达到平衡的物质。实际上,发酵也是呼吸作用的一种,只不过呼吸作用最终生成 $CO_2$ 和水,而发酵最终是获得各种不同的代谢产物。因而,现代对发酵的定义应该是:通过微生物(或动植物细胞)的生长培养和化学变化,大量产生和积累专门的代谢产物的反应过程。

#### (二)发酵技术(Fermentation technology)

发酵技术指人们利用微生物的发酵作用,运用一些技术手段控制发酵的过程,从而进行大规模生产发酵产品的技术。狭义地说,是在有氧条件下,糖类或近似糖类物质的分解,例如:乳酸链球菌是在缺氧的条件下将乳糖转化成乳酸,醋酸杆菌则在有氧条件将酒精转化成醋酸。早在几千年前,我们的祖先就已经开始使用发酵技术进行酿酒、调味品的调制,积累了丰富的发酵经验。最初,发酵技术主要用于一些家庭作坊进行手工制作产品，产品的质量和数量都不尽如人意，后来，随着社会的不断发展和工业化的不断深入，实现了工业化的规模生产，如利用酵母菌发酵生产啤酒，利用放线菌生产各种抗生素。

## 二、发酵技术的发展历史

发酵技术历史悠久。早在几千年前，人们就开始酿酒、制酱和制奶酪。作为现代科学概念的微生物发酵是20世纪40年代随着抗生素工业的兴起而迅速发展起来的。从那时起，发酵工程又经历了几次重大的转折，在不断地发展和完善。总的来说，可以分为五个阶段：自然发酵阶段、纯培养技术的建立、通气搅拌发酵技术的建立、全面发展时期、基因工程阶段（表1-1）。

**表1-1　发酵工业的发展阶段**

| 阶段 | 主要产品 | 控制要求 | 菌种来源 |
|---|---|---|---|
| 自然发酵阶段（1900以前） | 制曲酿酒、制醋、酿制酱油、泡菜、沤肥等 | 温度计、比重计、热交换器 | 非纯培养物 |
| 纯培养发酵阶段（1900—1940） | 面包酵母、甘油、柠檬酸、丙酮-丁醇等 | pH离线控制、温度 | 纯培养技术 |
| 深层通气发酵阶段（1940—1957） | 抗生素、有机酸、酶制剂、维生素、激素等 | 温度、pH | 突变、筛选 |
| 代谢调控发酵阶段（1957—1960） | 氨基酸、核苷酸 | 温度、pH、 | 诱变 |
| 全面发展阶段（1960—1979） | 单细胞蛋白 | 计算机控制 | 菌株遗传工程技术 |
| 基因工程阶段（1979—现在） | 为生物自身不能产生的物质，如干扰素、胰岛素 | 计算机控制 | 基因重组技术 |

20世纪40年代初，随着青霉素的发现，抗生素发酵工业逐渐兴起。由于青霉素产生菌是需氧型的，微生物学家就在厌氧发酵技术的基础上，成功地引进了通气搅拌和一整套无菌技术，建立了深层通气发酵技术。它大大促进了发酵工业的发展，使有机酸、维生素、激素等都可以用发酵法大规模生产。

1957年，日本用微生物生产谷氨酸成功，如今20种氨基酸都可以用发酵法生产。氨基酸发酵工业的发展，是建立在代谢控制发酵新技术的基础上的。科学家在深入研究微生物代谢途径的基础上，通过对微生物进行人工诱变，先得到适合于生产某种产品的突变类型，再在人工控制的条件下培养，大量生产人们所需要的物质。目前，代谢控制发酵技术已经应用于核苷酸、有机酸和部分抗生素等的生产中。

20世纪70年代以后，基因工程、细胞工程等生物工程技术的开发，使发酵工程进入了定向育种的新阶段，新产品层出不穷。

20世纪80年代以来，随着学科之间的不断交叉和渗透，微生物学家开始用数学、动力学、化工工程原理、计算机技术对发酵过程进行综合研究，使得对发酵过程的控制更为合理。在一些国家，已经能够自动记录和自动控制发酵过程的全部参数，明显提高了生产效率。

## 三、发酵的分类

目前已知的具有生产价值的发酵有 5 种。

(1) 根据微生物种类不同，分为好氧性发酵和厌氧性发酵。

(2) 根据培养基状态不同，分为固体发酵和液体发酵。

(3) 根据发酵设备不同，分为敞口发酵、密闭发酵、浅盘发酵、深层发酵。

(4) 根据微生物发酵操作方式不同，分为分批发酵、连续发酵、补料分批发酵。

(5) 根据微生物发酵产物不同，分为微生物菌体发酵、微生物酶发酵、微生物代谢产物发酵、微生物的转化发酵、生物工程细胞发酵。

# 第二节 发酵技术的特点及生产类型

## 一、发酵技术的特点

### (一) 发酵技术主体微生物的特点

(1) 种类多、繁殖速度快、代谢能力强，容易通过人工诱变获得有益的突变株。

(2) 产生酶的种类多，能催化各种生物化学反应。

(3) 能够利用无机物、有机物等各种营养源。

(4) 可以用简易的设备来生产多种多样的产品。

(5) 不受气候、季节等自然条件的限制等优点。

### (二) 发酵技术自身特性

与传统酿造技术相比，源于酒类、酱类、醋类等酿造技术的发酵技术发展非常迅速，并具有以下特点：

(1) 发酵过程以生命体的自动调节方式进行，数十个反应过程能够在发酵设备中一次完成。

(2) 反应通常在常温常压下进行，条件温和、消耗少、设备较简单。

(3) 原料通常以糖蜜、淀粉等碳水化合物为主，可以是农副产品、工业废水或可再利用资源（植物秸秆等），微生物本身能有选择地摄取所需的物质。

(4) 容易产生复杂的高分子化合物，能高度选择地在复杂化合物的特定部位进行氧化、还原、官能团引入或去除等反应。

(5) 发酵过程中需要防止杂菌污染，大多情况下设备需要进行严格的冲洗、灭菌，空气需要过滤等。

## （三）微生物工业发酵的基本过程

微生物工业发酵典型的基本过程如图 1-1 所示。主要分为上游过程、发酵过程和下游过程。其中上游过程包括菌株的活化、培养，培养基原料预处理等；发酵过程指发酵过程中的工艺控制，包括温度、pH、溶氧、营养成分消耗等；下游过程指发酵结束后发酵产品的分离提取、精制、加工的过程。

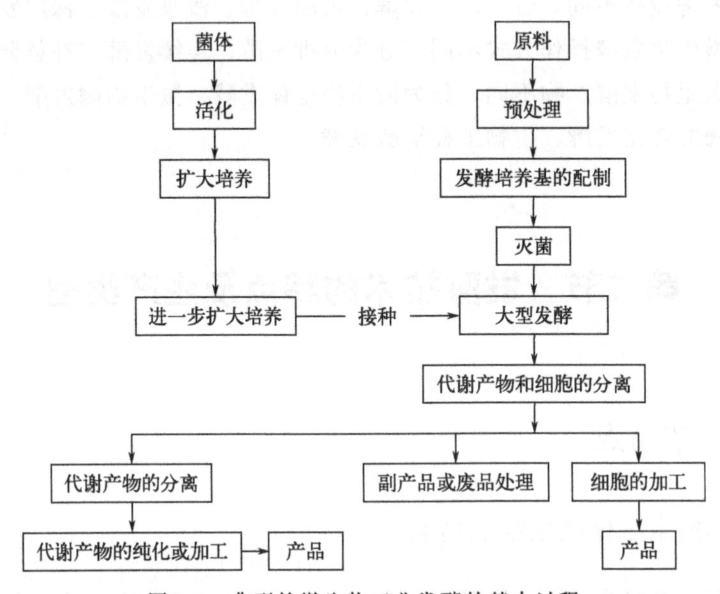


图 1-1　典型的微生物工业发酵的基本过程

## （四）工业发酵必备条件

（1）*适宜的微生物菌种*　如采用酿酒酵母进行酿酒。

（2）*保证或控制微生物进行代谢的各种条件*　如发酵过程需要控制适合微生物生长的温度、pH、溶氧等。

（3）*进行微生物发酵的设备*　如采用锥底立式发酵罐进行啤酒发酵。

（4）*产物提取、精制的设备和方法*　如采用大孔树脂柱层析、葡聚糖凝聚柱层析、聚酰胺柱层析从中药发酵液中提取、精制黄酮、生物碱、三萜类等天然活性成分。

## （五）工业发酵基本过程的特点

与化学工程相比，工业发酵基本过程有以下特点：

（1）生物化学反应，通常在温和的条件（如常温、常压、弱酸、弱碱等）下进行。

（2）原料来源广泛，通常以糖、淀粉等碳水化合物为主。

（3）反应以生命体的自动调节方式进行，若干个反应过程能够像单个反应一样，在单一反应器内很容易进行。

（4）发酵产品大多为小分子产品，但也能很容易地生产出复杂的高分子化合物，如酶、核苷酸的生产等。

（5）由于生命体特有的反应机制，能高度选择性地进行复杂化合物在特定部位的氧化、还原、官能团导入等反应。

（6）生产发酵产物的微生物菌体本身也是发酵产物，富含维生素、蛋白质、酶等有用物质。除特殊情况外，发酵液一般对生物体无害。

（7）要特别注意防止发酵生产操作中的杂菌污染，一旦发生杂菌污染，一般都会遭受损失。

（8）通过微生物菌种的改良，能够利用原有设备较大幅度地提高生产水平。

## 二、发酵技术的生产类型

最初，微生物的应用仅限于食品与酿酒。随着近代微生物工程或发酵技术的发展，应用领域逐渐扩展到医药、轻工、化工、能源、环境保护及冶金等多个行业。特别是基因工程和细胞工程等现代生物技术的发展和结合，人们通过细胞水平和分子水平改良或创建微生物新的菌体，使发酵水平大幅度提高、发酵技术生产的类型不断增加，其中包括许多动、植物细胞产品，主要分为以下几类。

### 1. 以微生物细胞为产物的发酵

以获得具有多种用途的微生物菌体细胞为目的的产品发酵，包括单细胞的酵母和藻类、担子菌，生物防治用的苏云金杆菌以及人、畜防治疾病用的疫苗等。食药用菌中的香菇、冬虫夏草、茯苓、灵芝等的生产也属于此类发酵。

### 2. 以微生物代谢产物为产品的发酵

包括初级代谢产物、中间代谢产物和次级代谢产物。对数生长期形成的产物是细胞自身生长所必需的，称为初级代谢产物或中间代谢产物，如氨基酸、柠檬酸、乳酸等发酵。各种次级代谢产物都是在微生物生长缓慢或停止生长时期（即稳定期）所产生的，来自于中间代谢产物和初级代谢产物，如抗生素的发酵。

### 3. 以微生物酶为产品的发酵

产酶的微生物种类多，易于工业化生产，便于改善工艺、提高产量，如饲料蛋白酶发酵、纤维素酶的生产等。微生物产酶可分为胞内酶和胞外酶。

### 4. 生物转化或修饰化合物的发酵

微生物转化是利用微生物细胞的一种或多种酶，把一种化合物转变成结构类似但更有经济价值的产物，如维生素 C 的发酵生产，其最终产物是由微生物细胞的酶或酶系对底物某一特定部位进行化学反应而形成的。

### 5. 利用微生物特殊机能的发酵

包括：①利用微生物消除环境污染；②利用微生物发酵保持生态平衡；③微生物湿法冶金；④利用基因工程菌株开拓发酵工程新领域。

# 第三节　发酵工业中常用的微生物菌株

## 一、细菌

### 1. 枯草芽孢杆菌

枯草芽孢杆菌（*Bacillus subtilis*）为革兰氏阳性、广泛存在于不同环境中的一种需氧菌，其在土壤及腐败的有机物、植物表面普遍存在，易在枯草浸汁中繁殖生长，在人和动物肠道内亦发现共生。枯草芽孢杆菌是芽孢杆菌属中的一种，直杆状，单个细胞(0.7～0.8)$\mu$m×(2～3)$\mu$m，无荚膜，周生有鞭毛，能运动，可形成内生抗逆芽孢，大小为（0.6～0.9)$\mu$m×(1～1.5)$\mu$m，稍小于原菌体，主要位于中央，芽孢形成后菌体不膨大（图 1-2)。枯草芽孢杆菌生长、繁殖速度较快，菌落表面呈污白或微黄色，粗糙不透明，易扩张。枯草芽孢杆菌具有生殖生长期、孢子休眠期两个时期，在环境恶劣、营养物质缺乏时进入孢子休眠期，形成具有极强抗逆作用，高温、酸碱等极性环境下亦可生存的芽孢。一旦环境变得适宜生长、营养充足，芽孢会自动复苏进入生殖生长期。枯草芽孢杆菌菌体自身合成 α-淀粉酶、蛋白酶、脂肪酶、纤维素酶等酶类，可广泛应用于食品发酵行业。在酱油、酱类和白酒制曲时，如果水分含量大、温度较高，就容易造成枯草杆菌迅速繁殖；不仅消耗原料蛋白质和淀粉，而且生成刺眼鼻的氨味，造成曲子发黏发臭，使制曲失败。

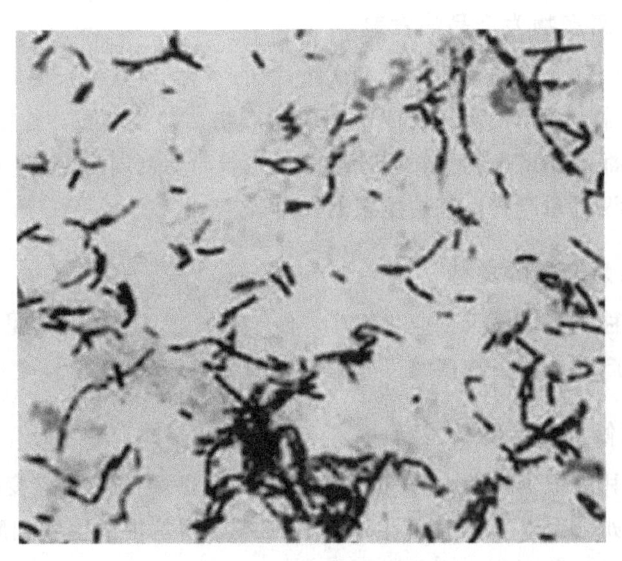

图 1-2　枯草芽孢杆菌

### 2. 德氏乳酸杆菌

德氏乳酸杆菌（*Lactobacillus delbrueckii*），革兰氏阳性，长杆状，无鞭毛，无芽孢，(0.5～0.8)$\mu$m×(2～9)$\mu$m（图 1-3)，菌落圆形，乳白色，边缘整齐，化能异养性，兼性厌氧，不液化明胶，可利用纤维二糖、果糖、葡萄糖、蔗糖、海藻糖。接触酶阴性，氧化酶阴性，耐酸，喜温，生长温度 30～40℃。德氏乳酸杆菌作为一种 D-乳酸发酵菌种，该菌株可以产较高光学纯度的 D-乳酸，但其最佳的发酵温度为 37℃。当培养温度达到 40℃左右时，D-乳酸的产率显著降低。

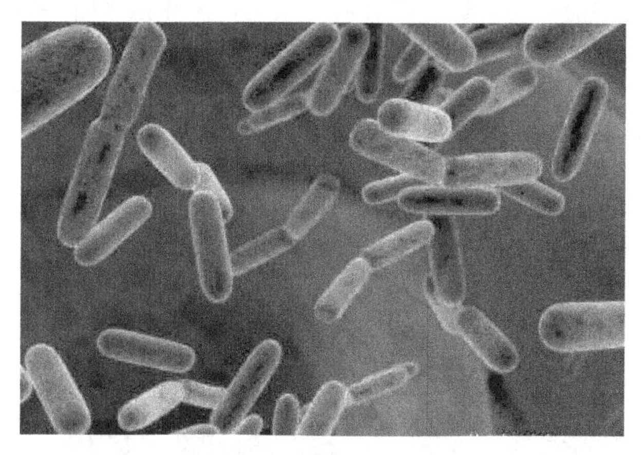

图 1-3　德氏乳酸杆菌

德氏乳酸杆菌常存在于土豆醪、谷物和蔬菜醪的发酵物中，在乳制品加工业、植物蛋白饮料生产和蔬菜深加工等食品工业领域具有广泛的应用。其中，发酵乳制品是德氏乳酸杆菌发酵应用最多、最为成熟的领域，其主要产品有酸奶、奶油和奶酪。德氏乳酸杆菌不仅为发酵乳制品提供了特殊的风味、质地和营养功效，而且赋予了发酵乳制品特殊的食疗功效。因此，德氏乳酸杆菌作为益生菌发酵剂是乳制品工业生产中应用最广泛的菌种之一，具有极高的经济价值。

### 3. 乳链球菌

乳链球菌（*Streptococcus lactics*），革兰氏阴性，0.5～1.0μm，细胞呈卵球形，大多成对或为短链，有些为长链（图 1-4）。乳链球菌能发酵多种糖类，在葡萄糖肉汤培养基中能使 pH 下降到 4.0。生长温度 10～40℃，最适生长温度 37℃，超过 45℃不能生长。

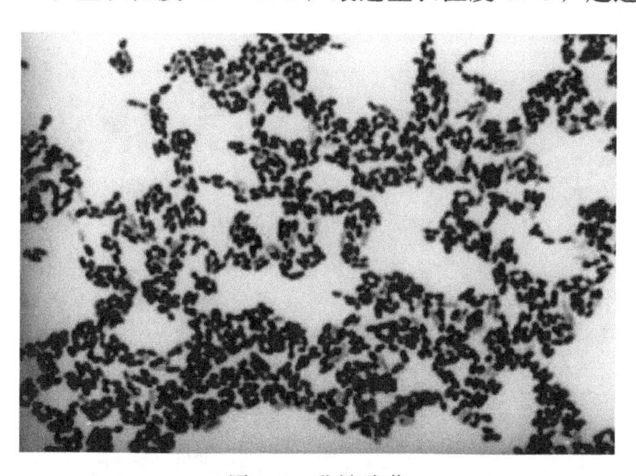

图 1-4　乳链球菌

乳链球菌发酵葡萄糖的最终产物为右旋乳糖（同型发酵），常用于乳制品工业及我国传统食品工业中。

**4. 大肠杆菌**

又称大肠埃希氏菌（*Escherichia coli*），0.5μm×(1.0～3.0)μm，短杆状，革兰氏阴性，一般无荚膜，有些能运动，运动的有周生鞭毛，无芽孢（图 1-5）。大肠杆菌菌落白色至黄白色，光滑闪亮，边缘也比较整齐。

大肠杆菌可用于生产天冬氨酸、苏氨酸、缬氨酸等，大肠杆菌的谷氨酸脱羧酶在工业上被用来进行谷氨酸的定量分析，是食品微生物的检验菌。

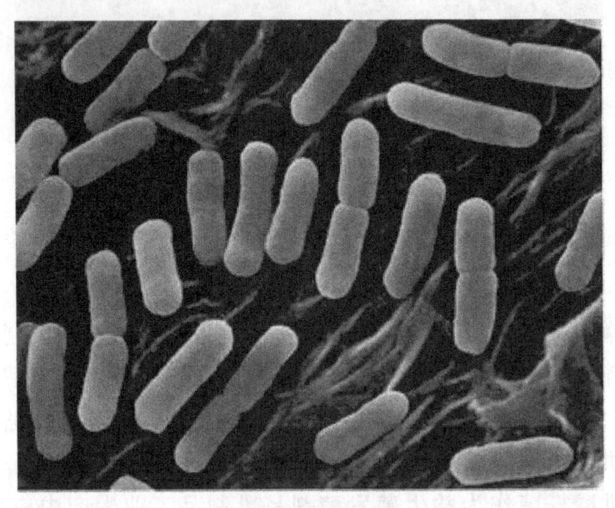

图 1-5　大肠杆菌

**5. 北京棒杆菌**

北京棒杆菌（*Corynebacterium pekinses*），直细杆状、具有棒端的杆菌，(0.3～0.8)μm×(1.5～8.0)μm（图 1-6）；革兰氏阳性，不运动，不生孢子，不抗酸；兼性厌氧，菌落凸起、半透明，毛玻璃状表面；北京棒杆菌为化能异养菌，以葡萄糖为原料发酵产酸，是谷氨酸和其他氨基酸的高产菌，可用于生产谷氨酸。

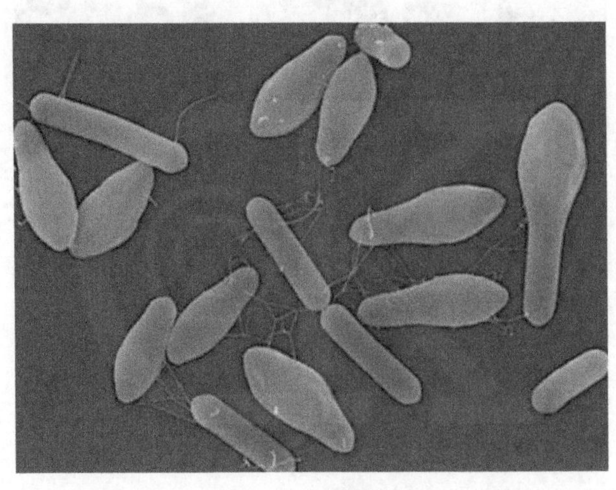

图 1-6　北京棒杆菌

## 二、酵母

### 1. 酿酒酵母

酿酒酵母（*Saccharomyces cerevisiae*），又称面包酵母或者出芽酵母。酿酒酵母是与人类关系最广泛的一种酵母，用于制作面包和馒头等食品及酿酒。酿酒酵母的细胞为球形或者卵形，直径 5～10μm（图 1-7）。其繁殖方法为出芽生殖。酿酒酵母与同为真核生物的动物和植物细胞具有很多相同的结构，又容易培养，被用作研究真核生物的模式生物。酿酒酵母被认为是最具潜力的大规模生产菌种。野生型酿酒酵母的主产物为乙醇。

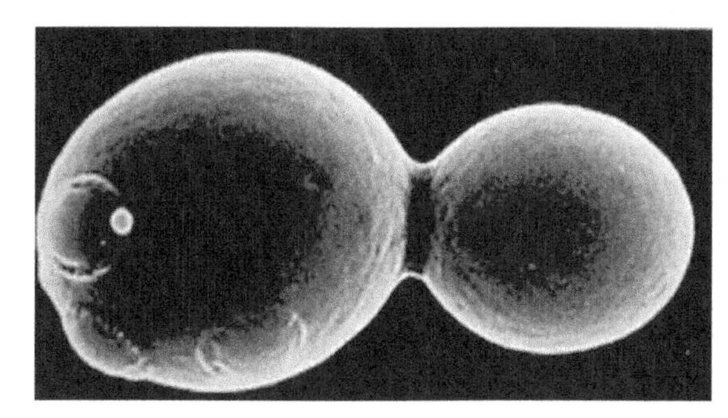
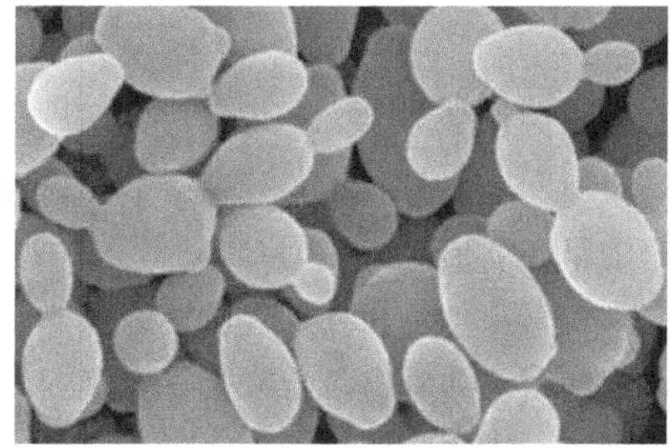

图 1-7　酿酒酵母

### 2. 葡萄酒酵母

葡萄酒酵母（*Saccharomyces ellipsoideus*）属于啤酒酵母的椭圆变种，简称椭圆酵母，原产地为中国，常用于葡萄酒和果酒的酿造。

葡萄酒酵母细胞圆形、椭圆形或柱形，直径（3～7）μm×(5～14)μm（图 1-8）。无性繁殖为多边出芽，某些种可形成假菌丝，但无真菌丝。菌落乳白色、有光泽、较平坦、边缘整齐。在液体培养时通常不形成菌醭。营养细胞多为双倍体，也有多倍体；有性生殖时产生子囊孢子。

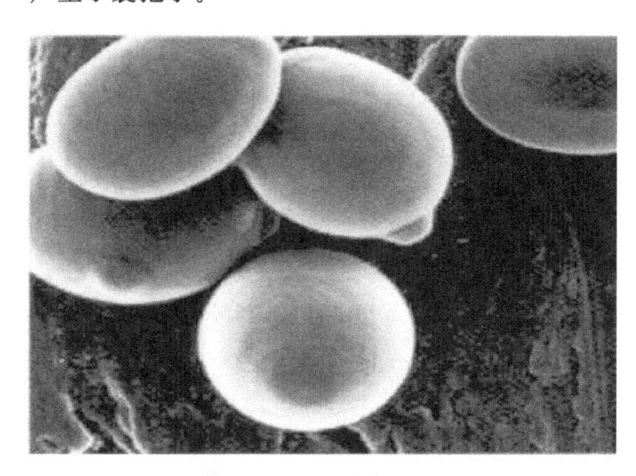

图 1-8　葡萄酒酵母

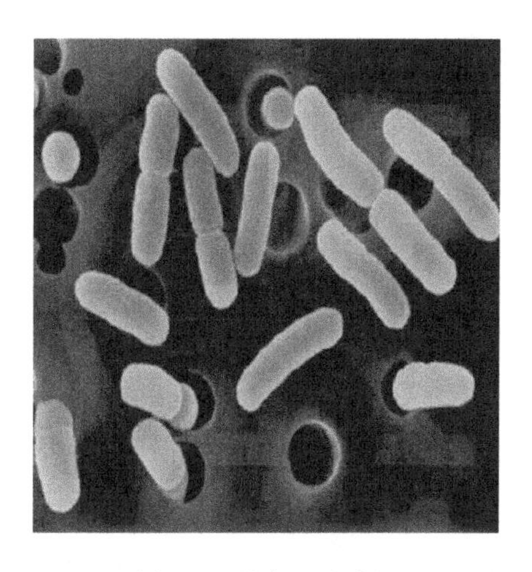

图 1-9　异常汉逊酵母

**3. 异常汉逊酵母**

异常汉逊酵母（*Hansenula anomala*）细胞为圆形、椭圆形或腊肠形，直径 4～7μm，大小为（2.5～6)μm×(4.5～20)μm，甚至有长达 30μm 的长细胞（图 1-9）；多边芽殖，发酵，液面有白色菌醭，培养液混浊，有菌体沉淀于管底。异常汉逊酵母生长在麦芽汁琼脂斜面上的菌落平坦，乳白色，无光泽，边缘呈丝状。在加盖片的马铃薯葡萄糖琼脂培养基上培养，能生成发达的树状分枝的假菌丝，芽生孢子圆形或椭圆形。

从土壤、树枝、树木中流出的汁液、储存的谷物、青贮饲料、湖水或溪水、污水和蛀木虫的粪便中，都曾分离到异常汉逊酵母。由于异常汉逊酵母能产生乙酸乙酯，故它常在调节食品的风味中起到一定作用。如将其用于无盐发酵酱油可增加香味，有的厂还用这种菌参与以薯干为原料的白酒酿造，采用浸香和串香法可酿造出比一般薯干白酒味道醇和的白酒。

**4. 粟酒裂殖酵母**

粟酒裂殖酵母（*Schizosaccharomyces pombe*）细胞呈圆柱形或圆筒形，末端圆钝，也有的呈椭圆形，大小为（3.55～4.02)μm×（7.11～24.9)μm（图 1-10）。营养繁殖为裂殖，无真菌丝，在麦芽汁中能发酵，液体混浊有沉淀。粟酒裂殖酵母培养在麦芽汁琼脂斜面上的菌落为乳白色，光亮、平滑、边缘整齐；在马铃薯葡萄糖琼脂培养基上培养不生成假菌丝，也无真菌丝。

粟酒裂殖酵母最早是从非洲粟酒中分离出来的，以后不同的人曾多次在甘蔗糖蜜中将它分离出来，在水果上也常能发现它。有人曾对在用菊芋（*Jerusalem artichoke*）制成的未水解糖液中粟酒裂殖酵母的发酵能力进行研究，结果发现可得到产量很高的乙醇。

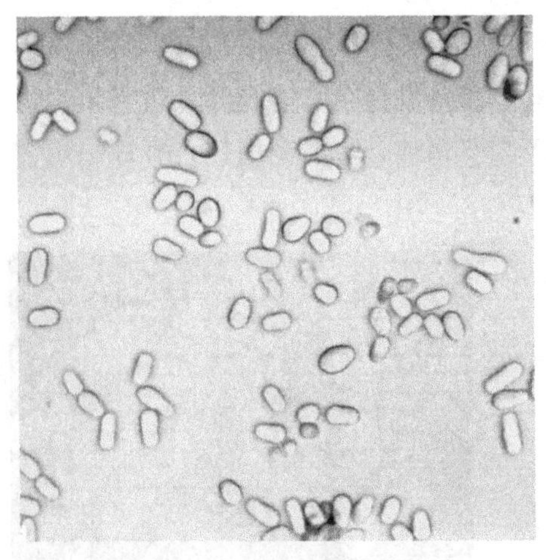

图 1-10　粟酒裂殖酵母

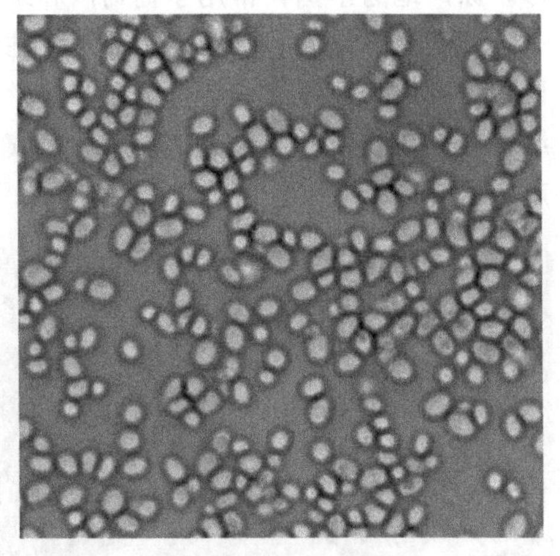

图 1-11　产朊假丝酵母

**5. 产朊假丝酵母**

产朊假丝酵母（*Candida utilis*）细胞呈圆形、椭圆形或圆柱形（腊肠形），大小为(3.5～4.5)μm×(7～13)μm（图 1-11）。产朊假丝酵母培养在麦芽汁琼脂斜面上的菌落为乳白色，平滑，有光泽或无光泽，边缘整齐或呈菌丝状。在加盖片的玉米粉琼脂培养基上培养，仅能产生一些原始假菌丝，或不发达的假菌丝，或无假菌丝；不产生真菌丝。

有人曾从酒坊的酵母沉淀、牛的消化道、花、人的唾液中分离出产朊假丝酵母。在微生物蛋白中，人们研究得最多的是酵母蛋白。其中以产朊假丝酵母和啤酒酵母最常用，而产朊假丝酵母的蛋白质含量和维生素B族含量均比啤酒酵母高，它能够以尿素和硝酸作为氮源，在培养基中不需要加入任何刺激生长的因子即可生长。特别重要的是，它能利用五碳糖和六碳糖，既能利用造纸工业的亚硫酸废液，也能利用糖蜜、马铃薯淀粉废料、木材水解液等生产出人畜可食的蛋白质。在工业生产酵母时，一般不用淀粉废料，即使需要利用时，也常常要将能分泌淀粉酶的肋状拟内孢霉（*Endomycopsis fibuliger*）或柯达氏拟内孢霉（*Endomycopsis chodati*）同时加入培养，这样，产朊假丝酵母便可利用拟内孢霉分解淀粉所产生的糖作为其菌体生长的碳源。

**6. 粉状毕赤酵母**

毕赤酵母属（*Pichia*）细胞形状多样，多边出芽；能形成假菌丝，常有油滴，表面光滑，发酵或不发酵，不同化硝酸盐，能利用正癸烷及十六烷，可发酵石油以生产单细胞蛋白，在酿酒业中为有害菌，代表种为粉状毕赤酵母（*Pichia farinosa*）（图1-12）。粉状毕赤酵母是最近迅速发展的一种基因工程表达宿主，它有许多优点：①含特有的*AOX*（醇氧化酶基因）启动子，用甲醇可以严格调控其表达；②有完备的发酵方法，可以高密度连续培养，其转化子能够非常稳定地表达外源蛋白质，蛋白产量高；③适应能力强，易于操作，可以在廉价的非选择性培养基中生长；④基因表达产物既可在胞内，又可被分泌到胞外，分泌的异源蛋白质占所有被分泌蛋白的30%以上，利于工业规模的生产；⑤能对要表达的多肽和蛋白质进行翻译后加工处理。利用重组的基因工程毕赤酵母高效表达植酸酶。

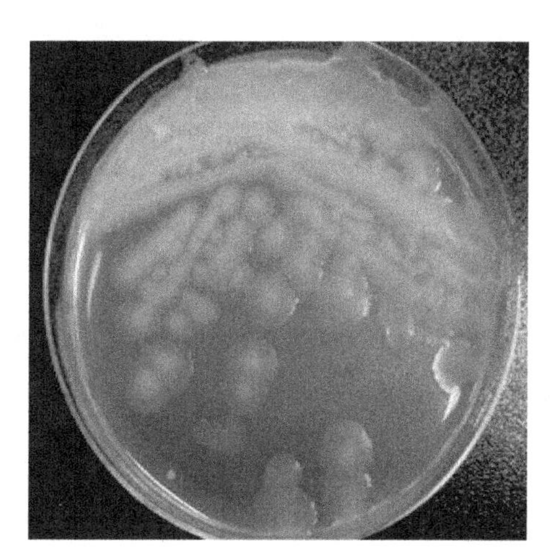

图1-12 粉状毕赤酵母

毕赤酵母是一种甲醇酵母，对外源蛋白的糖基化等更接近于哺乳动物细胞，而目前较为广泛使用的酿酒酵母则往往出现过度糖基化，这些都是毕赤酵母日益受到重视的主要原因。其表达系统已经迅速地成为重要的蛋白质表达系统之一，现广泛使用于各类实验室。用毕赤酵母表达蛋白的水平高出酿酒酵母10～100倍，又适用于高密度发酵，因此更适用于工业化生产。毕赤酵母还是发酵法生产甘油中研究比较多的菌种之一。

**7. 产甘油假丝酵母**

产甘油假丝酵母（*Candida glycerinogens*）细胞圆筒形、卵圆形，大小为$(2.5\sim4.4)\mu m\times(4.4\sim12.0)\mu m$，菌落干燥、灰白、平薄。芽殖，易形成假菌丝，不产生子囊孢子（图1-13）。线粒体DNA大小为20kb左右，符合假丝酵母属典型特征。碳源主要是葡萄糖、蔗糖和乙醇，对甘油、柠檬酸微弱且利用缓慢，不能同化肌醇、赤藓醇、阿拉伯醇、甘露醇及硝酸盐。该菌具有独特的生理生化特征，厌氧时仅对葡萄糖微发酵，对麦芽糖、蔗糖、乳糖和半乳糖不发酵，同化葡萄糖，但不同化麦芽糖、蔗糖、乳糖和半乳糖，能同化乙醇和烃类，生长不需要外源维生素；在25℃、30℃、37℃及40℃下生长；在含500g/L葡萄糖的培养基及10mL/L醋酸的培养基中生长良好，最低生长水活度为0.890。它具有合成并分泌高浓度甘油的特性，是目前我国用于发酵甘油工业化生产的优良菌株。该菌株甘油产率高，工业化生产也已经达到100～130g/L；耐高渗压，可以在含500g/L葡萄糖的培养基中生长，因而发酵过程很少出现染菌，发酵条件粗犷；耗糖转化率达60%以上。

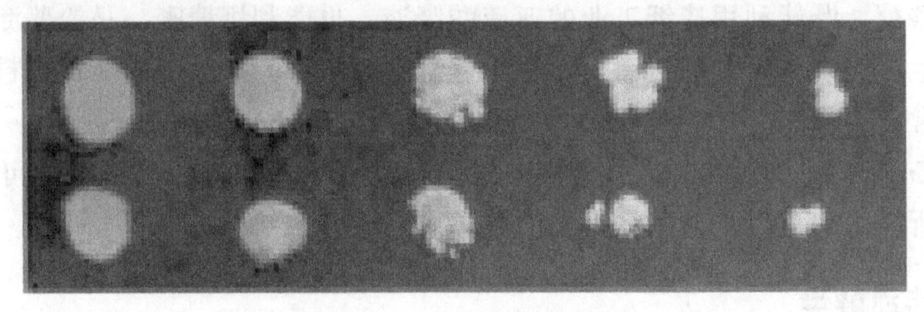

图1-13　产甘油假丝酵母

该菌株与克鲁斯假丝酵母（*Candida krusei*）多处相似，早期曾定名克鲁斯假丝酵母。

## 三、霉菌

发酵工业中常用的霉菌，有半知菌纲的青霉、曲霉及木霉；有藻状菌纲的根霉、毛霉；子囊菌纲的红曲霉等。

### 1. 青霉属

青霉属（*Penicillium*）在自然界中分布极为广泛，种类很多，在工业上有很高的经济价值，如青霉素生产、干酪加工及有机酸的制造等。青霉菌的营养菌丝体无色、淡色或具鲜明颜色，有横隔，分生孢子梗亦有横隔，光滑或粗糙，基部无足细胞，顶端不形成膨大的顶囊，而是形成扫帚状的分枝，称帚状枝。小梗顶端串生分生孢子，分生孢子球形、椭圆形或短柱形，光滑或粗糙，大部分生长时呈蓝绿色。有少数种产生闭囊壳，内形成子囊和子囊孢子，亦有少数菌种产生菌核。青霉属中两个重要的菌株为产黄青霉（*Penicillium chrysogenum*）和橘青霉（*Penicillium citrinum*）（图1-14、图1-15）。

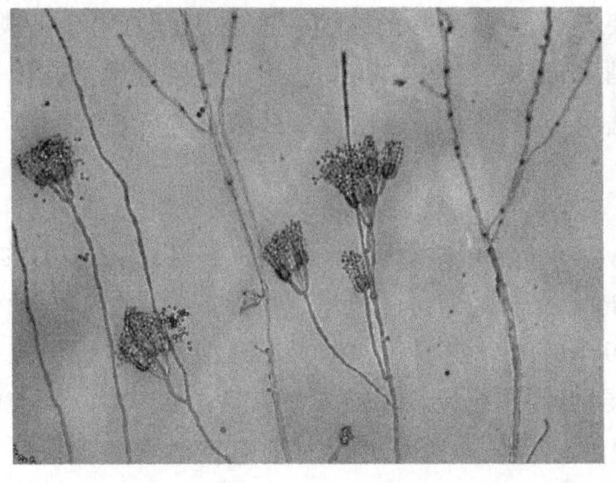

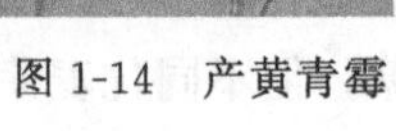

图1-14　产黄青霉

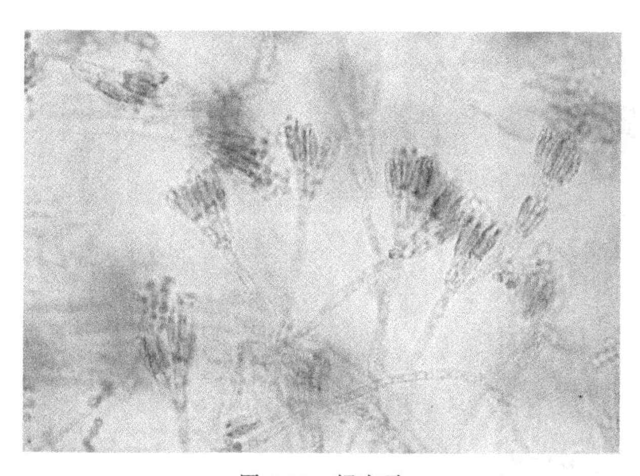

图 1-15　橘青霉

**2. 曲霉属**

曲霉属（*Aspergillus*）属于半知菌类的丛梗胞目（*Moniliales*）、曲霉菌科（*Moniliaceae*）。曲霉属中有些种能形成子囊孢子，在有的分类系统中列入子囊菌纲。曲霉菌在发酵工业、医药工业、食品工业及粮食储藏等方面均有重要作用。

曲霉菌丝有隔膜，为多细胞霉菌。在幼小而活力旺盛时，菌丝体产生大量的分生孢子梗。分生孢子梗顶端膨大成为顶囊，一般呈球形。顶囊表面长满一层或两层辐射状小梗（初生小梗与次生小梗）。最上层小梗瓶状，顶端着生成串的球形分生孢子，孢子呈绿、黄、橙、褐、黑等颜色（图 1-16）。

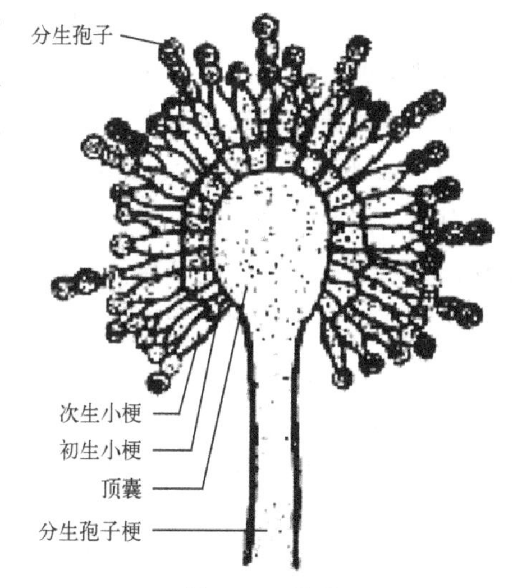


图 1-16　曲霉

青霉和曲霉两者同属于曲霉科，主要区别就是孢子。曲霉形成的是放射状的孢子，青霉形成的是扫帚状的孢子。它们都属于半知菌，基本结构特征相同，即菌丝有隔、分生孢子、无有性世代等。显微镜下最容易观察到的是青霉扫帚状排列的分生孢子小梗、曲霉膨大的分生孢子头（顶囊）。

发酵工业中常见的毛霉属菌株有黄曲霉、黑曲霉、米曲霉、红曲霉等。

（1）**黄曲霉**　黄曲霉（*Aspergillus flavus*）属于黄曲霉群。菌落生长较快，结构疏松，表面灰绿色，背面无色或略呈褐色。菌体由许多复杂的分枝菌丝构成。营养菌丝具有分隔；气生菌丝的一部分形成长而粗糙的分生孢子梗，顶端产生烧瓶形或近球形顶囊，表面产生许多小梗（一般为双层），小梗上着生成串的表面粗糙的球形分生孢子。分生孢子梗、顶囊、小梗和分生孢子合成孢子头，可用于产生淀粉酶、蛋白酶和磷酸二酯酶等，也是酿造工业中的常见菌种（图 1-17）。

（2）**黑曲霉**　黑曲霉（*Aspergillus niger*）为半知菌亚门、丝孢纲、丝孢目、丛梗孢科、曲霉属真菌中的一个常见种。广泛分布于世界各地的粮食、植物性产品和土壤中。是重要的发酵工业菌种，可生产淀粉酶、酸性蛋白酶、纤维素酶、果胶酶、葡萄糖氧化酶、柠檬酸、葡糖酸和没食子酸等（图 1-18）。

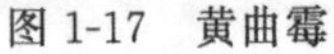

图 1-17　黄曲霉

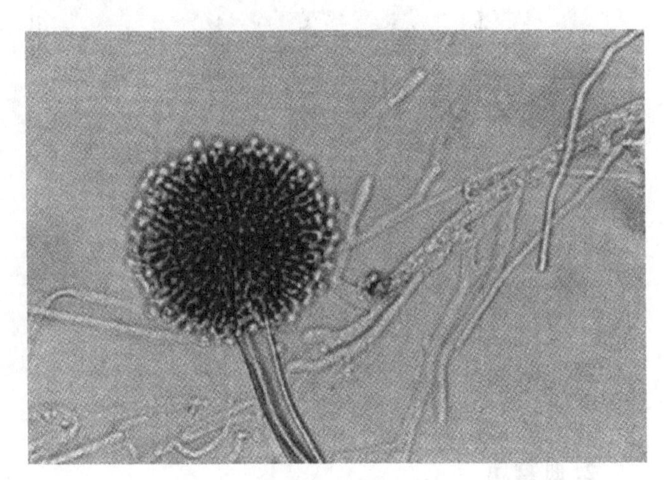

图 1-18　黑曲霉

（3）米曲霉　米曲霉（*Aspergillus oryzae*）属于黄曲霉群，菌丛一般为黄绿色，后变为黄褐色。分生孢子头放射形，顶囊球形或瓶形，小梗一般为单层，分生孢子球形，平滑，少数有刺，分生孢子梗长达 2mm，粗糙（图 1-19）。米曲霉适宜培养温度为 37℃，含有多种酶类，糖化型淀粉酶（淀粉 1,4-葡萄糖苷酶）和蛋白质分解酶作用都较强，主要用作酿酒的糖化曲和酱油生产用的酱油曲。

（4）红曲霉　红曲霉（*Monascus ruber*）属子囊菌纲、曲霉目、曲霉科。红曲霉菌落初期白色，老熟后变为淡粉色、紫红色或灰黑色等，通常都能形成红色素。菌丝具横隔，多核，分枝繁多，分生孢子着生在菌丝及其分枝的顶端，单生或成链，闭囊壳球形，有柄，内散生十多个子囊，子囊球形，含 8 个子囊孢子，成熟后子囊壁解体，孢子则留在薄壁的闭囊壳内（图 1-20）。红曲霉生长温度范围为 26～42℃，最适温度为 32～35℃，最适 pH 值为 3.5～5.0，能耐 pH2.5 及 10%的乙醇，能利用多种糖类和酸类为碳源，同化硝酸钠、硝酸铵、硫酸铵，而以有机氮为最好的氮源。

图 1-19　米曲霉

图 1-20　红曲霉

红曲霉能产生淀粉酶、麦芽糖酶及蛋白酶，合成柠檬、琥珀酸、乙醇及麦角甾醇等。有些种能产生鲜艳的红曲霉红素和红曲霉黄素。

红曲霉用途很多，我国早在明朝就利用它培制红曲。红曲可用于酿酒、制醋、作豆腐乳的着色剂及中成药生产。紫红曲霉能产生 $a$-淀粉酶、淀粉 1，4-葡萄糖苷酶、麦芽糖酶等，用它水解淀粉的最终产物为葡萄糖，近年来已用于工业生产糖化酶制剂。

**3. 毛霉属**

毛霉（*Mucorales*）又叫黑霉、长毛霉。菌丝无隔、多核、分枝状，在基物内外能广泛蔓延，有假根，无匍匐菌丝。毛霉菌丝分枝很多，无假根，在孢子囊梗的顶端生孢子囊，内生无性的孢子囊孢子，有性生殖形成接合孢子（图 1-21）。毛霉腐生于食物、粪堆、土壤和潮湿的衣物上，有分解纤维和蛋白质的作用，不少种类能将淀粉分解为糖，发酵工业中即利用其糖化作用制造酒精等，酒曲中常有毛霉存在。毛霉能糖化淀粉并能生成少量乙醇，产生蛋白酶，有分解大豆蛋白的能力，我国多用来做豆腐乳、豆豉。许多毛霉能产生草酸，有些毛霉还能产生乳酸、琥珀酸及甘油等，有的毛霉能产生脂肪酶、果胶酶、凝乳酶，对甾族化合物有转化作用。

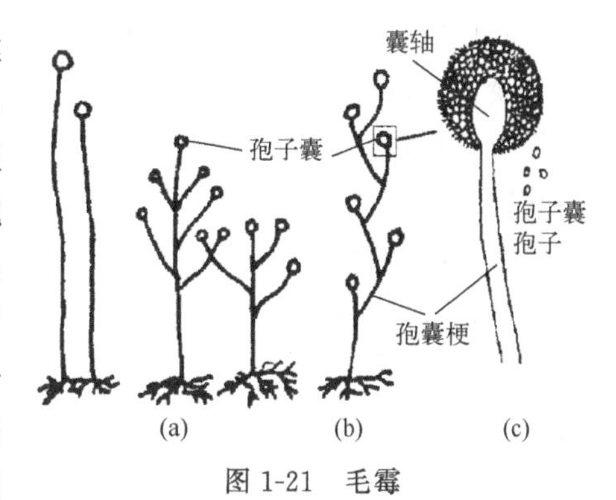

图 1-21　毛霉

发酵工业中常见的毛霉属菌株有鲁氏毛霉、总状毛霉、微小毛霉、高大毛霉等。

（1）鲁氏毛霉　鲁氏毛霉（*Mucor rouxianus*）最初是从我国小曲中分离，最早被用于淀粉糖化法制造乙醇。在马铃薯培养基上菌落呈黄色，在米饭上略带红色，孢囊梗呈假轴状分枝，能产蛋白酶，能分解大豆蛋白，我国多用它来做豆腐乳。该菌还能产生乳酸、琥珀酸及甘油等，但产量较低（图 1-22）。

（2）总状毛霉　总状毛霉（*Mucor racemosus*）是毛霉中分布最广的一种。几乎在各地土壤、生霉的材料、空气和各种粪便中都能找到。菌丛灰白色，菌丝直立，稍短，孢囊梗总状分枝。孢子囊球形，黄褐色；接合孢子球形，有粗糙的突起，形成大量的厚垣孢子，菌丝体、孢囊梗甚至囊轴上都有，形状、大小不一，光滑，无色或黄色。我国四川的豆豉即用此菌制成。总状毛霉能产生 3-羟基丁酮，并对甾族化合物有转化作用（图 1-23）。

图 1-22　鲁氏毛霉

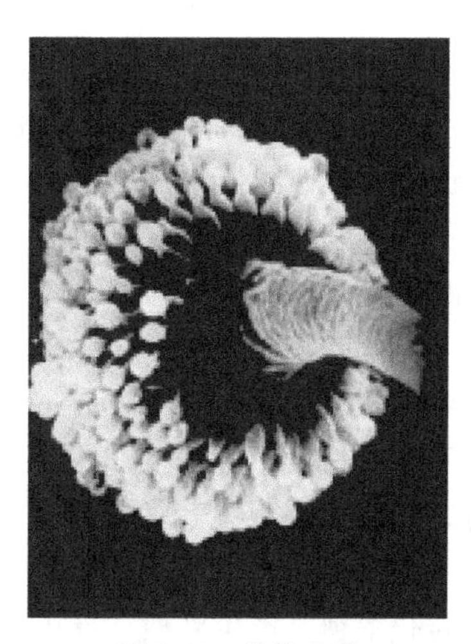
图 1-23　总状毛霉

**4. 根霉属**

根霉（*Rhizopus*）属真菌门、接合菌亚门、接合菌纲、毛霉目、毛霉科、根霉属，常见根霉为黑根霉。根霉的菌丝无隔膜、有分枝和假根，营养菌丝体上产生匍匐枝，匍匐枝的节间形成特有的假根，从假根处向上丛生直立、不分枝的孢囊梗，顶端膨大形成圆形的孢子囊，囊内产生孢囊孢子（图 1-24）。

根霉在自然界分布很广，用途广泛，其淀粉酶活性很强，是酿造工业中常用的糖化菌。我国最早利用根霉糖化淀粉生产酒精。根霉能生产延胡索酸、乳酸等有机酸，还能产生芳香性的酯类物质。根霉亦是转化甾族化合物的重要菌类。与生物技术关系密切的根霉主要有黑根霉、华根霉和米根霉。

（1）黑根霉　黑根霉（*Rhizopus nigricans*）也称匐枝根霉。匐枝根霉分布广泛，常出现于生霉的食品上。瓜果蔬菜等在运输和储藏中腐烂及甘薯的软腐都与匐枝根霉有关。

菌落初期白色，老熟后灰褐色。匍匐枝爬行，无色。假根发达，根状，棕褐色。孢囊梗着生于假根处，直立，通常 2～3 根簇生。囊托大而明显，楔形。菌丝上一般不形成厚垣孢子，接合孢子球形，有粗糙的突起，直径为 150～220μm（图 1-25）。生长适温为 30℃，37℃不能生长，有极微弱的酒曲发酵力，能产生反丁烯二酸及果胶酶，常引起果实腐烂和甘薯的软腐。能转化孕酮为羟基孕酮，是微生物中转化甾族化合物的重要真菌。

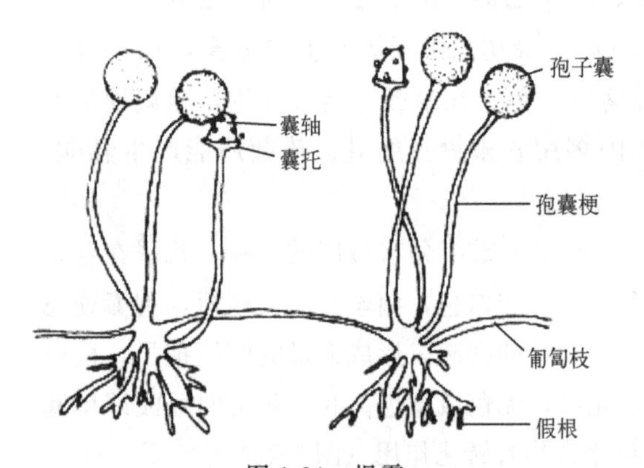

图 1-24　根霉

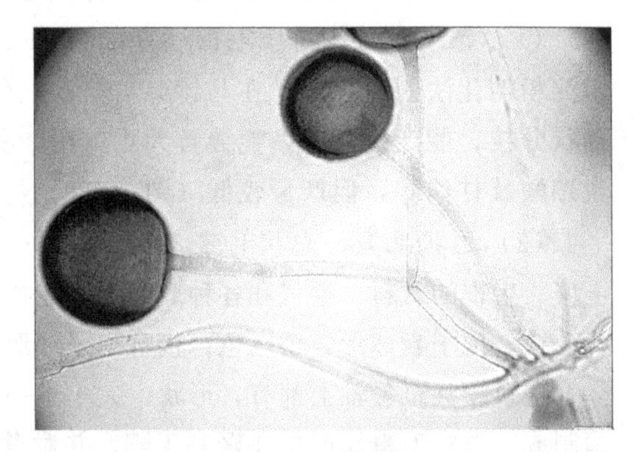
图 1-25　黑根霉

（2）华根霉　华根霉（*Rhizopus chinensis*）是我国酒药和酒曲中的重要霉菌之一。耐高温，于 45℃能生长，菌落疏松或稠密，初期白色，后变为褐色或黑色。假根不发达，短小，手指状。孢囊柄通常直立，孢囊光滑，浅褐至黄褐色。不形成接合孢子，但能形成大量厚垣孢子，球形、椭圆形或短柱形（图 1-26）。发育温度为 15～45℃，最适温度为 30℃。该菌液化淀粉力强，能产生乙醇、芳香脂类、左旋乳酸及反丁烯二酸，能转化甾族化合物。

（3）米根霉　米根霉（*Rhizopus oryzae*）是我国酒药和酒曲中的重要霉菌之一。在土壤、空气及其他物质中亦常见。菌落疏松或稠密，最初白色后变为灰褐至黑褐色，匍匐枝爬行，无色。假根发达，指状或根状分枝。囊托楔形，菌丝形成厚垣孢子，接合孢子未见（图 1-27）。发育温度为 30～35℃，最适温度为 37℃，41℃亦能生长。能糖化淀粉、转化蔗糖，产生乳酸、反丁烯二酸及微量乙醇。产 L-(+)-乳酸能力强，达 70%左右。

图 1-26 华根霉

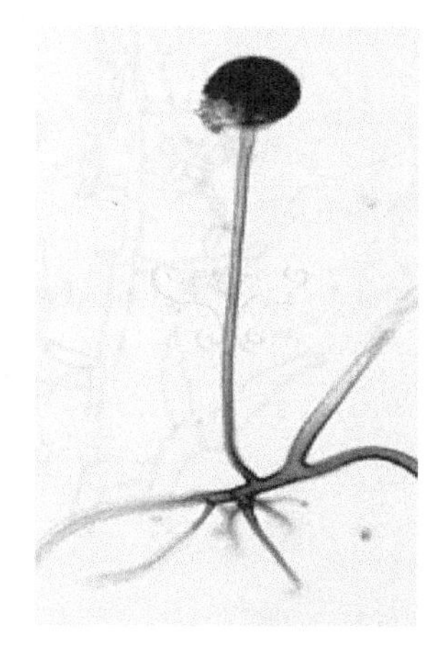

图 1-27 米根霉

**5. 木霉属**

木霉（Trichoderma）属于盘菌亚门、肉座菌目。木霉属广泛分布于自然界，也常寄生于某些真菌上，对多种大型真菌子实体的寄生力很强。木霉菌落开始为白色，致密，圆形，向四周扩展，后从菌落中央产生绿色孢子，中央变成绿色。菌落周围有白色菌丝的生长带。最后整个菌落全部变成绿色。绿色木霉菌丝白色，纤细，宽度为 1.5～2.4μm。产生分生孢子。分生孢子梗垂直对称分枝，分生孢子单生或簇生，圆形，绿色。分生孢子近球形、椭圆形、圆筒形或倒卵形，壁光滑或粗糙，透明或亮黄绿色。代表菌有绿色木霉（*Trichoderma viride*）和康氏木霉（*Trichoderma koningi*），绿色木霉菌落外观深绿或蓝绿色（图 1-28）；康氏木霉菌落外观浅绿、黄绿或绿色（图 1-29）。

木霉的应用范围很广。木霉含有多种酶系，尤其是纤维素酶含量很高，是生产纤维素酶的重要菌。木霉能产生柠檬酸，合成核黄素，并可用于甾体转化。木霉还可产生抗生素，如绿毛菌素（viridin，$C_9H_6O_5$）、胶霉素（gliotoxin，$C_{13}H_{14}N_2S_2O_4$）等。

图 1-28 绿色木霉

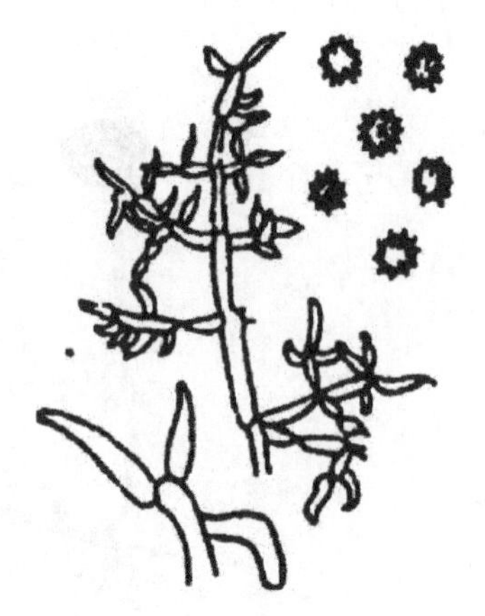

图 1-29　康氏木霉

## 四、放线菌

放线菌（*Actinomycetes*）是原核生物中一类能形成分枝菌丝和分生孢子的特殊类群，呈菌丝状生长，主要以孢子繁殖，因菌落呈放射状而得名。大多数有发达的分枝菌丝。菌丝纤细，宽度近于杆状细菌，约 0.2～1.2μm。

放线菌的最大经济价值是能产生多种抗生素，从微生物中发现的抗生素有 70%是由放线菌产生的。近年来，还进一步将放线菌所产生的抗生素应用到农牧业和食品工业中。

**1. 链霉菌**

链霉菌（*Streptomycetaceae*）是最高等的放线菌。有发育良好的分枝菌丝，菌丝无横隔，分化为营养菌丝、气生菌丝、孢子丝。孢子丝再形成分生孢子，孢子丝和孢子的形态、颜色因种而异，是链霉菌属分种的主要识别性状之一（图 1-30）。已报道的有千余种，主要分布于土壤中。

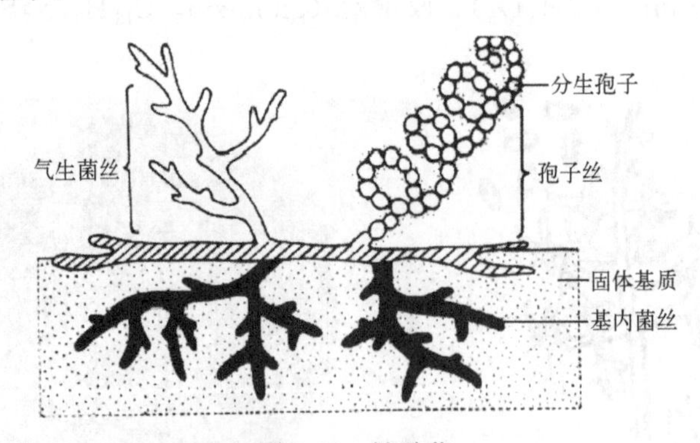


图 1-30　链霉菌

链霉菌的次级代谢产物种类丰富，最重要的就是抗生素。现发现由链霉菌产生的抗生素有 1000 多种，已知放线菌所产抗生素的 90%由本属产生，已经应用于临床的近百种，如灰色链霉菌（*Streptomyces griseus*）产生链霉素（streptomycin），龟裂链霉菌

(*Streptomyces rimosus*) 产生土霉素 (oxytetracycline)，金霉素链霉菌 (*Streptomyces aureomycin*) 产生金霉素 (aureomycin)、四环素 (tetracycline)，红霉素链霉菌 (*Streptomyces erythromycin*) 产生红霉素 (erythromycin)。有的链霉菌能产生多种抗生素，还有一些种类能产生维生素、酶及酶抑制剂等。

**2. 小单孢菌**

小单孢菌 (*Micromonospora*) 菌丝纤细，有分枝和分隔，不断裂，菌丝体长入培养基内，不形成气生菌丝，在培养基内菌丝上长出孢子梗，顶端生一个球形或椭圆形的孢子 (图 1-31)。

菌落致密，与培养基紧密结合在一起，表面凸起，多皱或光滑，疣状，平坦者较少。菌落常为黄橙色、红色、深褐色、黑色和蓝色。

用途：绛红小单孢菌 (*Micromonospora purpurea*) 和棘孢小单孢菌 (*Micromonospora echinococcus*) 都能产生庆大霉素 (gentamicin)。

**3. 诺卡氏菌**

诺卡氏菌 (*Nocardiaceae*) 为革兰氏阳性杆菌，有细长的菌丝，较链霉菌纤细，菌丝末端不膨大，不产生气生菌丝；菌丝横隔，培养基内菌丝培养十几个小时形成横隔，开裂断成孢子；菌落较小，边缘多呈树根毛状 (图 1-32)。

用途：产生利福霉素 (rifamycin)、蚁霉素 (formycin) 等。

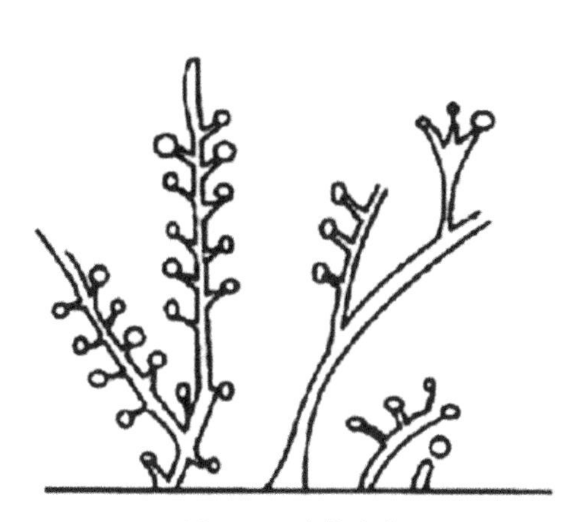

图 1-31 小单孢菌

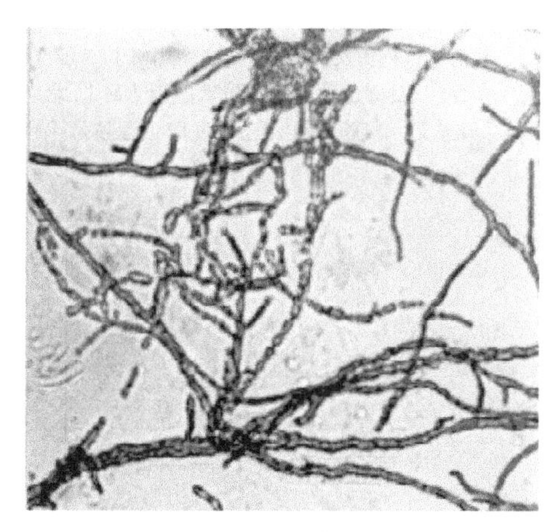

图 1-32 诺卡氏菌

## 拓展知识

### 发酵技术与我们生活的联系

发酵技术与我们的生活紧密相连，下面简单列举一些生活中发酵技术的应用。

(1) 发酵技术在传统产品中的应用　在日常生活中利用微生物进行自然发酵的产品，例如啤酒，就是利用大麦和酒花发酵而成；再比如一些酒类饮料，例如葡萄酒，就是用酵母菌发酵生成。再比如酸奶等产品，是利用乳酸菌进行发酵而成，还有家用的一些调味品 (醋和酱等) 也是利用醋酸杆菌、曲菌、酵母菌等进行发酵加工而成。

(2) 发酵技术可以生产食品添加剂　利用发酵技术可以生产日用甜味剂、增香剂、香精、色素等。这种利用发酵技术发酵生产的食品添加剂，远比利用化学合成或在植物中进行萃取的成本低很多，同时化学合成添加剂合成率低，周期也比较长，也对人体有伤害，因而发酵生产食品添加剂已成为当下食品添加剂研究的方向。

(3) 发酵技术有利于抗生素的合成　近年来随着科技的迅速发展，抗生素的相关研究有了迅猛的发展，临床中利用发酵方法大量生产抗生素并进行了广泛的应用。例如青霉素、土霉素、四环素、新霉素、红霉素等，往往应用到肿瘤、抗病毒、抗真菌等相关的方向，对治疗老年痴呆、糖尿病，以及一些患有肥胖症的人群都有明显的效果。

(4) 发酵工程可以生产可降解的塑料　利用发酵技术可以制造出一种聚合羟基丁酸酯，这种塑料制品属于微生物制品，不仅容易降解而且对人体没有任何伤害，甚至可以应用到医学领域当中，例如胶囊药丸。

## 参考文献

[1] 范文斌，张俊霞. 发酵技术 [M]. 北京：清华大学出版社，2019.
[2] 黄晓梅. 发酵技术 [M]. 2版. 北京：化学工业出版社，2021.
[3] 李恩中，李云，王明成. 发酵工程 [M]. 北京：中国轻工业出版社，2022.
[4] 李艳. 发酵工程原理与技术 [M]. 北京：高等教育出版社，2007.
[5] 田华. 发酵工程工艺原理 [M]. 北京：化学工业出版社，2019.
[6] 韦革宏，史鹏. 发酵工程 [M]. 2版. 北京：科学出版社，2021.
[7] 魏明英. 发酵微生物 [M]. 2版. 北京：科学出版社，2020.
[8] 殷海松，孙勇民. 食品发酵技术 [M]. 2版. 北京：中国轻工业出版社，2022.
[9] 余龙江. 发酵工程原理与技术应用 [M]. 北京：化学工业出版社，2011.
[10] 周景文，陈坚，等. 新一代发酵工程技术 [M]. 北京：科学出版社，2022.

# 第二章

# 发酵技术与酒

## 第一节　果　酒

### 一、果酒的定义及历史

**1. 果酒的定义**

果酒是以各种果品和野生果实，如葡萄、梨、橘、荔枝、甘蔗、山楂、杨梅等为原料，采用发酵酿制法制成的各种低度饮料酒，可分为发酵果酒和蒸馏果酒两大类。

果酒是用水果本身的糖分被酵母菌发酵成为酒精的酒，含有水果的风味与酒精，因此也叫果子酒。民间的家庭时常会自酿一些果酒来饮用，如李子酒、葡萄酒等。因为这些水果表皮会有一些野生的酵母，加上一些蔗糖，因此不需要额外添加酵母也能有一些发酵作用，但民间传统做酒的方法往往旷日费时，也容易被污染，所以外加一些活性酵母是快速酿造果酒的理想方法。

**2. 果酒的发展历史**

（1）*世界果酒历史*　果酒是用水果酿造的酒，是人类最早学会酿造的酒，早在6000年前苏美尔人和古埃及人已经会酿造葡萄酒了。自然界中的单糖大部分存在于各种水果之中，主要为葡萄糖和果糖，水果中的糖在合适的温度和湿度条件下，就可以被自然界中存在的微生物发酵产生酒精。早在几万年以前，人类已经会贮存食物，采集贮存的水果经一段时间后，就会自然产生酒精，尤其在湿度较高的欧洲；而亚洲因为冬季气候寒冷又干燥，水果不容易发酵，因此酿造果酒的比例较低。

（2）*中国果酒历史*　据中国考古专家考证，远在上古新石器时代我们的祖先已学会了酿酒，并在新石器时代的文化遗址中，发现了大量的陶制酒器，证明中国的人工酿造历史甚早。殷商时期的甲骨文出现了“酒”的最早文字。中国酿酒起源于何时无从考究，但流传以下一些说法。

① 仪狄造酒　传说仪狄是夏禹的一个下臣，也有人说她是大禹的女儿，已无从考证，但认为她是一位酿酒师，能酿出质地醇美的酒醪倒是一致的。吕不韦的《吕氏春秋》中有

“仪狄作酒”的记载。先秦史官撰写的《世本》和西汉的《战国策·魏策二》中均有明确和详细的记载，“仪狄始作酒醪，变五味”，认为仪狄是酒的始作人。

当然，很多学者并不相信“仪狄始作酒醪”的说法。因为《世本》这部书的成书年代和撰写者都不是很清楚，而原书约在宋代就散失了，如今只有清代人的辑本。另外，还因为最初的酒不是有意制造，而只能是无意中发现的，如前所述，是粮食和果品自然发酵而成的。

② 杜康作酒　“杜康作酒”，除了有些文人这样讲述外，在民间也广为流传，特别是三国时代曹操的《短歌行》中的“慨当以慷，幽思难忘；何以解忧，唯有杜康”。在这里，杜康已成为美酒的代名词了，人们都因此把他当作了酿酒祖师爷。但杜康是何时、何方人士，学术界莫衷一是。河南汝阳和白水两地均流传有杜康酿酒的“遗址”，民间传说杜康是一个手艺高超的酿酒师，后来曾为周天子酿过酒，不过民间杜康酿酒的“遗址”却比比皆是。白水县康家卫村东有条大河，人称“杜康沟”，沟起点处的泉水水质清冽、汩汩不竭，名曰“杜康泉”；又如河南汝阳县有杜康酿酒的“遗址”，如“杜康矶”“杜康仙庄”等。

③ 猿猴造酒　猿猴造酒并非虚构，而是有证可考的。据考证中国古代及近代都有“猿酒”遗迹的发现。1953年，中国科学院杨钟健教授在江苏洪泽湖畔下草湾考证醉猿化石，发现了“下草湾人”（属晚期智人阶段），证实了这些猿人是吃了含有酒精成分的野果汁，醉倒致死后成为化石的，因而首次将其命名为“醉猿”，将化石定名为“醉猿化石”。2002年元月，中国科学院专家徐钦琦、计宏祥教授一行，专程对江苏双沟地区下草湾“双沟醉猿”化石发现地作科学考察，进一步证实了前面的考古发现。在中国的历史文献中，对“猿酒”也有不少记载。《清稗类钞·粤西偶记》中记载：“粤西平乐等府，山中多猿，善采百花酿酒。”《紫桃轩杂缀·蓬栊夜话》中也曾记载：“黄山多猿猱，春夏采杂花果于石洼中，酝酿成酒，香气溢发，闻数百步。”有关猴子喝酒的记载和传说屡见于书籍和报端。据考证，生活在50万年前的北京猿人已经能够保存火种，猿猴不论智商或是“劳动”经验，无疑是略胜一筹。猿猴受野果自然发酵的启示，在依靠采集野果度日的同时，用多余的野果“造”酒也是可能的。不过，猿猴造的这种酒，与人类酿的酒是有质的区别的，它们不可能有意识、有目的地酿酒，它们酿造的酒，是建立在天然果酒基础上的，充其量也只能是带有酒味的野果。

## 二、果酒的分类

在果酒中，葡萄酒是世界性产品，其产量、消费量和贸易量均居第一位；其次是苹果酒，在英国、法国、瑞士等国较普遍，美国和中国也有酿造；再有柑橘酒、枣酒、梨酒、杨梅酒、柿酒、刺梨酒等，它们在原料选择上要求并不严格，也无专门用的酿造品种，只要含糖量高、果肉致密、香气浓郁、出汁率高的果品都可以用来酿酒。

在不同季节，轻松酿造不同的水果酒，感受自酿水果酒的喜悦，品尝酒液芳香的风情。如果将水果酒和甜点、餐点搭配，可以享受果香四溢的美味佳肴。

春季酿——梅子酒、草莓酒、桃子酒、枇杷酒、杨梅酒、桑葚酒。

夏季酿——樱桃酒、荔枝酒、李子酒、水蜜桃酒、葡萄酒、油桃酒、芒果酒、西瓜酒、龙眼酒、百香果酒、火龙果酒、榴莲酒、酪梨酒。

秋季酿——石榴酒、鸭梨酒、梨子酒、柚子酒、柿子酒、苹果酒。

冬季酿——葡萄柚酒、西红柿酒、奇异果酒、柳橙酒、橘子酒、金橘酒、金枣酒。

四季酿——杨桃酒、芭乐酒、莲雾酒、凤梨酒、木瓜酒、香蕉酒、柠檬酒、椰子酒、莱姆酒、香瓜酒、哈密瓜酒。

水果酒饮——玫瑰佳人、水果鸡尾酒、橘子水果宾治、火焰烧水果酒。

## 三、果酒的酿造工艺

### 1. 果酒酿造的工艺流程

以草莓果酒为例介绍一般果酒的酿造工艺流程，具体包括：鲜果→分选→破碎、除梗→果浆→分离取汁→澄清→清汁→发酵→倒桶→贮酒→过滤→冷处理→调配→过滤→成品。

（1）选料　选择充分成熟、色泽鲜艳、无病和无霉烂的果实为原料，去掉杂质并冲洗干净表面的泥土。

（2）破碎　用破碎机将洗净的草莓破碎，并将果梗和萼片从果浆中分离出去。把果浆倒入发酵桶，每100kg加入6%的亚硫酸100g，以杀灭果实表面的微生物和空气中的杂菌。

（3）调糖　按生成1°酒精需要1.7g糖的比例进行调糖，这样才能酿成10°以上的草莓果酒，因此，要先测定果浆的含糖量，不足时要加入砂糖，使每100g果浆含糖20～25g。酵母菌活动最适宜的环境为每升果浆含果酸8～12g，果酸不足可加柠檬酸。

（4）发酵　把调好的果浆装入容器内，温度保持在25～28℃，1～2d即开始发酵。过3～5d，当残糖降至1%时发酵结束，除去果渣，将酒液移入另一容器内。置于12℃的环境中贮存，通过气化的酶使果酒成熟，成熟期约1年，中间需更换容器。

（5）澄清　澄清剂可用0.04%的碳酸钙。先将琼脂浸3～5h后加热融化，至60～70℃时倒入酒中，搅匀后采用过滤机过滤即可。

（6）调配　主要是调糖、酸和酒度。一般甜酒含糖量应达12%～16%，含酸0.5%，酒精12%～14%，含量不足时可加入砂糖、柠檬酸和脱臭处理的食用酒精调节。

### 2. 果酒的保存方法

果酒用桶装和坛装最容易出现干耗和渗漏现象，还易遭细菌的侵入，故须注意清洁卫生和封口牢固。温度应保持在8～25℃，相对湿度75%～80%。不能与有异味的物品混杂。瓶装酒不应受阳光直射，因为阳光会加速果酒的质量变化。

## 四、果酒的鉴别与选购

### 1. 果酒的鉴别

（1）果酒外观鉴别　应具有原果实的真实色泽，酒液清亮透明，具有光泽，无悬浮物、沉淀物和混浊现象。

（2）果酒香气鉴别　果酒一般应具有原果实特有的香气，陈酒还应具有浓郁的酒香，而且一般都是果香与酒香混为一体。酒香越丰富，酒的品质越好。

（3）果酒滋味鉴别　应该酸甜适口，醇厚纯净而无异味，甜型酒要甜而不腻，干型酒要干而不涩，不得有突出的酒精气味。

（4）果酒酒度鉴别　我国国产果酒的酒度多在12°～18°范围内。

### 2. 果酒的酒品要求

（1）酒精　酒精能防止微生物（杂菌）对酒的破坏，对保证酒的质量有一定作用。因此，果酒的酒精度大多在12°～18°。

（2）酸　果酒中的酸有原料带来的，如葡萄中的酒石酸、苹果中的苹果酸、杨梅中的柠檬酸等；也有发酵过程中产生的，如醋酸、丁酸、乳酸、琥珀酸等。酒中含酸量如果适当，酒的滋味就醇厚、协调、适口，反之则差。同时，酸对防止杂菌的繁殖也有一定的作用。生产中用于表示果酒含酸量的指标有总酸和挥发酸。总酸，即呈酸性反应的物质总含量，与果酒的风味有很大关系（果酒一般总酸量为0.5～0.8g/100mL）。挥发酸，是指随着水蒸气蒸发的一些酸类，实践中以醋酸计算（果酒中的挥发酸不得高于0.15g/100mL）。

（3）糖　由于果酒品种的不同以及各地人民的爱好各异，对酒液中的糖分要求极为悬殊，我国一般要求糖分9%～18%之间。

（4）单宁　果酒中如缺乏单宁，酒味就会平淡；含量过高又会使酒味发涩。一般要求是，浅色酒中单宁含量0.1～0.4g/L，深色酒中为1～3g/L。

（5）色素　果酒具有各自不同的色泽，是由于果皮含有不同色素形成的。酒中色素随着储酒时间的延长，因氧化而变暗或发生沉淀。这是陈酒不及新酒色泽新鲜的缘故。

（6）浸出物　浸出物是果酒在100℃下加热蒸发后所得到的残留物。主要有甘油、不挥发酸、蛋白质、色素、酯类、矿物质等。我国红葡萄酒的浸出物一般在2.7～3.0g/100mL之间，白葡萄酒在1.5～2g/100mL。浸出物过低，会使酒味平淡。

（7）总二氧化硫和游离二氧化硫　总二氧化硫和游离二氧化硫是果酒在生产过程中遗留下来的。一般规定，酒液中的总二氧化硫含量不得超过250mg/L、游离二氧化硫不得超过20mg/L。

（8）重金属　一般规定是铁不得高于8mg/L，铜不得高于1mg/L，铝不得高于0.4mg/L。

## 拓展知识

### 家庭果酒的制作方法

**1. 青梅酒**

原料：青梅1kg，白糖500g，杏仁50g，米酒1800mL。

制作方法：将青梅洗净后逐个擦干，浸入酒中，同时加入杏仁，再将储酒容器盖好。泡1个月即可饮用，3个月后能浸出杏仁香，其味更佳；如经过一年，即可将果实取出，此时酒味香醇，有人称之为“味美思”。

说明：所选青梅，应是表皮无破损、大小均匀、尚未成熟变黄的半熟青梅。杏仁起调味增香作用，如不加此料，也可制作。

**2. 金橘酒**

原料：金橘1kg，柠檬4～5个，白糖200g，米酒1800mL。

制作方法：将金橘洗净拭干，带皮整个浸入酒中。柠檬去皮，横切成2～8块浸入酒中。泡2周即可饮用，1个月后味成。2个月后，应将果实全部取出挤干。金橘可切成两半挤榨。

说明：金橘花很香。泡好的金橘酒中加入200g金橘花，则香味更佳。金橘皮所含维生素很多，成熟的金橘酒呈金黄色，酒味柔和、香味浓郁，是极好的营养品。

# 第二节 黄 酒

## 一、黄酒的定义、命名及分类

**1. 黄酒的定义、命名及历史**

（1）黄酒的定义、命名 黄酒指以稻米、黍米、黑米、玉米、小麦等为原料，经过蒸料，拌以麦曲、米曲或酒药，进行糖化和发酵酿制而成的各类粮食酒。在当代黄酒是谷物酿造酒的统称，以粮食为原料的酿造酒（不包括蒸馏的烧酒）都可归于黄酒类。

黄酒虽作为谷物酿造酒的统称，但民间有些地区对本地酿造且局限于本地销售的酒仍保留了一些传统的称谓，如江西的水酒、陕西的稠酒、西藏的青稞酒。

黄酒属于酿造酒，酒度一般为15°左右。用“Yellow Wine”表示黄酒并不恰当。在古代，因酒的过滤技术并不成熟，酒呈混浊状态，当时称为“白酒”或“浊酒”。黄酒的颜色就是在现在也有黑色、红色，所以不能仅从字面上来理解。黄酒是谷物酿成的，北方以粟，南方用稻米，尤以糯米为最佳，用酿造原料表示其名称较恰当。现在通行用“Rice Wine”表示黄酒。

(2) 黄酒的历史　黄酒是中华民族的传统特产，它是我国也是世界上最古老的酒精饮料之一，历史悠久，据考证，约起源于6000多年前，与啤酒、葡萄酒并称世界三大古酒。因其颜色大多呈黄色或褐色，故称为黄酒。

我国黄酒品种繁多，分布广泛。黄酒是一种酿造酒，酒精浓度适中、风味独特、香气浓郁、口味醇厚，含有多种营养成分（氨基酸、维生素和糖等），故深受消费者欢迎。黄酒用途广泛，除可饮用外，还可做烹调菜肴的调味料，不仅可以去腥，而且可以增进菜肴的鲜美风味。另外，黄酒还可作药用，是中药中的辅佐料或“药引子”，并能配制成多种药酒及作其他药用。

由于宋代开始，政治、文化、经济中心的南移，黄酒的生产局限于南方数省。南宋时期，烧酒开始生产，从元朝开始在北方得到普及，北方的黄酒生产逐渐萎缩。南方人饮烧酒者不如北方普遍，在南方黄酒生产得以保留，在清朝时期，南方绍兴一带的黄酒称雄国内外。目前黄酒生产主要集中于浙江、江苏、上海、福建、江西和广东、安徽等地，山东、陕西、大连等地也有少量生产。

**2. 黄酒的分类及代表**

(1) 黄酒分类

按原料区分：糯米、粳米、籼米、黍米、玉米黄酒。

按糖化发酵剂区分：麦曲、麸曲、小曲、乌衣红曲、黄衣红曲。

按口味区分：福建的蜜沉沉和江西水酒。

按含糖量区分：干型、半干、半甜、甜型和浓甜。

按酿造工艺区分：淋饭酒、摊饭酒和喂饭酒。

按地名区分：绍兴酒、各地仿绍酒和山东即墨老酒。

(2) 黄酒分类中的重要类型

① 按含糖量区分

干黄酒：“干”表示酒中的含糖量少，糖分都发酵变成了酒精，国标规定其含糖量小于1.00g/100mL（以葡萄糖计）。代表是“元红酒”。

半干黄酒：“半干”表示酒中的糖分还未全部发酵成酒精，还保留了一些糖分。酒的含糖量在1.00～3.00g/100mL之间。代表为“加饭酒”。

半甜黄酒：含糖量3.00～10.00g/100mL之间。这种酒采用成品黄酒代水加入发酵醪中，在一定程度上抑制了发酵中的糖分转化成酒精，是黄酒中的珍品。

甜黄酒：含糖量达到10.00～20.00g/100mL之间。采用淋饭操作法，拌入酒药，搭窝先酿成甜酒酿，当糖化至一定程度时，加入40%～50%浓度的米白酒或糟烧酒，以抑制微生物的糖化发酵作用。甜型黄酒可常年生产。

浓甜黄酒：糖分大于或等于20g/100mL

② 按酿造工艺区分

淋饭酒：淋饭酒是指蒸熟的米饭用冷水淋凉，然后拌入酒药粉末，搭窝，糖化，最后加水发酵制成的酒。口味较淡薄。

摊饭酒：是指将蒸熟的米饭摊在竹篦上，使米饭在空气中冷却，然后再加入麦曲、酒母（淋饭酒母）、浸米浆水等，混合后直接进行发酵。

喂饭酒：按这种方法酿酒时，米饭不是一次性加入，而是分批加入。通过微生物菌种的改良，能够利用原有设备较大幅度地提高生产水平。

## 二、黄酒的酿造工艺流程

中国传统酿造黄酒的主要工艺流程为：米筛选—米的精白—浸米—蒸饭—晾饭—装缸发酵—开耙—坛发酵—后处理—包装。

原料选择：黄酒酿制的主要原料是黏性比较大的糯米、大米、黍米和大黄米。酿造黄酒的原料应该米粒洁白丰满、大小整齐、夹杂物少。

米的精白：大米外层含有脂肪和蛋白质，会给黄酒带来异味，降低成品酒的质量，因此要通过精白（碾米加工）把它除去。

浸米：浸米的目的是使淀粉吸水，便于蒸煮糊化，在酿制黄酒的过程中，浸米的酸浆水是发酵生产中的重要配料之一。操作中，浸米的时间可长达16～20d。米中约有6%的水溶性物质被溶于水中，由于米和水中微生物的作用，这些水溶性物质被转变或分解为乳酸、肌醇或磷酸等。

蒸饭：蒸饭的目的是使淀粉糊化，要求蒸过的米饭外硬内软、内无生心、疏松不糊、透而不烂、均匀一致。

晾饭：即为冷却过程，迅速把蒸熟后米饭的温度降低到适合微生物发酵繁殖的温度。

装缸发酵：蒸熟的米饭进行摊凉，再加水、麦曲、酒母，混合均匀，温度控制在24～26℃。随后装到缸里10～12h，品温升高，进入主发酵阶段。这时必须控制发酵温度在30～31℃，搅拌发酵，酵母呼吸和排出二氧化碳。主发酵一般要3～5d完成。

开耙：即把木耙伸入罐内进行搅拌，因为在发酵过程中会产生大量的热量和$CO_2$，容易抑制酵母菌作用，导致发酵中止，因此要及时开耙，能有效调节发酵温度，同时能适当供氧，增加发酵活力。一般发酵温度达到33℃就要进行开耙冷却。

坛发酵：这时主发酵过程已结束，转为后发酵阶段，在13～18℃下静置20～30d，使酵母进一步发酵，并改善酒的风味。

后处理：包括压榨、澄清、消毒等。后发酵结束后，把黄液体和酒糟分离开来，让酒液在低温下澄清2～3d，吸取上层清液，倒入锅中用文火烧至80～85℃，并保持20～30min，达到杀菌的效果，也让酒体成分得到固定。

包装：将煎酒后的黄酒趁热装入瓶中或罐中，后面即可上市销售。

不同黄酒酿造工艺有所区别，如淋饭酒、摊饭酒和喂饭酒，但整体上黄酒的酿造工艺就是上述几点，万变不离其宗（图2-1）。

## 三、几种著名的黄酒

### 1. 绍兴酒

浙江绍兴酒为代表的麦曲稻米酒是黄酒中历史最悠久、最有代表性的产品，在国际国

浸米　　蒸饭

淋饭　　拌曲

酒坛发酵

图 2-1　中国传统酿造黄酒工艺

内市场最受欢迎，最能够代表中国黄酒总的特色。

（1）*绍兴酒起源*　绍兴酒起源于何时已很难查考，推测应起源于6000年前的河姆渡文化中期。

（2）*绍兴酒的发展*　绍兴酒正式定名始于宋代，并开始大量输入皇宫。明清时期，是绍兴酒发展的第一高峰时期，不仅品种繁多、质量上乘，而且产量高，确立了中国黄酒之冠的地位。当时绍兴生产的酒就直呼绍兴，到了不用加“酒”字的地步。“越酒行天下”，即是当时盛况最好的写照。

（3）*绍兴酒的品种*　由于工艺和原料配比上的差别分为四大品种：元红（状元红）、

加饭（花雕）、善酿、香雪（表 2-1）。

表 2-1 四大绍兴酒的特性

| 名称 | 类型 | 特点 |
|---|---|---|
| 元红 | 干酒 | 酒精低、酒味醇和 |
| 加饭 | 半干酒 | 醇厚、香味浓郁 |
| 善酿 | 半甜酒 | 酒度较高 |
| 香雪 | 甜酒 | 酒度高、残糖高 |

① 元红酒。又名“状元红，女儿红”，因酒坛外表涂朱红色而得名，是绍兴老酒中最具有代表性的品种。其色泽橙黄、清亮透明、香气芬芳、味醇和爽口，酒度 13.0 以上，属干型酒。古时绍兴人有孩子出生，家人就要酿上数坛上好的老酒，请师傅在酒坛上画上“花好月圆，吉祥如意”等文字图案，然后泥封窖藏，待儿女长大成婚之日，拿出来款待宾客。如果生女孩这酒就叫“女儿酒”，女子于 16 年后出嫁，将酒开封，是为女儿红。如果生男孩，男子于 18 年后高中状元，将酒开封，是为“状元红”。

② 加饭酒。色泽橙黄，清亮透明，醇香浓郁，滋味醇厚爽口，口感柔和协调，是绍兴酒中之最佳品种。酒度≥15.0，属半干型黄酒。

③ 善酿酒。色泽深黄清亮、香气特盛、酒度适中、口味甜美，是绍兴传统名酒之一。酒度≥12.0，属半甜型黄酒。该酒是以储存 1～3 年的陈元红酒代水酿成的双套酒，即以酒制酒。善酿酒是由沈永和酿坊于 1890 年始创，“善”即是良好之意，“酿”即酒母，善酿酒即品质优良之母子酒。

④ 香雪酒。色泽淡黄清亮，醇香芬芳，酒味甜润醇厚，是绍兴传统名酒之一。酒度 15.0 以上，属甜型黄酒。该酒是以陈年糟烧代水酿成的双套酒。

（4）绍兴酒好的原因　西汉以来，黄酒酿造以糯米酿者为上品、粳米酿者为中品、黍米酿者为下品。凡绍酒皆以精白糯米为原料，更取来有清（水体清洁）、明（透明度高）、浅（水色浅）、软（重金属含量低）、活（溶氧度高）五德的鉴湖之水酿造。流传千年的工艺亘古不变，小雪淋饭，大雪摊饭，立春榨就，埋藏 3 年，方可面世。此道与天时相应相合，一日不可延错，藏世愈久，美酒愈香。

### 2. 客家米酒

魏晋时期一些人从中原地区迁到福建、广东地区，相对于当地土著，自称客家人，客家人由此得名。他们从中原带来不少先进的生产技术，其中就有酿酒技术。客家米酒的代表有汀州的客家酒娘，宁化的客家水酒，五华的长乐烧，兴宁的齐昌白，梅县区、梅江区的客家娘酒，赣州的麦饭石，龙南的酿米酒，龙岩的沉缸酒，都是在客家地区久销不衰的名酒。客家米酒，称为水酒，是和另一种用糯米酿的老酒相对而言，酒清淡爽口、入口香甜。

### 3. 其他知名黄酒

福建老酒：红曲稻米黄酒的典型代表，半甜型，红褐色，酒香馥郁，醇和爽口。

江苏老酒：冬浆冬水/麦曲/半干型。橙黄有光泽，醇香浓郁，味感醇厚鲜美，柔和爽口，诸味协调。

即墨老酒：北方粟米黄酒的典型代表。甜型黄酒，棕红色，酒香浓郁，有焦糜黍米香，口味醇厚，微苦而余香不绝，半甜型。

福建沉缸酒：龙岩/红曲/酿造过程中酒醪经 3 次沉浮而最终固形物沉于缸底，故名。酒呈红褐色，清香馥郁，诸味协调，甜型。

九江封缸酒：以白酒数次加入前期发酵醪，至 20°左右转至陶缸密封半年，出缸多次澄清去沉淀，再封于缸内储存 5 年，故又名陈年封缸酒。

丹阳封缸酒：糖度最大时加入小曲烧酒立即封缸养醪，后经勾兑，再密封储存 3 年而成；酒体琥珀色。香气馥郁，味感鲜甜，属于浓甜型黄酒。

## 四、黄酒的识别与饮用

### 1. 黄酒的识别

观色泽：优质酒色橙黄，清澈透明，允许有少量蛋白质沉淀。而浑浊不清、有杂质等为劣质产品。

闻香味：优质酒醇香浓郁，无其他异杂味；而劣质酒由于是用酒精等配制而成，没有原料香味，有酒精、醋酸杂气。

尝味道：真品黄酒口感醇厚爽口，味正纯和，无杂异味；而假劣酒一般口味较淡，用酒精配制的有较强的酒精味；而以次充好者则口味不清爽，不醇厚，常有杂味如酒精味、香精味、水性味、焦苦味等。

试手感：倒少量酒在手心，酿造的酒有十分强烈的滑腻感，干了后非常粘手；而勾兑的酒触手就是水的感觉；

看价格：用纯糯米酿造的黄酒，经过 3～5 年甚至更长时间的陈酿，价格一般不会很便宜，所以低价的陈酿黄酒需引起注意。

### 2. 黄酒的饮用

传统的饮法是温饮，将盛酒器放入热水中烫热，或隔火加温。

（1）温饮黄酒　这是黄酒最传统的饮法。温饮的显著特点是酒香浓郁、酒味柔和。温酒的方法一般有两种：一种是将盛酒器放入热水中烫热，另一种是隔火加温。但黄酒加热时间不宜过久，否则酒精都挥发掉了，反而淡而无味。一般冬天盛行温饮，因黄酒的最佳品评温度是在 38℃左右。

（2）冰镇黄酒　年轻人中盛行一种冰黄酒的喝法，尤其在我国香港及日本，流行黄酒加冰后饮用。温度控制在 3℃左右为宜。饮时再在杯中放几块冰，口感更好。一般为夏季饮用方法。根据个人口味，在酒中放入话梅、柠檬等，或兑些雪碧、可乐、果汁，有消暑、促进食欲的功效。

（3）佐餐黄酒　黄酒的配餐也十分讲究，以不同的菜配不同的酒，则更可领略黄酒的特有风味。以绍兴酒为例：干型的元红酒，宜配蔬菜类、海蜇皮等冷盘；半干型的加饭酒，宜配肉类、大闸蟹；半甜型的善酿酒，宜配鸡鸭类；甜型的香雪酒，宜配甜菜类。

## 拓展知识

### 客家黄酒的制作方法

先将糯米放入大水缸中浸透，淘净，然后捞起滤干，倒入大饭甑里蒸熟成饭；将饭甑移到大陶钵上，淋半桶清凉水，促饭降温，然后将甑中之饭盛入酒缸，待温度降至20℃左右时，则均匀地拌入酒饼（一种发酵的酵母，系用米糠、中药细辛等制成），旋即反复搅拌；接着把饭扒平，从饭的中央挖一小井，盖好缸盖，移放到放有稻草的竹篓里，以利于保温发酵；夏天气温高，24h后启开缸盖，小井中即涌出香气四溢的酒液，谓之酒娘；继续用勺子翻动酒娘糟，再盖上缸盖，但不宜盖得过紧，须留一气孔出气，否则酒易变酸。4～5d后，注入醴泉水（按1斤米半斤水量），浸泡酒娘糟；又4～5d后，把酒娘糟倒入酒篓里，压榨出酒液来；然后，把酒液装入酒坛，密封坛口，送入温室用蒸汽煮沸，等冷却使其沉淀后，取清澈部分就可以饮用了。

# 第三节　啤　酒

## 一、啤酒的定义及分类

### 1. 啤酒的定义

啤酒是以大麦和水为主要原料，大米或谷物、酒花等为辅料，经制成麦芽、糖化、发酵等工艺而制成的一种含有二氧化碳、低酒精度和营养丰富的饮料。酒精度一般在3%～5%。

实际上，啤酒在我国的出现还不到100年，属于外来酒种，就是人们所说的“洋酒”。就拿啤酒的“啤”字来说，中国过去的字典里是不存在的。后来，有人根据英语对啤酒的称呼“Beer”的字头发音译成中文“啤”字，创造了这个外来语文字，又由于具有一定的酒精，故翻译时用了“啤酒”一词，一直沿用至今。

啤酒素有“液体面包”之称，营养价值高，成分有水分、碳水化合物、蛋白质、二氧化碳、维生素及钙、磷等物质，经常饮用有消暑解热、帮助消化、开胃健脾、增进食欲等功能。

### 2. 啤酒的历史

啤酒历史悠久，关于起源，说法之一是公元前3000年，巴比伦已用大麦酿酒，有人认为啤酒起源于巴比伦；说法之二是公元9000年前，亚述人已会利用大麦酿酒，用作向女神的贡酒。啤酒生产几乎遍及全球，是世界产量最大的饮料酒。

中国在四五千年前的醴就是由蘖糖化后发酵的古代啤酒，但在汉朝以后用蘖酿造的醴慢慢由用曲酿造的酒所取代。我国远古时期的醴也是用谷芽酿造的，即所谓的蘖法酿醴。

《黄帝内经》中记载有醪醴，商代的甲骨文中也记载有不同种类的谷芽酿造的醴。根据古代的资料，我国很早就掌握了蘖的制造方法，也掌握了自蘖制造饴糖的方法。酒和醴在我国都存在，醴后来被酒所取代。

我国第一家现代化啤酒厂是1903年在青岛由德国酿造师建立的英德啤酒厂（青岛啤酒厂前身）。此后，1915年在北京由中国人出资建立了双合盛五星啤酒厂。中国啤酒产量在持续9年居世界第二后，于2002年首次超过美国居世界第一，2020年产量超过3400万吨。发展至今我国已成为世界上第一啤酒生产大国。我国啤酒工业起步较晚，但发展迅速，不过从人均消费量来看，远远落后于发达国家水平。

**3. 啤酒的分类及代表**

(1) 啤酒的分类

按工艺分类：有纯生啤酒、干啤酒、全麦芽啤酒、头道麦汁啤酒、不醉啤酒、冰啤酒、果味啤酒、小麦啤酒、淡色啤酒、浓色啤酒、黑色啤酒、鲜啤酒、熟啤酒、浑浊啤酒、果蔬汁型啤酒、果蔬味型啤酒、上面发酵啤酒、下面发酵啤酒。

按酵母分类：有顶部发酵、底部发酵。

按色泽分类：有淡色啤酒、浓色啤酒、黑色啤酒。

按杀菌情况分类：有鲜啤酒、熟啤酒。

按原麦浓度分类：有低浓度啤酒、中浓度啤酒、高浓度啤酒。

(2) 啤酒分类中的重要类型

熟啤酒：经过巴氏杀菌或超高温瞬时灭菌等加热处理的啤酒。熟啤酒可以长期贮存，不发生混浊沉淀，但口味不如鲜啤酒新鲜。熟啤酒可供长途运输销往外地，因此又叫贮藏啤酒或外销啤酒。

鲜啤酒：经滤布过滤澄清，不经过巴氏杀菌或超高温瞬时灭菌，成品中允许含有一定量活酵母，保持新鲜口感的啤酒。保鲜期一般为5～10d（10℃以下），如桶装啤酒。

纯生啤酒：纯生啤酒采用特殊的酿造工艺，严格控制微生物指标，使用包括0.45μm微孔过滤的三级过滤，不进行热杀菌让啤酒保持较高的生物、非生物、风味稳定性。这种啤酒非常新鲜、可口，保质期达半年以上。

黑啤酒：麦芽原料中加入部分焦香麦芽酿制成的啤酒。具有色泽深、苦味重、泡沫好、酒精含量高的特点，并具有焦糖香味。

不醉啤酒：基于消费者对健康的追求，减少酒精的摄入量所推出的新品种。其生产方法与普通啤酒的生产方法一样，但最后经过脱醇，将酒精分离，又称无醇啤酒，酒精含量应少于0.5%。

冰啤酒：将啤酒冷却至冰点，使啤酒出现微小冰晶，然后经过过滤，将大冰晶过滤掉，解决了啤酒冷浑浊和氧化浑浊问题。冰啤色泽特别清亮，酒精含量较一般啤酒高，口味柔和、醇厚、爽口，尤其适合年轻人饮用。

果味啤酒：发酵中加入果汁提取物，酒精度低。本品既有啤酒特有的清爽口感，又有水果的香甜味道，适于妇女、老年人饮用。

小麦啤酒：以添加小麦芽生产的啤酒，生产工艺要求较高，酒液清亮透明，酒的储藏期较短。此种酒的特点为色泽较浅，口感淡爽，苦味轻。

**4. 啤酒酒质品评**

（1）感官评价

一看。看酒体色泽：普通浅色啤酒应该是淡黄色或金黄色，黑啤酒为红棕色或淡褐色。看透明度：酒液应清亮透明，无悬浮物或沉淀物（浊度）。看泡沫：啤酒注入无油腻的玻璃杯中时，泡沫迅速升起，泡沫高度应占杯子的 1/3，当啤酒温度在 8～15℃时，5min 内泡沫不应消失，同时泡沫还应细腻、洁白，散落杯壁后仍然留有泡沫的痕迹（泡持性）。

二闻。闻香气，在酒杯上方，用鼻子轻轻吸气，应有明显的酒花香气，新鲜、无老化气味及生酒花气味；黑啤酒还应有焦麦芽的香气。

三尝。品尝味道，入口纯正，没有酵母味或其他怪味杂味；口感清爽、协调、柔和，苦味愉快而消失迅速，无明显的涩味，有二氧化碳的刺激，使人感到杀口。啤酒专家们的研究结果表明，啤酒 10℃时泡沫最丰富，既细腻又持久，香气浓郁，口感舒适。饮用啤酒时玻璃杯要干净，忌有油腻。喝啤酒要快，不要浅斟慢酌。

（2）理化检验

酒精含量：啤酒中酒精含量与麦汁浓度和发酵度有关系，一般来说 12°啤酒，酒精含量应不低于 3.5％。

pH：4.1～4.6。

$CO_2$：不小于 0.35％。

原麦汁浓度：12°啤酒原麦汁浓度应不小于 12％。

总酸：酒中酸对啤酒的风味影响较大。适量的酸可改进啤酒的风味，但酸含量过多使啤酒风味变坏。啤酒中总酸在 1.8％～3.0％为佳。

## 二、啤酒的酿造原料

**1. 麦芽**

麦芽即为发芽的大麦。大麦是酿造啤酒的主要原料。大麦适于酿酒的主要原因为：大麦有良好的生物学特性，对土壤和气候的要求较低，所以它能在地球上广泛分布，大麦容易发芽，酶系统完全，制成的啤酒别具风味；大麦颖果的生物化学及形态-生理学特征，比小麦等其他谷物更适于啤酒酿造的机械化工艺；大麦的价格在谷物中又是较为便宜的，且为非主要的粮食作物（图 2-2）。

**2. 啤酒花**

啤酒花简称酒花，又称蛇麻花。蛇麻为大麻科葎草属多年生蔓性草本植物，系雌雄异株，用于啤酒酿造者为成熟雌花，一般以制备成球粒的方式添加（图 2-3）。啤酒花主要活性成分为酒花树脂、酒花油和多酚物质，分别起到赋予啤酒特有的苦味和防腐能力，赋予啤酒香味，增进啤酒泡沫的持久性、稳定性，澄清麦汁和赋予啤酒醇厚酒体的作用。其中酒花树脂包括 $\alpha$-酸、$\beta$-酸等成分，其中 $\alpha$-酸是啤酒苦味的主要来源，也是衡量啤酒花质量优劣的重要指标之一。

图 2-2　大麦麦芽

图 2-3　啤酒花

**3. 酿造用水**

酿造啤酒的水质直接影响啤酒质量，因此有具体的质量要求：必须符合当地饮用水卫生标准（生活饮用水卫生标准 GB 5749—2022），还需满足酿造专业要求。

**4. 辅助原料**

（1）使用辅料的作用　以价廉而富含淀粉的谷物为麦芽辅助原料，可降低原料成本和吨酒粮耗；使用糖类或糖浆为辅料，可以节省糖化设备的容量，同时可以调节麦汁中糖的比例，提高啤酒发酵度；使用辅助原料，可以降低麦汁中蛋白质和多酚类物质的含量，降低啤酒色度，改善啤酒风味和非生物稳定性；使用部分辅助原料（如小麦）可以增加啤酒中糖蛋白的含量，改进啤酒的泡沫性能。

（2）辅料的种类及使用量

大米：国内大多数厂家使用。

玉米：少数厂用，使用量为原料的 20%～30%，有的厂高达 40%～50%。

大麦：国外使用，使用量不超过 20%。

另外，也可直接添加糖类，如蔗糖、葡萄糖和糖浆等，使用量一般为原料的 10%。

## 三、啤酒的酿造工艺流程

啤酒生产过程分为：原料粉碎、糊化糖化、主发酵、后发酵、过滤灭菌、包装等工序，具体流程如图 2-4 所示。

**1. 原料粉碎**

麦芽和大米分别用粉碎机粉碎到适合糖化操作的粉碎度。

**2. 糊化糖化**

麦芽粉碎的淀粉辅料与温水在糊化锅和糖化锅内混合，调节温度。米淀粉的糊化温度为 80～85℃，玉米淀粉的糊化温度为 68～78℃，小麦淀粉的糊化温度为 57～70℃。糖化

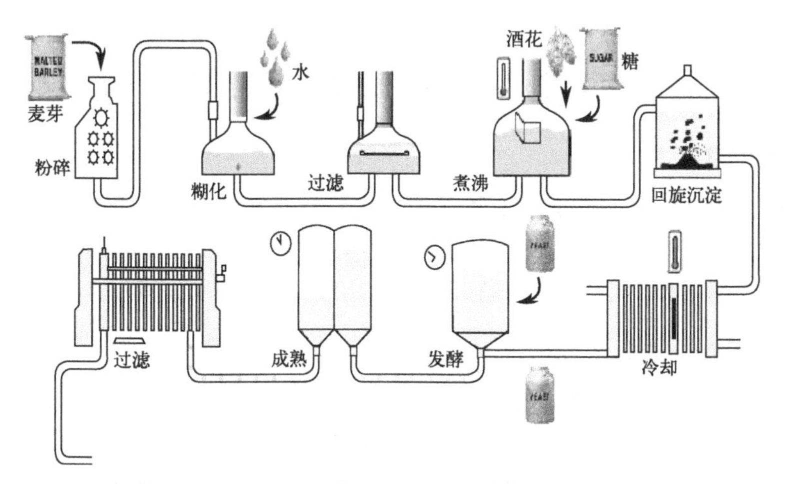


图 2-4　典型的啤酒酿造工艺流程

锅保持在适合蛋白质分解的温度。糊化锅内完全液化的醪液放入糖化锅后，保持在适合糖化的温度，生产小麦醪液。浸出法和煮出法为提高麦醪温度的方法，糖化停留时间和升温方式根据啤酒所用原料和设备的性质决定，麦汁用过滤罐或过滤器过滤出来，在沸腾锅中煮沸，加入啤酒花，调整到合适的麦汁浓度，然后麦汁进入回旋沉降罐分离出热凝块，澄清后的麦汁进入冷却器冷却到 5～8℃。

### 3. 主发酵

将冷却后的麦芽汁加入酵母，送入发酵罐发酵，用蛇形管或夹套冷却，控制温度。进行后续发酵时，最高温度控制在 8～13℃，发酵过程分为发泡期、高发泡期和低发泡期，一般持续 5～10d。发酵后的啤酒被称为“嫩啤酒”，口感苦涩，口感粗糙，$CO_2$ 含量低，不适合饮用。

### 4. 后发酵

为了使嫩啤酒后熟，将其送入储酒罐或在圆柱形锥底发酵罐中继续冷却至 0℃左右，并调节罐内压力使 $CO_2$ 溶解到啤酒中。啤酒的储存期为 1～2 个月，在此期间剩余的酵母、冷凝结物等逐渐沉淀，啤酒逐渐澄清，二氧化碳在酒中饱和，口感醇厚，适合饮用。

### 5. 过滤灭菌

为使啤酒澄清透明，需在－1℃澄清过滤。对过滤的要求是：酒中 $CO_2$ 损失少，过滤量大，质量好，不影响啤酒风味。过滤方法包括纸板过滤、微孔薄膜过滤、硅藻土过滤等。

熟啤包装前需要进行巴氏灭菌，一般为 50～60℃灭菌 30min。

### 6. 包装

我国啤酒的包装主要有桶、瓶、听装三种。瓶装啤酒酒瓶为棕色或深绿色，防止阳光直射，造成酒液氧化混浊，瓶装啤酒应有一定耐压性（一般不低于 1.2～1.5MPa）。

## 拓展知识

### 啤酒的“度”和啤酒怎么喝才不苦

**1. 啤酒的“度”**

啤酒酒标上的度数与白酒上的度数不同，它并非指酒精度，它的含义为原麦汁浓度，即啤酒发酵进罐时麦汁的浓度，主要的度数有18、16、14、12、11、10、8度。日常生活中我们饮用的啤酒多为11、12度啤酒，而酒精度多在3.5°～5°之间。

**2. 啤酒怎么喝才不苦**

啤酒冷冻后，可以在啤酒中加入几颗话梅或者加一点柠檬汁，也可以加入雪碧或可乐。只要往啤酒里面加入一些可以中和啤酒苦味的食品都可以降低啤酒的苦味。

滴完柠檬汁后还可以拿柠檬在啤酒瓶口搽一圈，这样可以使啤酒喝起来更加清爽。

把话梅放进啤酒后需要泡一会儿再喝，因为泡一会儿后话梅淡淡的咸味才会释放出来。

如果可以接受苦一些的啤酒，冷藏后直接喝时啤酒有最佳的口感。

# 第四节 葡萄酒

## 一、葡萄酒的定义及历史

**1. 葡萄酒的定义**

葡萄酒是以葡萄为原料，经过榨汁、发酵、过滤、陈酿制成的一种低度酒，酒精含量一般为8%～22%。葡萄酒产量在世界饮料酒中列第二位，是唯一的碱性含酒精饮料。葡萄酒中除了酒精外，还含有糖类、酯类、其他醇类、有机酸、20多种氨基酸、矿物质及维生素等成分。

葡萄酒是一种“活的”酒类饮料，装瓶后的葡萄酒会随着时间的推移逐渐成熟达到最佳的状态后开始老化。这个过程是葡萄酒所特有的，每一瓶酒都有自己的生命旅程。而其他酒类如白兰地、威士忌一离开橡木捅或其他陈化的木桶之后就不会再成熟变化了，即为定形了。

**2. 葡萄酒的历史**

关于葡萄酒的起源，众说纷纭，有的说起源于古埃及，或古希腊，抑或希腊克里特岛。而据对现有的葡萄酒档案资料研究分析，应是一万年前人类共同的祖先酿造了葡萄酒。

法国葡萄酒的酿制开始于公元前6世纪；18世纪后期，法国的葡萄种植和葡萄酒酿造业进入全面发展的阶段。而中国在汉代以前就已开始种植葡萄并有葡萄酒的生产了。司马迁的《史记》中首次记载了葡萄酒。1892年张弼士创建张裕葡萄酒公司。

目前世界上葡萄酒的产量排序依次是意大利、法国、西班牙、阿根廷、美国、德国，但知名度排序是法国、德国、意大利、西班牙、美国。

## 二、葡萄酒的种类

### 1. 以酒的颜色分类

（1）白葡萄酒 用白葡萄或红皮白肉的葡萄酿成，颜色近似无色或禾黄色、金黄色等，酒精度9°～13°，以突出果香为主。

（2）红葡萄酒 用红葡萄带皮酿制，颜色有红、棕红、宝石红、紫红等，酒精度为9°～13°，以突出酒香为主。

（3）桃红葡萄酒 用红葡萄短期浸渍酿制，采用及时分离果汁发酵而成，颜色有浅桃红、桃红、玫瑰红。

### 2. 以含糖量分类

（1）干葡萄酒 含糖量低于4g/L，品尝不出甜味，具有洁净、幽雅、香气和谐的果香和酒香。因酒的色泽不同又可分为干白、干红、干桃红葡萄酒。

（2）半干葡萄酒 含糖量在4～12g/L，微具甜感，酒的口味洁净、幽雅，味觉圆润，具有和谐怡悦的果香和酒香。

（3）半甜葡萄酒 含糖量在12～50g/L，具有甘甜、爽顺、舒愉的果香和酒香。

（4）甜葡萄酒 含糖量大于50g/L，具有甘甜、醇厚、舒适爽顺的口味，具有和谐的果香和酒香。

### 3. 以含不含二氧化碳分类

（1）静止葡萄酒 不含自身发酵或人工添加$CO_2$的葡萄酒叫静酒，即静止葡萄酒。

（2）起泡酒和汽酒 含有一定量$CO_2$气体的葡萄酒，又分为两类。

① 起泡葡萄酒。所含$CO_2$是用葡萄酒加糖再发酵产生的，属于“特制葡萄酒”一类。其特点是，开瓶时出现一种持久的来自发酵产生的$CO_2$。其典型的酒是产自法国香槟省的“香槟酒”，在世界上享有盛名。该名称已属专利，其他地区所产的同类型产品不得称“香槟酒”，一般叫起泡酒。起泡酒的$CO_2$要求在20℃时保持压力在0.34～0.49MPa。

② 加气葡萄酒。用人工的方法加入$CO_2$，又叫气酒，属于“特制葡萄酒”。因$CO_2$作用使酒更具有清新、愉快、爽怡的味感，$CO_2$要求在20℃时保持0.098～0.245MPa。

### 4. 按酿造方法分类

（1）天然葡萄酒 完全由葡萄汁发酵而成，不添加糖分和酒精。

（2）加强葡萄酒 加强干葡萄酒：发酵原酒＋白兰地/脱臭酒精。加强甜葡萄酒：发酵原酒＋白兰地/脱臭酒精＋糖。

（3）加香葡萄酒 采用葡萄原酒浸泡芳香植物，再经调配而成。

## 三、葡萄酒的酿造原料及存储设备

### 1. 葡萄酒的酿造原料

（1）葡萄　葡萄酒质量的好坏，先天在于葡萄，后天在于工艺。所以国际名酒一般都有自己的优良葡萄品种和与之配套的栽培农艺，并实行品种区域化。我国在葡萄酒的生产逐步扩大的同时，也重视酿酒葡萄的栽培，现在国内知名的大厂都建有自己的葡萄基地。

生产白葡萄酒、香槟酒和白兰地的葡萄要求：含糖量为15%～22%，含酸量6～12g/L，出汁率高，有清香味。生产红葡萄酒的要求：除以上外，色泽浓艳。生产酒精含量高或含糖量高的葡萄酒的要求：含糖量22%～36%，含酸量4～7g/L，香味浓。

世界上著名的葡萄酒酿制葡萄品种中黑色品种有 *Cabernet Sauvignon*（卡本内-苏维浓）、*Syrah*（希哈）、*Pinot Noir*（黑皮诺）、*Merlot*（美露）；白色品种有夏多内（*Chardonnay*）、*Sauvignon Blanc*（苏维浓）、*Riesling*（雷司令）等（图2-5）。

图2-5　世界著名的葡萄酒酿制葡萄品种

(2) 其他原料

白砂糖：葡萄汁成分调整及配酒使用。

酒石酸、柠檬酸：葡萄汁成分调整时使用。

食用酒精：配酒时使用，也可采用葡萄酒精、白兰地来配酒。

澄清剂：葡萄汁澄清采用 $SO_2$、果胶酶、皂土等；葡萄酒澄清使用明胶、皂土、硅藻土、果胶酶、蛋清、干酪素等。

**2. 葡萄酒的存储设备**

(1) 橡木桶　橡木桶是一种储酒容器，人们在很早之前就已经开始使用了，其历史甚至可以追溯到远古时代，被视为一种艺术、身份和品位的象征（图 2-6）。

橡木桶在储存陈酿葡萄酒的过程中，桶内的单宁、香兰素、橡木内酯、丁子香酚等化合物质会溶解于葡萄酒中，这些物质可以使葡萄酒的颜色更为稳定、口感更为柔和、香味更为协调。

(2) 装瓶　选用瓶底有凹凸的棕色瓶，这是为了葡萄酒瓶直立时酒渣能沉淀（图 2-7）。越需要长时间储存的葡萄酒，凹凸越深。所以，一般来讲，好酒因需要长期保存，瓶底凹凸都比较深，但瓶底凹凸深的酒不一定是好酒。

图 2-6　橡木桶

图 2-7　凹凸棕色瓶

红葡萄酒要塞上软木塞，橡木弹性良好，密封性强；软木塞上细密的小孔可以协助红酒进行微妙的氧化反应，促进酒体成熟；瓶内红酒与软木塞接触可以丰富酒体结构。此外，为了防止虫子咬软木塞，葡萄酒瓶口要有一层塑料封套，有时封套上留有小孔，这是为了葡萄酒能与外界呼吸交换，主要是浅龄酒用。

## 四、葡萄酒的典型酿造工艺

**1. 白葡萄酒的酿造工艺**

白葡萄酒的酿造工艺为：葡萄→破碎、除梗→果汁分离→澄清过滤→成分调整→低温发酵→贮存（满罐）→倒池→勾兑→冷冻→过滤→精滤→装瓶。

(1) 果汁分离　葡萄肉经压榨后果汁分离，随后每 100kg 葡萄加入 10～15kg 偏重亚硫酸钾（$SO_2$：50～75mg/kg），立即进行 $SO_2$ 处理。

(2) 果汁澄清与过滤

澄清目的：在发酵前将果汁中的杂质尽量减少到最低含量，避免杂质发酵给酒带来异杂味。

澄清方法：$SO_2$ 静置澄清，加入 $SO_2$ 150～200mg/kg，静置 16～24h；果胶酶法，降低黏度，加快过滤速度、提高出汁率，加入量为 0.1～0.15g/L；皂土澄清法，强吸附力，用量为 1.5g/L；机械澄清法，离心，短时间内达到澄清。

过滤方式：棉饼过滤、硅藻土过滤、纸板过滤、膜过滤、真空过滤等。

(3) 葡萄汁的成分调整

① 糖分的调整。

添加白砂糖：发酵刚开始的时候添加。

添加浓缩葡萄汁：在主发酵后期添加。

② 酸度调整。一般调整到 6g/L，pH3.3～3.5。

提高酸度的方法：添加酒石酸和柠檬酸、未成熟的葡萄压榨汁。

降低酸度方法：苹果酸-乳酸发酵和化学法（添加碳酸钙）。

(4) 发酵

发酵菌种：多采用人工培育的优良酵母。

发酵过程：主发酵，一般在 16～22℃为宜，15d 左右，残糖<5g/L；后发酵，一般控制在 15℃以下，持续 1 个月左右，残糖<2g/L。

发酵设备：密闭夹套冷却的钢罐。

(5) 勾兑与调配　葡萄酒生产由于所用的原理不一致，酒的色香味也不一样。调配的目的是根据产品质量标准，使产品的理化指标和色香味达到标准和要求。调配时由具有丰富经验和技巧的调酒师根据品尝和化验结果进行。

干红、干白葡萄酒一般不必调配，必要时可进行不同酒龄的同品种酒勾兑。半干、半甜及甜型葡萄酒，以干白或干红为酒基，经调配制成（在原酒中加入浓缩葡萄汁或白糖、柠檬酸、葡萄原汁白兰地或食用酒精等）。

(6) 冷冻　使用快速冷却法使得温度为葡萄酒的冰点以上 0.5℃，作用是析出酒石酸盐等沉淀，使酸味降低，口味变得柔和，同时使残留在酒中的蛋白质、死酵母、果胶等有机物质加速沉淀，加速酒的陈酿。

(7) 装瓶　装瓶可采用玻璃瓶、塑料瓶、水晶瓶等，也可以用复合膜袋装。

高级葡萄酒和起泡葡萄酒需要用软木塞，白兰地封口用蘑菇塞，起泡葡萄酒用塑料塞（图 2-8）。

软木塞

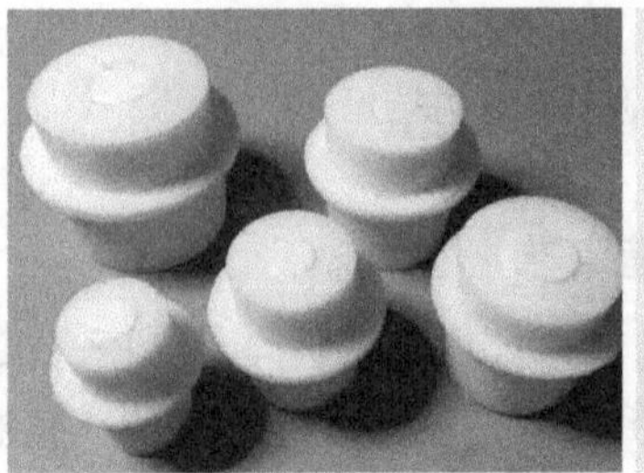
蘑菇塞

塑料塞

图 2-8　葡萄酒装瓶用的塞子

瓶装后采用巴氏杀菌法（65～68℃，30min）杀菌，提高保存期。

（8）存储　传统的阴暗湿冷的地窖是储存葡萄酒的最佳场所。温度：恒温（5～20℃）、11℃左右最佳。湿度：70%左右。光度：不要留任何光线。通风：保持通风以免吸收杂味。振动：尽量避免酒搬来搬去。摆置：家庭储藏红葡萄酒，一定要将红葡萄酒倒放或卧放（瓶口向上倾斜 15°放置），使葡萄酒与软木塞接触，这样能保持软木塞的湿润膨胀状态，不透空气，能防止氧化，可长期储存而不变质（图 2-9）。

图 2-9　葡萄酒卧放

**2. 红葡萄酒的酿造工艺**

（1）工艺流程　工艺流程为：葡萄→破碎→发酵→分离→倒池→冷冻→过滤→下胶→倒池→陈酿→勾兑→过滤→装瓶。

（2）生产工艺特点　酒精发酵和色素、香味成分的浸提有的同时进行，有的分别进行。为有效进行浸提，发酵温度高于白葡萄酒的温度，在发酵过程中要靠外界机械动力循环果汁。发酵过程中有较多的单宁等酚类化合物，具有一定的抗氧化能力，故对酒的隔氧、抗氧化措施要求不严格。发酵方法上，可分为果汁和皮渣共同发酵（传统法、旋转罐法、二氧化碳浸剂法和连续发酵法）及纯汁发酵（热浸法）。发酵方式分为开放式发酵和密闭式发酵，我国传统发酵采用开放式，近年来为密闭式。

## 拓展知识

### 怎样鉴别葡萄酒真伪和怎样品尝葡萄酒

**1. 怎样鉴别葡萄酒真伪**

鉴别真假葡萄酒，还有一招就是在葡萄酒中加盐酸和氢氧化钠，优质葡萄酒遇酸颜色变深，而加入碱后颜色恢复原状。劣质葡萄酒加入酸、碱都不会变色。家中如果没有酸、碱，也可以用白醋和食用碱代替。

**2. 怎样品尝葡萄酒**

品葡萄酒有观、闻、品三个步骤（图 2-10）。

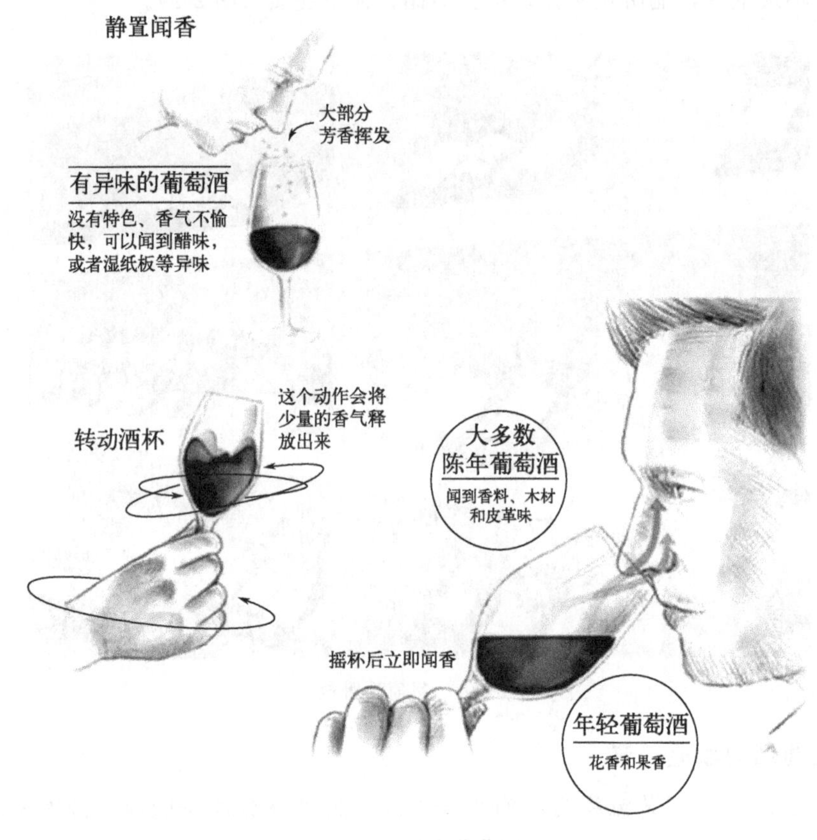


图 2-10　品尝葡萄酒

（1）观色　把酒倒入无色葡萄酒杯中，在举齐眼的高度观察酒的颜色，好的红葡萄酒呈宝石红色（即红宝石的颜色）。优质红葡萄酒澄清近乎透明，且越亮越好。次酒或加了其他东西的红葡萄酒颜色不正，亮度很差。

（2）闻香　这是判定酒质优劣最明显可靠的方法，只需要闻一下便能辨别优劣。优质红葡萄酒香气较淡，表现为酒香和陈酿香而没有任何不愉快的气味。劣质葡萄酒闻起来都有一股不可消除的令人不悦的“馊味”，或刺鼻的怪味。

（3）品味　将酒杯举起，杯口放在嘴唇之间，并压住下唇，头部稍向后仰，把酒吸入口中，轻轻搅动舌头，使酒均匀地分布在舌头表面，然后将葡萄酒控制在口腔前部，稍后咽下。每次品尝吸入的酒应在小半口左右。入口圆润，在口腔中感觉良好，酒味和涩味和谐平衡，咽下后留在口腔中的醇香和微涩的感觉较长，口感极其舒适，尤其是酒中糖的那种甘醇、芳美的感觉，在其他酒中是无法领略的，有纯正的橡木香味和利口酒的独特香气，细腻典雅、醇和圆润。

# 第五节 白 酒

## 一、白酒的定义

白酒是用谷物、薯类或糖分等为原料，经糖化发酵、蒸馏、陈酿和勾兑制成的酒精浓度大于20%的一种蒸馏酒。

白酒因其大多数产品呈无色、透明状态，故名。又因高度酒能被点燃，所以又名烧酒。

## 二、白酒的发展历史及分类

### 1. 白酒的发展历史

中国白酒的起源公认的一种说法是在元代时由国外传入。和朝鲜半岛的烧酒一样，中国的蒸馏白酒可能是元朝时期由中亚波斯地区传入并普及的。

### 2. 白酒的分类

白酒的种类、名称繁多。有的以原料命名，如高粱酒、大曲酒、瓜干酒等，就是以高粱、大曲、瓜干为原料生产出来的酒。有的以产地命名，如茅台、汾酒、景芝白干、曲阜老窖、兰陵大曲等。有的以名人命名，如杜康酒、范公特曲等。还有的按发酵、储存时间长短命名，如特曲、陈曲、头曲、二曲等。二锅头、回龙酒等，则又是以生产工艺特点命名的。白酒主要按以下三种类型分类。

(1) 按生产中使用的糖化发酵剂种类分　可分为大曲、小曲和麸曲白酒，其特点见表2-2所示。

**表2-2　不同糖化发酵剂种类的代表性白酒**

| 类别 | 糖化发酵剂 | 特点 | 代表 |
| --- | --- | --- | --- |
| 大曲白酒 | 大曲 | 发酵周期长、产品质量好、成本较高、出酒率偏低 | 茅台、五粮液、泸州老窖 |
| 小曲白酒 | 小曲 | 用曲量少、发酵周期短、出酒率高、质量较好 | 三花酒、米酒 |
| 麸曲白酒 | 麸曲、酵母 | 发酵期短、出酒率较高、质量一般 | 二锅头 |

(2) 按酒的香型分　可分为酱香、浓香、清香、米香和其他香型，其特点见表2-3所示。

**表2-3　白酒的不同香型**

| 香型 | 代表 | 酒精度 | 主体香味物质 |
| --- | --- | --- | --- |
| 酱香 | 茅台酒 | 52°～54° | 芳香族、脂肪族等化合物 |
| 浓香 | 泸州老窖 | 60° | 己酸乙酯、丁酸乙酯 |

续表

| 香型 | 代表 | 酒精度 | 主体香味物质 |
|---|---|---|---|
| 清香 | 汾酒 | 65° | 乙酸乙酯、乳酸乙酯 |
| 米香 | 三花酒 | 55° | 乙酸乙酯、乳酸乙酯、β-苯乙醇 |
| 其他 | 工艺比较独特、香型别具一格，如董酒(药香型)、四特酒(特型酒) | | |

(3) 按生产工艺分

固态法发酵白酒：发酵、蒸馏均为固态，出酒率低，质量好（我国传统酿造法、大曲发酵，国内的名优白酒多采用）。

半固态法发酵白酒：发酵、蒸馏为半固态工艺（小曲发酵）。

液态法发酵白酒：发酵、蒸馏都在液态下进行，出酒率高，质量较差（麸曲发酵）。

## 三、白酒酿造原料

### 1. 主要原料

包括高粱、玉米、大米、小麦等。

高粱：主要用于大曲酒。

玉米：含有较多植酸，使白酒的味甜醇。

大米：酿造小曲酒的主要原料，带有米香。

小麦：制曲和酿酒的理想原料，含有丰富的淀粉、蛋白质以及微生物生长所必需的营养成分。

薯类：淀粉含量高，产量大，出酒率高，但酒中甲醇含量高，薯干味较浓。

### 2. 酒曲

白酒酿造所用的酒曲为淀粉质原料酿酒时的糖化发酵剂。酒曲中生长各种微生物，分泌出各种淀粉酶等，将原料中的淀粉转化为可发酵糖。

(1) 大曲　又称块曲或砖曲，以大麦、小麦、豌豆等为原料，经过粉碎，加水混捏，压成曲醅，形似砖块，大小不等，让自然界各种微生物在上面生长而制成，统称大曲（图2-11）。

图 2-11　大曲

大曲中的主要微生物有霉菌、酵母和细菌，其主要作用如下。①霉菌：根霉、毛霉、曲霉等，产生各种淀粉酶和蛋白酶等，主要起分解蛋白质和糖化作用。②酵母菌：有10多种，主要是酒精酵母、汉逊酵母、假丝酵母、产膜酵母等，起发酵产酒精和产酯、产香的作用。③细菌：主要有乳酸菌、醋酸菌、芽孢杆菌等，具有分解蛋白质和产酸能力，对白酒的香型、风格具有特殊重要的作用。

（2）小曲　又称酒药，主要用于酿造白酒。用米、高粱、大麦等为原料，并酌加几种中药。所含的微生物主要是根霉菌、毛霉菌和酵母菌。在酿造过程中同时起糖化和发酵作用。因为曲块小，发生热量少，适合中国南方气候条件（图2-12）。

小曲中的主要微生物及其作用如下。①霉菌：一般有根霉、毛霉、黄曲霉、黑曲霉等，主要是根霉（能边糖化边发酵），将淀粉完全转化为可发酵糖。②酵母：有啤酒酵母、汉逊酵母、假丝酵母等，起发酵产酒精和产酯、产香的作用。③细菌：主要是醋酸菌、丁酸菌及乳酸菌等，增加酒的香味物质。一般自然培养的小曲为根霉、酵母、细菌结合，纯种培养的小曲为根霉和酵母的结合。

图2-12　小曲

图2-13　麸曲

（3）麸曲　麸曲是采用纯种霉菌菌种，以麸皮为原料经人工控制温度和湿度培养而成的，它主要起糖化作用。酿酒时，需要与酵母菌（纯培养酒母）混合进行酒精发酵（图2-13）。

麸曲的主要微生物：多数属于曲霉属菌种，如米曲霉、黑曲霉等，除曲霉外，还有根霉、红曲霉、毛霉等。

**3. 其他原料**

辅料：又称填充料，主要有各种谷壳（稻壳、麸皮、高粱壳）、花生壳、米糠和玉米芯等。

酒母：纯种酵母扩大培养后，含有大量酵母菌的培养液，作用是将可发酵糖转变为酒精。

水：水是酒中的主要成分之一，水质的好坏直接影响产品的质量和风味。采用井水、山泉水等地下水或江河湖泊的地表水。

## 四、白酒的典型酿造工艺流程

**1. 大曲白酒的酿造**

大曲白酒主要是以高粱为原料，大曲为糖化发酵剂，经固态发酵、蒸馏、储存和勾兑

制成，生产方法分为续渣法和清渣法

（1）**续渣法大曲酒生产工艺** 将粉碎后的生原料与酒醅混合，在甑桶内同时进行蒸料和蒸酒（混烧），蒸料蒸酒后取出醅子，待冷却后加入大曲继续发酵，反复进行。浓香型和酱香型的白酒生产都采用这种方法。以浓香型白酒生产为例，其具体工艺如图 2-14 所示。

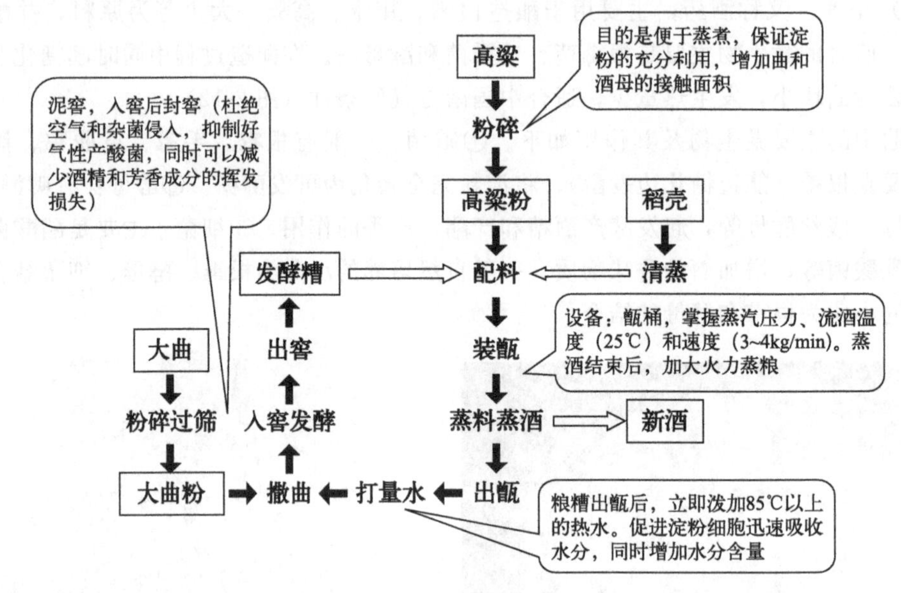


图 2-14 续渣法大曲酒生产工艺

（2）**清渣法大曲酒生产工艺** 原料和酒醅都采用单独蒸，酒醅中不加入新料，广泛用于清香型白酒的生产（图 2-15）。

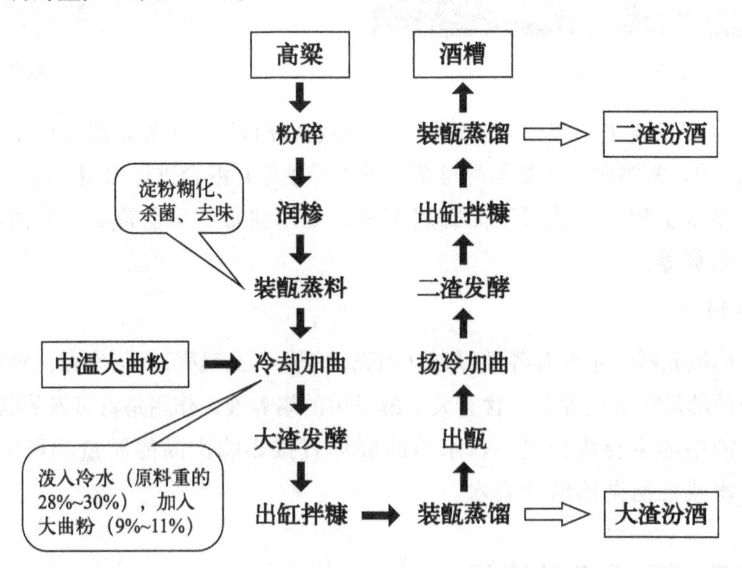


图 2-15 清渣法大曲酒生产工艺

**2. 小曲白酒的酿造**

小曲白酒的酿造以大米、高粱、玉米等为原料，小曲为糖化发酵剂，采用固态或半固态发酵，再经过蒸馏、勾兑制成。

以广西桂林三花酒生产为例，其工艺是先培菌糖化后投水发酵，如图 2-16 所示，其特点是前期是固态培菌糖化，约 20～24h，后期为半液体发酵，约为 7d。

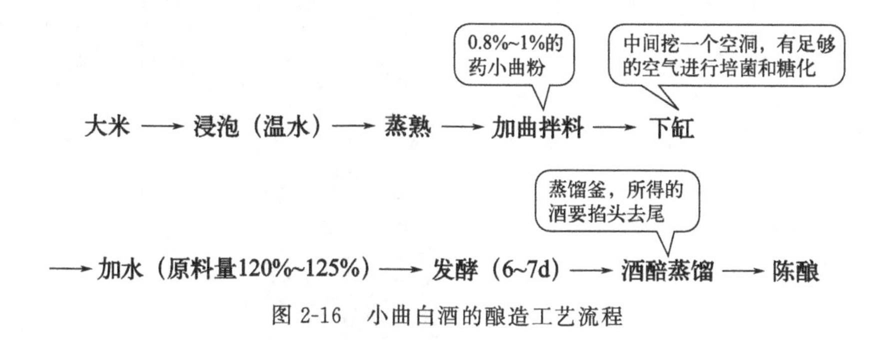


图 2-16　小曲白酒的酿造工艺流程

**3. 麸曲白酒的酿造**

麸曲白酒是以高粱、薯干、玉米和高粱糠等为原料，采用纯种麸曲为糖化剂，纯种培养的酒母为发酵剂，经固态发酵和固态蒸馏制成的白酒。特点是出酒率高、生产周期短、白酒质量一般。生产方法也分为续渣法和清渣法，具体工艺同图 2-14 和图 2-15。

## 五、白酒的重要代表

**1. 酱香型白酒**

又称为茅香型：以贵州茅台酒、四川郎酒为代表（图 2-17）。这类香型的白酒香气香而不艳，低而不淡，醇香幽雅，不浓不猛，回味悠长，倒入杯中过夜香气久留不散，且空杯比实杯还香，令人回味无穷。

贵州茅台酒

四川郎酒

图 2-17　酱香型白酒

酱香型白酒是由酱香酒、窖底香酒和醇甜酒等勾兑而成的。所谓酱香是指酒品具有类似酱食品的香气，酱香型酒香气的组成成分极为复杂，至今未有定论，但普遍认为酱香是由高沸点的酸性物质与低沸点的醇类组成的复合香气。

**2. 浓香型白酒**

又称泸香型，以四川泸州老窖特曲为代表（图 2-18）。浓香型的酒具有芳香浓郁、绵柔甘洌、香味协调、入口甜、落口绵、尾净余长等特点，这也是判断浓香型白酒酒质优劣的主要依据。

图 2-18　四川泸州老窖特曲

构成浓香型酒典型风格的主体是乙酸乙酯，这种成分含香量较高且香气突出。浓香型白酒的品种和产量均属全国大曲酒之首，全国八大名酒中，五粮液、泸州老窖特曲、剑南春、洋河大曲、古井贡酒都是浓香型白酒中的优秀代表。

**3. 清香型白酒**

又称汾香型，以山西杏花村汾酒为主要代表（图 2-19）。清香型白酒酒气清香醇正，口味甘爽协调。酒体组成的主体是乙酸乙酯和乳酸乙酯，两者结合成为该酒主体香气，其特点是清、爽、醇、净。清香型风格基本代表了我国老白干酒类的基本香型特征。

图 2-19　山西杏花村汾酒

图 2-20　桂林三花酒

**4. 米香型白酒**

米香型酒指以桂林三花酒为代表的一类小曲米液（图 2-20），是中国历史悠久的传统酒种。米香型酒香气清柔，幽雅纯净，入口柔绵，回味怡畅，给人以朴实纯正的美感。米香型酒的香气组成是乳酸乙酯含量大于乙酸乙酯，高级醇含量也较多，共同形成它的主体香。这类酒的代表有桂林三花酒、广西全州湘山酒、广东长东烧等小曲米酒。

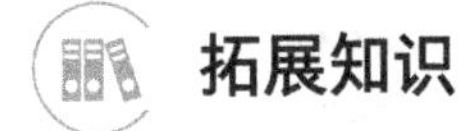

拓展知识

### 为什么只有浓香型白酒才能做年份酒

这是因为只有浓香型白酒的生产工艺，才能循环利用母糟和老窖，充分促成微生物群落的发展状大和活跃状态，促成酒质的完美。下面以五粮液为例试说明：

泥窖固态发酵是浓香型白酒的共同特点，泥窖有别于其他任何香型的白酒发酵设备。五粮液的泥窖在独特的传统工艺条件下，经过长期驯化形成了良好的、独特的千年老窖窖泥微生物群落。五粮液拥有大量的老窖，其中最老的已经有 600 余年，从不间断地使用。其他香型的生产工艺没有使用泥窖，而是使用石头窖或水泥窖，并且间断使用，酒窖根本就不能附着微生物。因此，从白酒本身特点、白酒品质生成因素来判断，年份酒的主要标准应该是发酵窖池和酿酒母糟的循环使用年代。也因此，只有浓香型才能做年份酒。

## 第六节 其他酒类

中国白酒是世界著名的七大蒸馏酒之一，其余六种是白兰地、威士忌、朗姆酒、伏特加、金酒和龙舌兰酒。

除了世界七大蒸馏酒外，世界上比较著名的粮食酿造的酒还有日本的清酒。

### 一、白兰地

白兰地是英文 brandy 的译音，它是以水果为原料，经微生物发酵、蒸馏制成的酒。通常，我们所称的 brandy（白兰地）专指以葡萄为原料，通过发酵再蒸馏制成的酒。而以其他水果为原料，通过同样的方法制成的酒，常在白兰地酒前面加上水果原料的名称以区别其种类。比如，以樱桃为原料制成的白兰地称为樱桃白兰地（cherry brandy），以苹果为原料制成的白兰地称为苹果白兰地（apple brandy）。“白兰地”一词属于术语，相当于中国的“烧酒”。

白兰地在荷兰语中是“烧焦的葡萄酒”。13 世纪那些到法国沿海运盐的荷兰船只将法国干邑地区盛产的葡萄酒运至北海沿岸国家，这些葡萄酒深受欢迎。至 16 世纪，由于葡萄酒产量的增加及海运的途耗时间长，使法国葡萄酒变质滞销。这时，聪明的荷兰商人利用这些葡萄酒作为原料，加工成葡萄蒸馏酒，这样的蒸馏酒不仅不会因长途运输而变质，并且由于浓度高反而使运费大幅度降低，葡萄蒸馏酒销量逐渐增大。荷兰人在夏朗德地区所设的蒸馏设备也逐步改进，法国人开始掌握蒸馏技术，并将其发展为二次蒸馏法，但这时的葡萄蒸馏酒为无色，也就是现在的被称之为原白兰地的蒸馏酒。

白兰地酒精度在 40°～43°之间（勾兑的白兰地酒在国际上一般是 42°～43°），虽属烈性酒，但由于经过长时间的陈酿，其口感柔和，香味纯正，饮用后给人以高雅、舒畅的享受。白兰地呈美丽的琥珀色，富有吸引力，其悠久的历史也给它蒙上了一层神秘的色彩。

世界三大白兰地品牌分别为：马爹利、人头马和轩尼诗（图 2-21）。

马爹利

人头马

轩尼诗

图 2-21　世界三大白兰地品牌

## 二、威士忌

威士忌的英文名称为 whiskey、whisky。威士忌酒是以大麦、黑麦、燕麦、小麦、玉米等谷物为原料，经发酵、蒸馏后放入橡木桶中陈酿、勾兑而成的一种酒精饮料，主要生产国为英语国家。广义解释，“威士忌”是所有以谷物为原料所发酵、制造出来的蒸馏酒之通称。

威士忌酒的分类方法很多，依照威士忌酒所使用的原料不同，威士忌酒可分为纯麦威士忌酒和谷物威士忌酒以及黑麦威士忌等；按照威士忌酒在橡木桶的储存时间，它可分为数年到数十年等不同年限的品种；根据酒精度，威士忌酒可分为 40°～60°等不同酒精度的威士忌酒；但是最著名也最具代表性的威士忌分类方法是依照生产地和国家的不同可将威士忌酒分为苏格兰威士忌酒、爱尔兰威士忌酒、美国威士忌酒和加拿大威士忌酒四大类，其中尤以苏格兰威士忌酒最为著名。

威士忌酒的知名品牌有红带威士忌、蓝带威士忌（图 2-22）。

红带威士忌

蓝带威士忌

图 2-22　世界知名的威士忌品牌

## 三、朗姆酒

朗姆酒也叫糖酒，以甘蔗糖蜜为原料经发酵、蒸馏生产的一种蒸馏酒，也称为兰姆酒、蓝姆酒或朗姆酒。朗姆酒一般采用甘蔗压出来的糖汁，经过发酵、蒸馏而成，在橡木桶中储存 3 年以上。

朗姆酒的主要生产特点是：选择特殊的生香（产酯）酵母和加入产生有机酸的细菌，共同发酵后，再经蒸馏陈酿而成。

根据不同的原料和不同酿制方法，朗姆酒可分为朗姆白酒、朗姆老酒、淡朗姆酒、朗姆常酒、强香朗姆酒等，含酒精 42%～50%，酒液有琥珀色、棕色，也有无色的。此外，根据风味特征，可将朗姆酒分为浓香型和轻香型。①浓香型：首先将甘蔗糖澄清，再接入能产丁酸的细菌和产酒精的酵母菌，发酵 10d 以上，用壶式锅间歇蒸馏，得 86%左右的无色原朗姆酒，在木桶中储存多年后勾兑成金黄色或淡棕色的成品酒。②轻香型：甘蔗糖只加酵母，发酵期短，塔式连续蒸馏，产出 95°的原酒，储存勾兑，成浅黄色到金黄色的成品酒，以古巴朗姆为代表。

在国际上朗姆酒的驰名品牌有 Mulata（古巴混血姑娘朗姆酒）、Bacardi Light（百家得朗姆酒）、Bacardi Silver（百家得银标朗姆酒）、Bacardi Gold（百家得金标朗姆酒）、Puerto Rico Rum（波多黎各朗姆酒）、Jamaican Rum（牙买加朗姆酒）和 Captain Morgan（摩根船长朗姆酒）（图 2-23）。

古巴混血姑娘朗姆酒

百家得朗姆酒

波多黎各朗姆酒

牙买加朗姆酒

摩根船长朗姆酒

图 2-23　世界知名朗姆酒品牌

## 四、伏特加

伏特加国际通用英文为 vodka，俄文 водка。伏特加是没有经过任何人工添加、调香、调味的基酒，也是世界各大调味鸡尾酒的鼻祖和必用酒。因为伏特加本身没有任何杂质和杂味，不会影响鸡尾酒的口感。

伏特加酒以谷物或马铃薯为原料，经过发酵、蒸馏制成高达95°的酒精，再用蒸馏水淡化至40°～60°，并经过活性炭过滤，使酒质更加晶莹澄澈，无色且清淡爽口，使人感到不甜、不苦、不涩，只有烈焰般的刺激，形成伏特加酒独具一格的特色。因此，伏特加酒是最具有灵活性、适应性和变通性的一种酒。

伏特加酒分两大类，一类是无色、无杂味的上等伏特加；另一类是加入各种香料的伏特加（flavored vodka）。

伏特加是源于俄文的“生命之水”一词当中“水”的发音“вода”（一说源于港口“вятка”），约14世纪开始成为俄罗斯传统饮用的蒸馏酒。但在波兰，也有更早便饮用伏特加的记录。俄罗斯是生产伏特加酒的主要国家，但在德国、芬兰、波兰、美国、日本等国也都能酿制优质的伏特加酒。特别是在第二次世界大战开始时，由于苏联制造伏特加酒的技术传到了美国，使美国也一跃成为生产伏特加酒的大国之一。

伏特加的知名品牌有皇冠伏特加（美国）、AK47伏特加（中国）（图2-24）。

皇冠伏特加

AK47伏特加

图2-24　世界知名伏特加品牌

## 五、金酒

金酒（GIN）是在1660年，由荷兰的莱顿大学（Unversity of Leyden）名叫西尔维斯（Doctor Sylvius）的教授制造成功的。最初制造这种酒是为了预防热带疟疾病，作为利尿、清热的药剂使用，不久人们发现这种利尿剂香气和谐、口味协调、醇和温雅、酒体洁净，具有净、爽的自然风格，很快就被人们作为正式的酒精饮料饮用。金酒的怡人香气主要来自具有利尿作用的杜松子，1689年流亡荷兰的威廉三世回到英国继承王位，于是杜松子酒传入英国，英文叫Gin。

金酒按口味风格可分为以下几种。辣味金酒（干金酒）：辣味金酒质地较淡、清凉爽口，略带辣味，酒度约在80～94proof（酒精纯度，一个酒精纯度相当于0.5%的酒精含量）。老汤姆金酒（加甜金酒）：是在辣味金酒中加入2%的糖分，使其带有怡人的甜辣味。荷兰金酒：荷兰金酒除了具有浓烈的杜松子气味外，还具有麦芽的芬芳，酒度通常在100～110proof之间。果味金酒（芳香金酒）：是在干金酒中加入了成熟的水果和香料，如柑橘金酒、柠檬金酒、姜汁金酒等。

图2-25　哥顿金酒

金酒的知名品牌有哥顿金酒（图2-25）。哥顿金酒是英国的重要国酒，1769年，阿历山在·哥顿在伦敦创办金酒厂，将经过多重蒸馏的酒精，配以杜松子、芫荽种子及多种香草，调制出香味独特的哥顿金酒。

## 六、龙舌兰酒

龙舌兰酒又称“特基拉酒”，是墨西哥的特产，被称为墨西哥的灵魂。特基拉是墨西哥的一个小镇，此酒以产地得名。特基拉酒有时也被称为“龙舌兰”烈酒，是因为此酒的原料很特别，以龙舌兰（*Agave*）为原料。

龙舌兰是一种龙舌兰科植物，通常要生长12年，成熟后割下送至酒厂，再被割成两半后泡洗24h，然后榨出汁来，汁水加糖送入发酵柜中发酵2～2.5d，然后经两次蒸馏。龙舌兰是一种墨西哥原生的特殊植物，虽然它经常被认为是一种仙人掌，实际上渊源却与百合（*Amaryllis*）较为接近。

龙舌兰酒知名品牌有豪帅金快活龙舌兰酒（图2-26）。墨西哥豪帅金快活龙舌兰酒厂成立于1795年，历史悠久，是世界最大的龙舌兰烈酒生产商之一，该公司最著名的就是顶级橡木桶陈酿的龙舌兰烈酒。

图2-26　豪帅金快活龙舌兰酒

## 七、日本清酒

清酒日语读音为Sake，是用大米酿制的一种粮食酒，是日本民族的国酒。清酒制作方法和中国的糯米酒相似，先用熟米饭制曲，再加米饭和水发酵，不过日本清酒比中国的糯米酒度数高，但比不上蒸馏酒，最高可达到18%。

日本清酒是借鉴中国黄酒的酿造法而发展起来的，已成为日本的国粹。公元7世纪中叶之后，朝鲜古国百济与中国常有来往，并成为中国文化传入日本的桥梁。因此，中国（江浙地区）用“曲种”酿酒的技术就由百济人传播到日本，使日本的酿酒业得到了很大的进步和发展。到了公元14世纪，日本的酿酒技术已日臻成熟，人们用传统的清酒酿造法生产出质量上乘的产品，尤其在奈良地区所产的清酒最负盛名。

日本清酒，因为它的原料单纯到只用米和水，就可以产生出令人难以忘怀的好滋味，所以有人将它形容为用米做成的不可思议的液体。而因为日本各地风土民情的不同，且在长远历史的影响下，日本清酒也因此成为深具地方特色的一种代表酒。

日本全国有大小清酒酿造厂2000余家，其中最大的5家酒厂及其著名产品是：大包厂的月桂冠清酒、小西厂的白雪清酒、白鹤厂的白鹤清酒、西宫厂的日本盛清酒和大关厂的山田锦清酒。日本知名的清酒厂多集中在关东的神户和京都附近（图2-27）。

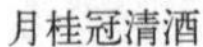

月桂冠清酒　白雪清酒　白鹤清酒　日本盛清酒　山田锦清酒

图 2-27　日本知名清酒品牌

## 参考文献


[1]　韩宗宇. 现代发酵工程技术在酿酒工业的应用研究进展［J］. 新商务周刊，2017（24）：176.

[2]　胡普信. 中国酒文化概论［M］. 北京：中国轻工业出版社，2021.

[3]　胡小伟. 中国酒文化［M］. 北京：中国国际广播出版社，2021.

[4]　李华. 酿造酒工艺学［M］. 北京：中国农业出版社，2013.

[5]　李华. 葡萄酒工艺学［M］. 北京：科学出版社，2016.

[6]　杉村启. 千面日本：清酒［M］. 海口：南海出版公司，2021.

[7]　孙方勋. 世界葡萄酒和蒸馏酒知识［M］. 北京：中国轻工业出版社，1993.

[8]　韦革宏，史鹏. 发酵工程［M］. 2 版. 北京：科学出版社，2021.

[9]　徐兴海. 酒与酒文化［M］. 北京：中国轻工业出版社，2018.

[10]　徐岩. 中国白酒关键技术研究进展［M］. 北京：化学工业出版社，2011.

[11]　殷海松，孙勇民. 食品发酵技术［M］. 2 版. 北京：中国轻工业出版社，2022.

[12]　曾洁，郑华艳. 果酒米酒生产［M］. 北京：化学工业出版社，2014.

[13]　周景文，陈坚，等. 新一代发酵工程技术［M］. 北京：科学出版社，2022.

[14]　顾国贤. 酿造酒工艺学［M］. 2 版. 北京：中国轻工业出版社，2018.

第三章

# 发酵技术与调味品

## 第一节　酱　油

### 一、酱油简介

酱油是一种营养价值丰富、以粮食作物为原料加工制成的发酵调味品。每100mL酱油中含可溶性蛋白质、多肽、氨基酸达7.5～10g，含糖分2g以上，此外，还含有较丰富的维生素、磷脂、有机酸以及钙、磷、铁等，是五味调和、色香味俱佳的调味品。2017年12月1日，《公共服务领域英文译写规范》正式实施，规定酱油标准英文名为“Soy Sauce”。

我国酱油酿造历史悠久，传统的方法采用野生菌制曲、晒露发酵，生产周期长，原料利用率低，卫生条件差。现代酱油生产在继承传统工艺优点的基础上，在原料、工艺、设备、菌种等方面进行了很多改进，生产能力有了很大的提高，品种也日益丰富。

### 二、酱油的种类

**1. 酱油的不同种类**

酱油可以分为酿造酱油、配制酱油和化学酱油三类。这三类酱油有本质的区别，制作方法不同，口味也不同。

（1）酿造酱油　是指以大豆或脱脂大豆、小麦或麸皮为原料，经微生物天然发酵制成的液体调味品。“生抽”和“老抽”都属酿造酱油（图3-1）。

生抽：是以优质黄豆和面粉为原料，经发酵成熟后提取而成，并按提取次数的多少分为一级、二级和三级。

老抽：是在生抽中加入焦糖，经特别工艺制成的浓色酱油，适合肉类增色之用。

（2）配制酱油　是指以酿造酱油为主体，与酸水解植物蛋白调味液、食品添加剂等配制而成的液体调味品。

（3）化学酱油　也称酸水解植物蛋白调味液。以含有食用植物蛋白的脱脂大豆、花

图 3-1 酿造酱油

生粕、小麦蛋白或玉米蛋白为原料，经盐酸水解、碱中和制成的液体鲜味调味品。

**2. 酱油的等级**

酱油也是有级别划分的，按国家标准，根据氨基酸态氮、总氮以及可溶性无盐固形物的含量划分为特级，一、二、三级酱油。根据氨基酸态氮的含量的划分标准为：①特级，氨基酸态氮≥0.8g/100mL；②一级，氨基酸态氮≥0.7g/100mL；③二级，0.7g/100mL＞氨基酸态氮≥0.55g/100mL；④三级，0.55g/100mL＞氨基酸态氮≥0.4g/100mL。

## 三、酱油发酵的主要微生物

参与酱油酿造的微生物主要有曲霉、酵母和乳酸菌，经过它们的一系列生化作用，共同完成酱油的发酵过程。菌种优劣决定酱油的色、香、味以及原料利用率等。

**1. 曲霉**

主要有米曲霉、黑曲霉、甘薯曲霉。米曲霉的生长温度：最适温度32～35℃，低于28℃或高于40℃生长缓慢，42℃以上停止生长。

**2. 酵母**

酱醪中盐含量高，能在酱醪中生长的酱油酵母为耐盐性酵母。酵母菌与酱油的香味和气味形成有直接关系。一般有鲁氏酵母、假丝酵母、易变球拟酵母、汉逊酵母。

**3. 乳酸菌**

酱油中的乳酸菌是能在酱醪中生长、参与酱油成熟、可将糖类转化为乳酸菌的耐盐性细菌。一般从环境中进入，发酵前期主要有酱油片球菌，发酵后期主要为酱油四联球菌。

## 四、中国酱油主要生产工艺流程

酱油的生产方法主要按发酵工艺的类型来区分。将成曲加入多量盐水，使呈浓稠的半流动状态的混合物称为酱醪；将成曲拌加少量盐水，使呈不流动状态的混合物称为酱醅。根据醪及醅状态的不同可分为稀醪发酵、固稀发酵、固态发酵。根据加盐多少的不同可分为有盐发酵、无盐发酵。根据发酵加温状况可分为常温发酵及保温发酵。

目前国内酿造酱油主要分为高盐稀态与低盐固态两种工艺。

### 1. 高盐稀态工艺流程

酱油高盐稀态酿造工艺（图 3-2）是目前世界上最先进的发酵工艺，特点是高盐、稀醪、低温、发酵期长（达 6 个月）。高盐能够有效抑制杂菌，稀醪有利于蛋白质分解，低温有利于酵母等有益微生物生长、代谢，从而生成香味浓郁的产品。据测定，高盐稀态发酵工艺生产的酱油，其香气物质多达 300 多种，氨基酸含量非常丰富。高盐稀态工艺的原料为脱脂大豆及小麦。小麦富含淀粉，是微生物营养物质的碳源和发酵基质，水解发酵后生成的糖、醇、酸和酯等，都是构成酱油呈味和生香的重要物质。而低盐固态工艺中所用的麸皮，淀粉含量少，生成葡萄糖量低，相应生成的醇、酸、酯等也少，风味必然差很多。

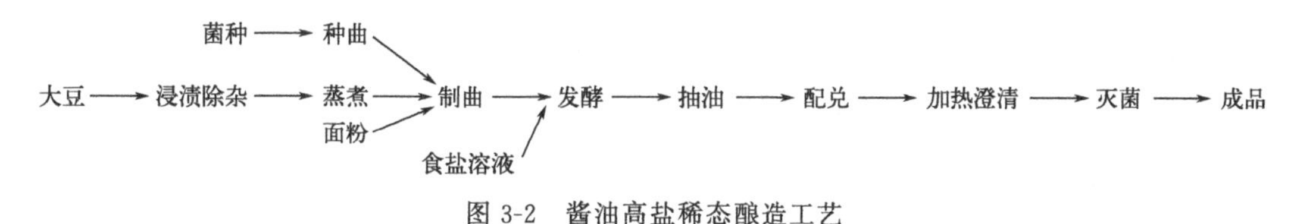


图 3-2　酱油高盐稀态酿造工艺

### 2. 低盐固态工艺流程

酱油低盐固态工艺（图 3-3）的主要特点是原料成本低廉（豆粕、麸皮），发酵周期短（15～30d），发酵温度高，营养物质含量少。特别是低盐固态经过高温发酵，酶失活快，不利于氨基酸生成及产香产酯物质的产生，对后期成熟不利。由于发酵时间短，没有后熟期，代谢产物本来不多，又来不及补充、调整、圆熟，故该法生产的酱油风味差很多。但该种工艺简单，设备投入少，生产成本低（所用的豆粕和麸皮便宜），故国内 90% 的生产厂家仍采用低盐固态工艺。

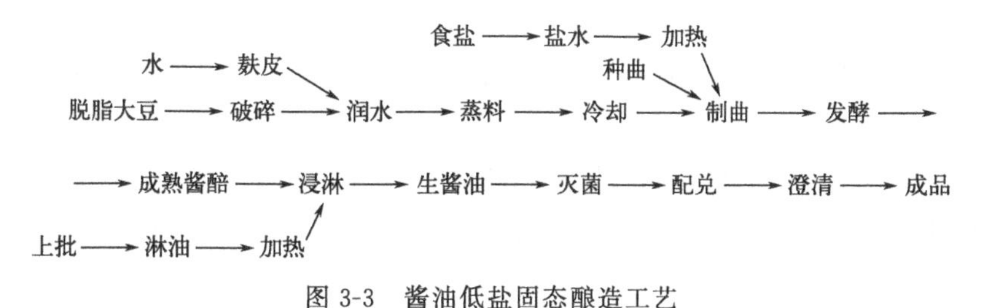


图 3-3　酱油低盐固态酿造工艺

## 拓展知识

### 生抽、老抽的区别

生抽酱油颜色比较淡，呈现出红褐色；也比较稀薄，不黏稠，呈水样；生抽酱油主要呈咸鲜味，闻起来比较鲜香，吃起来比较咸；主要用来炒菜、凉拌、蒸菜，关键作用是调和菜品味道，简称为“调味”，用量较大。

老抽酱油因为加入了焦糖，故颜色比较深，呈现出黑褐色，有光泽；比较浓稠，呈现出黏稠状、油样；老抽酱油味较淡，回味较甘，有一定甜味，鲜香浓郁；主要用来做红烧菜、卤菜及炒菜后期调和菜品颜色用，简称为“调色”，一般用量较少。

# 第二节 醋

## 一、醋的定义及种类

### 1. 醋的定义

食醋为一种酸性调味品，主要成分为乙酸，含量约在3.5%～5.0%，还含有其他有机酸、酯类、糖、氨基酸、醇等多种成分。主要功效为增进食欲、帮助消化、杀菌消毒、软化血管、美容等。

### 2. 食醋的种类

（1）按照行业标准分

酿造醋：以粮食、糖类等为原料，经微生物发酵酿制而成。

配制/再制醋：以酿造醋（≥50%）为主体，加冰醋酸、食品添加剂等混合配制而成的调和食醋。

合成醋：以食用醋酸为主体，添加水、酸味剂、调味料、香辛料、食用色素勾兑而成。

（2）按照发酵方式分

固态发酵醋：一般以粮食为主料，经淀粉糖化、酒精发酵、醋酸发酵而成，整个过程均为固态。

固稀发酵醋：原料糖化和酒精发酵阶段为液体发酵，在醋酸发酵阶段采用固态发酵。

液态发酵醋：原料的糖化、酒精发酵和醋酸发酵均为液态发酵。

（3）按生产原料分　可分为粮食醋、麸醋、薯干醋、糖醋、酒醋、果醋等。

## 二、食醋发酵的微生物

### 1. 曲霉菌

黑曲霉、黄曲霉和米曲霉，分泌各种淀粉酶、蛋白酶，主要进行糖化作用。

### 2. 酵母

与酿酒使用的酵母基本相同，提供转化酶、酒化酶等，使糖转变成酒精。

### 3. 醋酸菌

醋酸菌是能氧化乙醇生成醋酸的一群细菌的总称，酿醋用的大多属于醋酸杆菌属，作用为分泌氧化酶，使酒精氧化成醋酸。

## 三、典型固态发酵醋的酿造工艺流程

固态发酵法酿醋的特点是：①采用低温糖化和酒精发酵，一般在25～35℃下边糖化边发酵；②应用多种有益微生物协同发酵；③配合用多量的辅料和填充料；④采用浸淋法提取食醋。

例如，麸曲醋固态发酵工艺流程如下：

薯干（碎米或高粱）→粉碎→加入麸皮、谷糠拌匀→润水→蒸料→冷却→接种（麸曲、酒母）→入缸→拌糠接种（醋母）→翻醅→加盐陈酿→淋醋→陈酿贮存→配兑→加热灭菌→灌装→成品。

### 1. 原料处理

将淀粉质原料粉碎，与一定量的辅料、填充料混合，加水蒸料，一般在旋转式蒸煮锅中完成。

### 2. 发酵

冷却至30～40℃时，加入一定比例的麸曲、酒母。补加水分（60%～66%），入缸或发酵池，品温在24～28℃。

第2天品温升高到38～40℃，进行第一次翻醅（倒缸）。

5～7d后，料醅中酒精含量为7%～8%，拌入一定量的填充料和醋母，翻醅混合均匀。

每天倒缸一次（充分供氧），保持品温37～39℃，大约12h后，醋酸含量可达7%～7.5%。

及时给醋醅加盐（防止醋酸过度氧化成二氧化碳和水），再过2d后熟结束发酵。

### 3. 熏醋

把发酵成熟的醋醅放置于熏醅缸内，缸口加盖，用文火加热至70～80℃，每隔24h倒缸1次，共熏5～7d，所得熏醅具有特有的香气，色红棕且有光泽，酸味柔和，不涩不苦。熏醅后可用淋出的醋单独对熏醅浸淋，也可对熏醅和成熟醋醅混合浸淋。

### 4. 淋醋

采用三循环法（也称三次套淋法），即用二醋浸泡成熟醋醅20～40h，淋出头醋，剩下的渣子为头渣；用三醋浸泡头渣20～24h，淋出二醋，剩下的渣子为二渣；用清水浸泡二渣淋出三醋，三渣可作饲料。头醋的醋酸含量下降到50g/L时停止淋醋，所得为半成品；二醋和三醋用于淋醋时浸泡之用（图3-4）。

### 5. 陈酿

醋醅陈酿：把加盐的成熟醋醅（醋酸含量在7%以上）移入缸内压实，在醅面上盖一

图 3-4　淋醋

层食盐，缸口加盖，放置 15～20d 后翻醅 1 次，再行封缸，陈酿数月后淋醋。

醋液陈酿：把醋酸含量在 5%以上的半成品醋（头醋）封缸陈酿数月。经陈酿的食醋质量有显著提高，色泽鲜艳，香味醇厚，澄清透明。

**6. 配兑和灭菌**

按质量标准配兑（一般食醋要添加苯甲酸钠）。

灭菌（煎醋）的作用是杀死醋中的微生物，破坏残存的酶；醋中的各成分也会变化，香气更浓。方法可采用热交换器（80℃以上）或者直接火煮灭菌（在 90℃以上）。

## 拓展知识

### 怎样挑选醋

（1）*看是否为固态发酵酿造*　可以在标签处查看是否有“固态发酵”的字样。固态发酵是纯粮发酵，营养高，口感好；液态是用水或酒精短期发酵而来，口感次之。目前，市面上的醋大部分都是酿造的。

（2）*看配料表*　优质醋的配料主要有水、小米、蜂蜜、食用盐，无任何添加剂。而加入了苯甲酸钠、三氯蔗糖等添加剂的焦糖色醋，不要考虑。

（3）*看总酸度*　总酸度指标数值越高越好，总酸度应≥4.0g/100mL，这个指标以上的食醋才比较好。

（4）*看颜色*　食醋有红、白两种，优质红醋要求为琥珀色或红棕色，而优质白醋应为无色、透明。

（5）*摇一摇*　没有加增稠剂和焦糖色素的醋，质地浓厚、颜色浓重、品质较好，不必追求透明。

（6）*尝味道*　优质醋酸度虽高但无刺激感、酸味柔和、稍有甜味，不涩、无其他异味。此外，优质醋应透明澄清，浓度适当，没有悬浮物、沉淀物及霉花浮膜。

# 第三节　腐　乳

## 一、腐乳的定义

腐乳又称豆腐乳、酱豆腐、霉豆腐，以大豆为原料，经过浸泡、磨浆、制坯、培菌、腌坯、装坛发酵制成的一种调味、佐餐食品。其营养丰富、风味独特、滋味鲜美、价格便宜。

## 二、腐乳的类型

### 1. 按是否有微生物繁殖分类

（1）腌制型腐乳　豆腐坯加水煮沸后，加盐腌制，装坛加入辅料后发酵，产品不够细腻，氨基酸含量低（图 3-5）。

（2）发霉型腐乳　让豆腐坯表面长满灰白色菌丝体，然后再进行食盐腌制和后期发酵，产品细腻、氨基酸含量高（图 3-6）。

图 3-5　腌制型腐乳

图 3-6　腐乳霉菌

### 2. 按使用的微生物类型分类

（1）霉菌型腐乳　毛霉腐乳、根霉腐乳。

（2）细菌型腐乳　豆腐坯用盐腌制后，用嗜盐小球菌接种，培养，烘干（含水量45%左右），装坛加入各种辅料后熟为成品。

### 3. 按产品的颜色和风味分类

分为红腐乳、白腐乳、青腐乳等（图 3-7）。

红腐乳

白腐乳

青腐乳

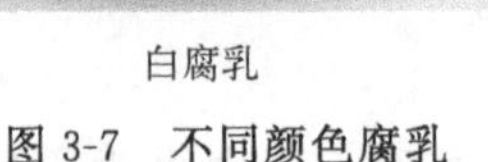

图 3-7 不同颜色腐乳

### 4. 按产品规格分类

分为太方腐乳、中方腐乳、丁方腐乳和棋方腐乳。

## 三、腐乳发酵的微生物

腐乳酿造微生物种类十分复杂，包括霉菌、酵母、细菌。其中起主要作用的是毛霉，其次是根霉。

毛霉菌：五通桥毛霉（As3.25）、腐乳毛霉、总状毛霉、放射毛霉（As3.2778）等，生长温度在30℃以下。

根霉菌：耐高温（＞37℃），夏季也可生产。

## 四、腐乳发酵的原料

### 1. 主要原料

主要是大豆，其次是脱脂大豆。

### 2. 辅助原料

有食盐、酒类、曲类、甜味剂、香辛料等。

### 3. 曲类

红曲：红曲霉在米粒上繁殖而成，能分泌出红曲色素（红腐乳的着色剂），有较高的淀粉酶和蛋白酶活性，可加快腐乳的成熟。

面曲：以面粉为原料，人工接种米曲霉发酵而成。蛋白酶和淀粉酶非常丰富，促进腐乳成熟。

### 4. 凝固剂（胶凝剂）

作用是使大豆蛋白质凝聚。腐乳生产常用的凝固剂种类有盐类和有机酸类。

（1）盐类　主要是钙盐和镁盐。如盐卤，主要成分氯化镁，有苦味（苦卤）；石膏，主要成分硫酸钙，与蛋白质反应速度较慢，残留的未溶解的硫酸钙有涩味。

（2）有机酸类　葡萄糖酸$\beta$-内酯，可连续生产豆腐，但转变成葡萄糖酸使豆腐酸味增大。

**5. 甜味剂**

糖类：蔗糖、葡萄糖、果糖等。

高甜度甜味剂：糖精钠、甜叶菊苷等。

**6. 香辛料**

作用是提高食品风味，增进食欲、促进消化，防腐杀菌和抗氧化。常用的有胡椒、花椒、八角、桂皮、小茴香等。

**7. 防腐剂**

延长食品保质期，常用的有苯甲酸钠、山梨酸钾等。

**8. 水**

要求：①符合饮用水的质量标准；②硬度越小越好。

## 五、腐乳的典型发酵工艺流程

**1. 豆腐坯的生产**

生产工艺如下：

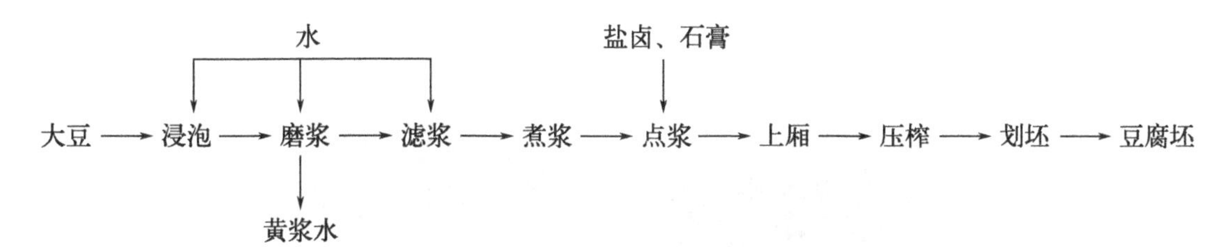


浸泡：用软水，室温浸泡，加碱（碳酸钠）可提高大豆蛋白溶解度，减少豆腥味，缩短泡豆时间。

磨浆：加水量控制在 1∶6 左右，适量加入消泡剂。

滤浆：用离心机或滤浆机进行浆渣分离，豆浆浓度为 6～8 度或 5.5～6.0*Bé*。

煮浆：100℃，保持 5min。作用：使豆浆中的蛋白质适度变性；破坏一些有害因子；除去豆腥味；杀菌和灭酶。

点浆：pH 调节到 6.6～6.8，温度在 75～85℃，注意凝固剂的浓度、使用量和点浆的速度。

**2. 腐乳发酵**

腐乳发酵的工艺流程如图 3-8 所示。

接种：纯菌种扩大培养，制成菌悬液，喷洒接种。

前期培养：温度 20～24℃，2d 左右豆腐坯表面形成一层柔软而细致的皮膜。

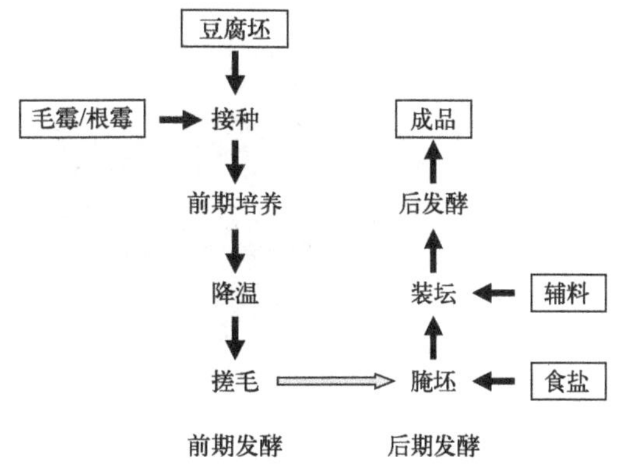


图 3-8　腐乳发酵工艺流程图

搓毛：将每块豆腐坯的菌丝搓断。

前发酵：腌制时间 8d 左右，咸坯的 NaCl 含量达 17%～18%。

后发酵：密封，常温一般 6 个月可成熟。

# 第四节 豆 豉

## 一、豆豉的定义及分类

豆豉是以大豆或黄豆为主要原料，利用毛霉、曲霉或者细菌蛋白酶的作用，分解大豆蛋白质，达到一定程度时，通过加盐、加酒、干燥等抑制酶的活力，延缓发酵过程而制成。豆豉的种类较多，按加工原料分为黑豆豉和黄豆豉（图 3-9），按口味可分为咸豆豉、淡豆豉，按形态可分为干豆豉和湿豆豉（图 3-10）。

据记载，豆豉的生产，最早是由江西泰和县流传开来的，后经不断发展和提高传到海外。日本人曾经称豆豉为“纳豉”，后来专指日本发明的糖纳豆。东南亚各国也普遍食用豆豉，欧美则不太流行。

黑豆豉

黄豆豉

图 3-9 不同颜色豆豉

干豆豉

湿豆豉

图 3-10 不同形态豆豉

## 二、豆豉的典型发酵工艺流程

### 1. 工艺流程

工艺流程为：黑豆→筛选→洗涤→浸泡→沥干→蒸煮→冷却→接种→制曲→洗豉→浸 $FeSO_4$→拌盐→发酵→晾干→成品（检测出厂）。

### 2. 操作要点

（1）原料处理

原料筛选：择成熟充分、颗粒饱满均匀、皮薄肉多、无虫蚀、无霉烂变质，并且有一定新鲜度的黑大豆为宜。

洗涤：用少量水多次洗去黑豆中混有的砂粒杂质等。

浸泡：浸泡的目的是使黑豆吸收一定水分，以便在蒸料时迅速达到适度变性。

蒸煮：蒸煮的目的是破坏黑豆内部分子结构，使蛋白质适度变性，易于水解，淀粉达到糊化程度，同时可起到灭菌的作用。确定蒸煮条件为 1kgf/cm$^2$、15min 或常压 150min。

（2）制曲　制曲的目的是使煮熟的豆粒在霉菌的作用下产生相应的酶系，在酿造过程中产生丰富的代谢产物，使豆豉具有鲜美的滋味和独特风味。

把蒸煮后的大豆出锅，冷却至 35℃左右，接种米曲霉，接种量为 0.5%，拌匀入室，保持室温 28℃，16h 后每隔 6h 观察一次。制曲 22h 左右进行第一次翻曲，翻曲主要是疏松曲料，增加空隙，减少阻力，调节品温，防止温度升高引起烧曲或杂菌污染。28h 进行第二次翻曲。翻曲适时能提高制曲质量，翻曲过早会使发芽的孢子受抑，翻曲过迟会因曲料升温引起细菌污染或烧曲。当曲料布满菌丝和黄色孢子时即可出曲，一般制曲时间为 34h。

（3）发酵　豆豉的发酵，就是利用制曲过程中产生的蛋白酶分解豆中的蛋白质，形成一定量的氨基酸、糖类等物质，赋予豆豉固有的风味。

洗豉：豆豉成曲表面附着许多孢子和菌丝，含有丰富的蛋白质和酶类，如果孢子和菌丝不经洗除，继续残留在成曲的表面，经发酵水解后，部分可溶和水解，但很大部分仍以孢子和菌丝的形态附着在豆曲表面，特别是孢子有苦涩味，会给豆豉带来苦涩味，并造成色泽暗淡。

加青矾：使豆变成黑色，同时增加光亮。

浸焖：向成曲中加入 18%的食盐、0.02%的青矾和适量水，以刚好齐曲面为宜，浸焖 12h。

发酵：将处理好的豆曲装入罐中至八、九成满，装时层层压实，置于 28～32℃恒温室中保温发酵。发酵时间控制在 15d 左右。

### 3. 质量检测

（1）感官指标

色泽：黑褐色、油润光亮。

香气：酱香、酯香浓郁，无不良气味。

滋味：鲜美、咸淡可口，无苦涩味。

体态：颗粒完整、松散、质地较硬。

（2）理化指标

水分：不低于18.54%。

蛋白质：2761g/100g。

氨基酸：1.6g/100g。

总酸（以乳酸计）：3.11g/100g。

盐分（以氯化钠计）：14g/100g。

非盐固形物：29g/100g。

还原糖（以葡萄糖计）：2.09g/100g。

## 拓展知识

### 日本纳豆和中国豆豉的区别

**1. 原料不同**

豆豉是以大豆或黄豆为主要原料，利用毛霉、曲霉或者细菌发酵而成。纳豆是以黄豆为原料，与纳豆菌接种后经过高温发酵等多种工序制作而成。纳豆类似中国的发酵豆、怪味豆（图3-11）。

图3-11 日本纳豆

**2. 发酵方式不同**

纳豆是由小粒黄豆经纳豆菌发酵而成的一种微生态、健康食品。纳豆独特的风味及气味，像极了腐败的食物。豆豉在发酵过程中，微生物中的蛋白酶使原料大豆的蛋白质部分水解，故发酵成熟时，可使水溶性氮的含量提高，并使大豆的硬度下降，蛋白酶更容易与蛋白质接触水解产生一系列的中间产物，如胨、多肽、氨基酸等，这些低分子量的蛋白食入后，可以不再经过消化而直接为肠黏膜吸收。

# 第五节 味 精

## 一、味精简介

味精又名味之素或调味粉，因味精起源于小麦，故俗名麸酸钠，化学名称 α-氨基戊二酸一钠。

味精是无色至白色的柱状结晶或白色结晶性粉末（图 3-12），含 1 分子结晶水，无气味，易溶于水，微溶于乙醇。无吸湿性，对光稳定，中性条件下水溶液加热也不分解，一般情况下无毒性。具有很浓的鲜味，被食用后具有较高的营养价值，具有提鲜、滋补、开胃、助消化的能力及治疗慢性肝炎、肝昏迷、神经衰落、胃酸缺乏等病的作用。

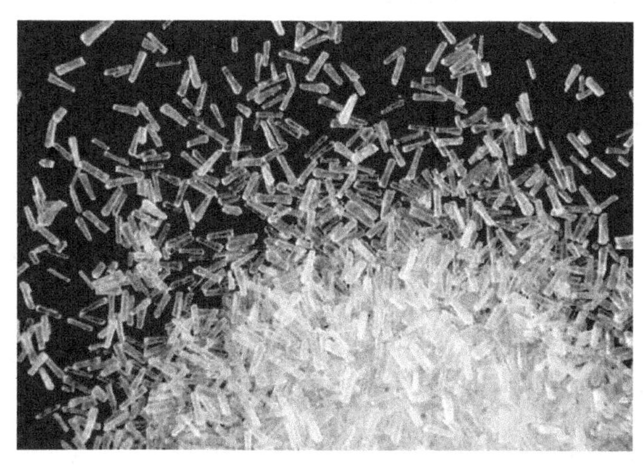

图 3-12 味精

## 二、味精发酵的原理及工艺流程

### 1. 味精发酵的原理

淀粉质原料水解生成葡萄糖，或直接以糖蜜或醋酸为原料，利用谷氨酸生产菌经过糖酵解途径（EMP 途径）、磷酸戊糖途径（HMP 途径）、三羧酸循环途径（TCA 循环）、乙醛酸循环、$CO_2$ 固定反应、还原氨基化反应等几个环节，合成谷氨酸，然后中和、提取制得味精。

### 2. 味精生产工艺流程

味精生产的工艺流程如图 3-13 所示。

（1）*淀粉水解糖液的制备* 谷氨酸生产菌都不能直接作用淀粉，必须将淀粉质原料水解成葡萄糖。主要原料为甘薯淀粉或废糖蜜。

糖蜜的预处理的方法：活性炭处理法、水解活性炭处理法、树脂处理法。

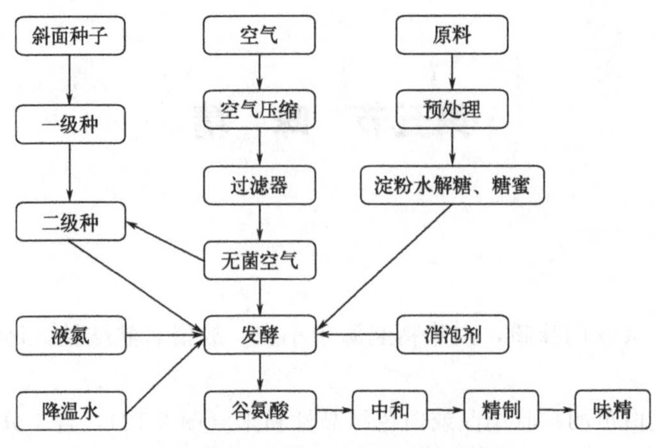


图 3-13　味精生产的工艺流程图

淀粉水解的方法：酸解法、酶解法、酸酶（酶酸）法。

（2）菌种的扩大培养及谷氨酸发酵

① 菌种的选择。我国使用的菌株主要有北京棒杆菌 AS. 1. 299、钝齿棒杆菌 AS. 1. 542、HU7251、672 等。

② 种子的扩大培养。普遍采用二级种子培养流程：斜面菌种→一级种子培养→二级种子培养→发酵罐。

（3）谷氨酸的发酵控制

温度的控制：国内常用菌株的最适生长温度 30～34℃，产生谷氨酸的最适温度 34～36℃。

pH 的控制：一般发酵前期 pH 控制在 7.5～8.5，发酵中后期 pH 控制在 7.0～7.2，调低 pH 的目的在于提高与谷氨酸合成有关酶的活性。

溶氧量的控制：谷氨酸产生菌是兼性好氧菌，通常调节通风量来改变供氧水平。

种龄和种量的控制：一级种子菌龄控制在 11～12h，二级种子菌龄控制在 7～8h。接种量为 1%。

泡沫的控制：除了在发酵罐内安装机械消泡器外，还在发酵时加入消泡剂。

（4）谷氨酸的提取

谷氨酸提取方法：等电点法、离子交换法、金属盐法、电渗析法。

等电点-锌盐法原理：①利用等电点法提取谷氨酸，当 pH＝p$I$ 时，谷氨酸溶解度最小，谷氨酸的等电点为 3.22，将发酵液调至 pH 3.2，使谷氨酸处于过饱和状态而结晶析出。②在一定 pH 条件下（pH 6.3），谷氨酸与锌离子生成难溶于水的谷氨酸锌沉淀下来，在酸性条件下，溶解谷氨酸锌；再调 pH 至 2.4，谷氨酸结晶析出。

（5）味精的精制

工艺流程为：谷氨酸→中和→除铁、锌→中和液脱水→浓缩结晶→分离、干燥、筛分、混盐。

谷氨酸的中和：把谷氨酸加入水中成为饱和溶液，然后加碱（碳酸钠）进行中和。

中和液除铁、除锌：硫化钠法、树脂法除铁锌。

谷氨酸中和液的脱色：活性炭脱水、离子交换树脂脱水。

中和液的浓缩和结晶：工业中都是采用蒸发的方法。

## 拓展知识

### 真假味精的鉴别

（1）外形　结晶状味精，呈长柱形均匀结晶颗粒，光亮、洁白、透明。若发现其中有纤维状结晶，可能是掺入了石膏；有大小不一的不定形颗粒，无光泽、不透明，可能是掺入了食盐；有泛白的方形颗粒，则可能是掺入了蔗糖。消费者可以不打开味精的包装袋，将袋平放桌面，平行振动，如发现袋底部有白色无光粉末，有可能是食盐或硫酸镁。

（2）滋味　优质味精具有浓郁的鲜味。咸重而鲜味差的为掺盐味精，鲜咸均差而略甜的为掺蔗糖味精，若苦鲜味重，则为掺硫酸镁的味精。

（3）手感　优质味精在用手接触时带有涩感，而假味精有粘手或光滑的感觉。

## 参考文献

[1] 陈镜如，边鑫，杨杨，等. 中国传统发酵食品微生物多样性研究进展 [J]. 中国调味品，2022，47 (2)：205-210.
[2] 谷军，张小彦. 固态发酵技术应用及进展 [J]. 中国调味品，2019，44 (10)：107-110.
[3] 何国庆. 食品发酵与酿造工艺学 [M]. 2版. 北京：中国轻工业出版社，2018.
[4] 金昌海. 食品发酵与酿造 [M]. 北京：中国轻工业出版社，2018.
[5] 刘晔. 食品发酵理论与技术研究 [M]. 北京：水利水电出版社，2018.
[6] 童星，彭勃. 酱油的风味物质及其研究进展 [J]. 中国调味品，2018，43 (10)：195-200.
[7] 徐凌. 食品发酵酿造 [M]. 北京：化学工业出版社，2017.
[8] 殷海松，孙勇民. 食品发酵技术 [M]. 2版. 北京：中国轻工业出版社，2022.
[9] 岳春. 食品发酵技术 [M]. 2版. 北京：化学工业出版社，2021.
[10] 周景文，陈坚，等. 新一代发酵工程技术 [M]. 北京：科学出版社，2022.

# 第四章

# 发酵技术与有机酸

有机酸泛指羧酸（R—COOH）、磺酸（R—$SO_2$OH）、亚磺酸（R—SOOH）、硫代羧酸（R—COSH）等，一般所说的有机酸通常仅指羧酸。羧酸有饱和一元酸、二元酸、三元酸、不饱和羧酸以及环状羧酸等。

有机酸的发酵是指用微生物发酵法生产有机酸，是微生物在碳水化合物代谢过程中，有氧降解被中断而积累的中间代谢产物。已知由微生物发酵产生的有机酸约 60 余种，具有工业生产价值的有机酸约 10 余种，如乳酸、柠檬酸、醋酸、丙酸、富马酸、酒石酸、苹果酸、衣康酸、$\alpha$-酮戊二酸等（表 4-1）。

**表 4-1　微生物发酵生产的主要有机酸**

| 有机酸种类 | 主要产生菌 | 发酵基质 | 产率/% |
|---|---|---|---|
| 乳酸 | 德氏乳杆菌(*Lactobacillus delbrueckii*) | 葡萄糖 | 90 |
| L-乳酸 | 米根霉(*Rhizopus oryzae*) | 葡萄糖 | 70 |
| 柠檬酸 | 黑曲霉(*Aspergillus niger*) | 葡萄糖、蔗糖、淀粉 | 80～100 |
| | 解脂假丝酵母(*Candida lipolytica*) | 石蜡 | 140 |
| 醋酸 | 醋化醋杆菌(*Acetobacter esterified*) | 乙醇 | 95 |
| 丙酸 | 谢氏丙酸杆菌(*Propionibacterium shermanii*)、工业丙酸杆菌(*P. thenicum*) | 葡萄糖、淀粉 | 60 |
| 富马酸 | 代氏根霉(*Rhizopus delemar*) | 葡萄糖 | 60 |
| 酒石酸 | 弱氧化葡糖醋杆菌(*Gluconacetobacter subarydans*)、 | 葡萄糖 | 30 |
| | 产酒石无色杆菌(*Achromobacter tartrate*) | 琥珀酸 | 108 |
| 苹果酸 | 黄曲霉(*Aspergillus flavus*) | 葡萄糖 | 30 |
| | 米曲霉(*Aspergillus oryzae*) | 淀粉 | 50 |
| 衣康酸 | 短乳杆菌(*Lactobacillus brevis*) | 富马酸 | 100 |
| | 土曲霉(*Aspergillus terreus*) | 葡萄糖 | 60 |
| $\alpha$-酮戊二酸 | 石蜡节杆菌(*Arthrobacter paraffineus*) | 正烷烃 | 80～85 |

# 第一节　乳酸、酸奶

## 一、乳酸简介

乳酸（Lactic acid）是重要的一元羟基酸。乳酸的化学名称为α-羟基丙酸，因其存在于酸乳中而得名，后来知道乳酸还存在于其他乳酸菌参与发酵的所有环境中，如泡菜、酸菜、青贮饲料等产品中就含有大量乳酸。动物肌肉呈疲乏状态时也含有大量乳酸。

乳酸分子式为$CH_3CHOHCOOH$，乳酸分子结构中含有不对称碳原子，故具有旋光性，分子量为90.08。乳酸为黏稠状液体，无色透明，味微酸，有较强的吸湿性。可以与水、酒精和乙醚任意混合，不溶于氯仿，相对密度为1.206。

乳酸菌发酵糖质原料生成的乳酸，其构型有D-型、L-型和DL-型三类。作为食品和食品添加剂以及医药用的乳酸，以L-型最好，因为人体仅吸收L-型（人体只含L-型乳酸脱氢酶），若过多服用D-型或DL-型乳酸，将导致血液中积累乳酸，尿液酸度增高，引起代谢紊乱。世界卫生组织规定：人体摄入D-型乳酸量不能超过100mg/(kg体重·d)；3个月以下婴儿食品中不宜加入D-型或DL-型乳酸，对L-型乳酸则无限制。

世界乳酸年消费量为10万吨，其中70%为L-型乳酸。由于DL-型乳酸对人体有害，世界卫生组织建议用L-型乳酸取代。聚L-型乳酸塑料可被微生物降解，有望代替部分目前的塑料，以消除“白色污染”。据估计，若干年后L-型乳酸的年需求量将达到300万吨。随着乳酸发酵食品和饮料对人体健康的有益作用为更多人所认识，乳酸发酵食品和饮料的产量也将会有更大的增加。

## 二、乳酸发酵的菌株及发酵类型

### 1. 乳酸发酵菌株

乳酸主要通过不同类型的乳酸菌进行发酵，乳酸菌是一群能利用碳水化合物（主要是葡萄糖）发酵产生大量乳酸的细菌的通称，分类学上至少有23个属。用于乳酸发酵工业、食品及饲料的有链球菌属、乳杆菌属、双歧杆菌属、片球菌属、明串珠菌属、乳球菌属、芽孢乳杆菌属、肠球菌属，多数属于厌氧或兼性厌氧菌。

### 2. 乳酸发酵类型

乳酸菌属于兼性厌氧菌和厌氧菌，它们只能通过发酵作用进行糖的代谢。代谢过程的终产物除能量外主要是乳酸和其他一些还原性产物。由于菌细胞内酶系统的差异，其代谢产物不同，把它们的代谢途径分为三个类型：同型发酵途径、异型发酵途径和双歧途径。

（1）同型乳酸发酵　发酵过程中能使80%～98%的糖转化为乳酸。发酵途径为：1葡萄糖→2丙酮酸→2乳酸＋2ATP。同型发酵的乳酸菌有乳杆菌属中的保加利亚乳杆菌、嗜酸乳杆菌、干酪乳杆菌、瑞士乳杆菌等；链球菌属中的嗜热链球菌、乳脂链球菌、乳链球菌等。

（2）*异型乳酸发酵* 产物除乳酸外，还有乙醇、$CO_2$、乙酸等副产物。发酵途径为：1葡萄糖→1乳酸＋1乙醇＋1ATP。异型发酵的乳酸菌有明串珠菌属中的肠膜明串珠菌、葡聚糖明串球菌等，乳杆菌属的发酵乳杆菌、短乳杆菌、巴氏乳杆菌等。

（3）*双歧途径乳酸发酵* 代谢途径为：2葡萄糖→2乳酸＋3乙酸。双歧途径乳酸发酵乳酸菌为双歧杆菌属。

## 三、发酵法生产L-乳酸

发酵法生产L-型乳酸按采用的菌种还可分为乳酸菌法和根霉菌法。根霉菌法生产乳酸属于异型乳酸发酵，除了产生乳酸外，同时伴有乙醇、富马酸、琥珀酸、苹果酸、乙酸等其他产物，产酸率低。L-型乳酸的生产和应用要求纯度高，所以所用菌种要进行同型乳酸发酵，L-型乳酸生产主要采用乳酸菌法。

乳酸菌发酵：以大米或干薯粉为原料，通蒸汽于120℃下糊化。糊化液在糖化酶作用下于51～53℃下糖化，乳酸杆菌利用葡萄糖发酵可得乳酸。乳酸杆菌产物一般为DL-乳酸。糖化液用蒸汽加热至90～95℃灭菌1～2h，冷却至50℃后接种乳酸杆菌进行发酵。发酵稳定控制在48～50℃；通风搅拌；pH控制在5.5～6.0，在培养基中加入碳酸钙，发酵过程液分批加入碳酸钙，以调节pH大于5.0。发酵周期3～4d。

我国GB 2023—80规定的乳酸质量标准是：乳酸含量（%）≥80；氯化物含量（%）≤0.002；硫酸盐含量（%）≤0.01；铁（%）≤0.01；灼烧残渣（%）≤0.1；重金属（%）≤0.001；砷盐（%）≤0.0001。

## 四、酸奶的发酵

酸奶是用鲜奶（或奶粉）为主要原料，加入经特殊筛选的乳酸菌（保加利亚乳杆菌和嗜热链球菌），在适宜温度下发酵制成的乳制品。

酸奶具有较高的营养和良好的保健作用。营养方面：20%～30%乳糖分解为葡萄糖和半乳糖，容易吸收，提高对磷、钙、铁的利用；初牛乳发酵后，其氨基酸、B族维生素有所增加。保健方面：活性乳酸菌可维持肠道正常微生物的平衡，抑制有害微生物的生长繁殖，对便秘和腹泻有预防作用。酸奶发酵中添加双歧杆菌等人体有益菌，可产生抗菌物质，抑制肿瘤细胞增殖。

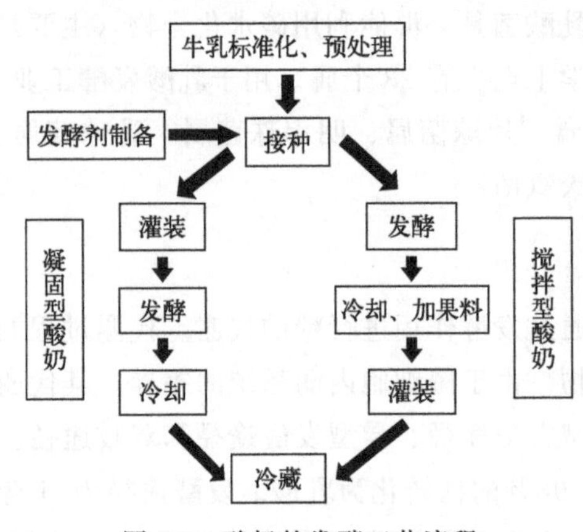


图4-1 酸奶的发酵工艺流程

### 1. 酸奶的发酵工艺流程

酸奶的发酵工艺流程如图4-1所示。传统的酸奶分为凝固型和搅拌型。凝固型酸奶：凝固型酸奶的发酵过程是在包装容器中进行的，从而使成品因发酵而保留了凝乳状态，我国传统的玻璃瓶和瓷瓶装的酸奶即属于此类型。搅拌型酸奶：是将发酵后的凝乳在灌装前或灌装过程中搅碎，添加（或不添加）果料、果酱等制成具有一定黏度的半流体状制品。搅拌型酸奶和凝固型酸奶相比稍“稀”一点，但由于添加了果料、果酱等配料，使得搅拌型酸奶的风味更好，营养更全面（图 4-2）。

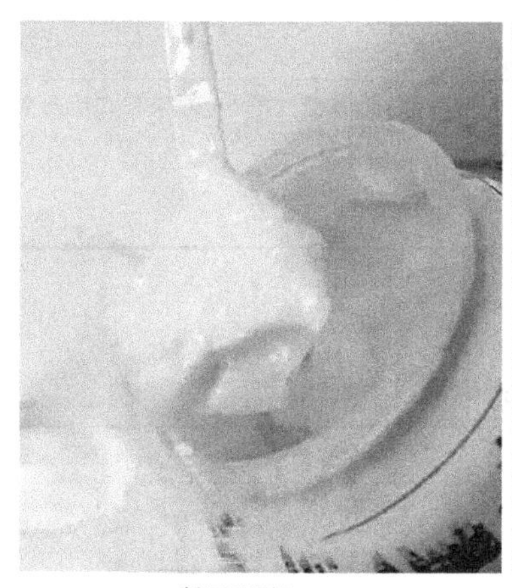
凝固型酸奶

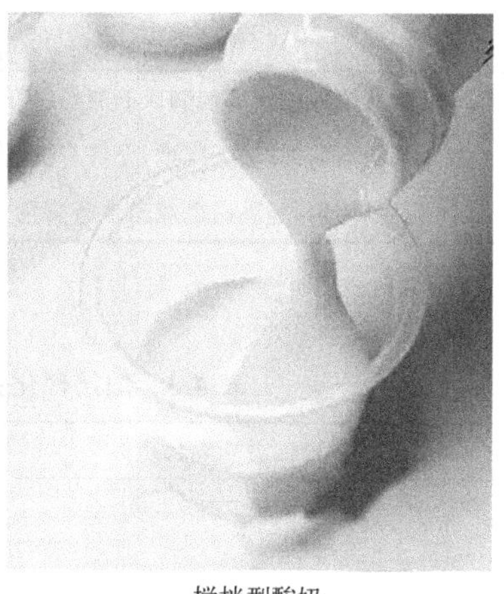
搅拌型酸奶

图 4-2　凝固型酸奶和搅拌型酸奶

**2. 酸奶发酵的工艺要点**

（1）发酵剂的制备　发酵剂是指用于酸奶、酸牛乳酒、奶油、干酪和其他发酵产品生产的细菌及其他微生物的培养物。

酸奶发酵剂的种类有液体发酵剂、浓缩冷冻发酵剂和冷冻干燥发酵剂。

发酵剂的菌种：传统酸奶多采用保加利亚乳酸杆菌和嗜热链球菌组成的混合发酵剂。其中，球菌和杆菌的比例为 1∶1 和 2∶1，培养温度控制在 42～43℃。

（2）牛乳的预处理　指将用于发酵酸奶的牛乳进行含脂率和干物质含量的标准化。要求：含脂率在 3.7%左右，非脂乳固体含量 8.7%左右（蛋白质约 3.3%～3.8%）。脂肪标准化的方法可采用离心除去过多脂肪、将脱脂乳和稀奶油混合。干物质标准化的方法有浓缩除水分、添加脱脂乳粉、添加浓缩乳等。牛乳的预处理包括配料、均质和杀菌三个过程。

① 配料。添加糖（7%～15%）、各种食用香精香料或果汁、稳定剂（明胶、果胶、琼脂等，使用量 0.1%～0.5%）。

② 均质。牛乳加热至 55～70℃，15～20MPa 压力下均质。防止脂肪上浮，提高酸奶的黏度，防止乳清分离。

③ 杀菌。90～95℃，15～30min。

（3）接种、发酵　将预处理的牛乳迅速冷却到 42～45℃，接种发酵剂，接种量为 2%～5%，发酵温度 40～43℃，时间 2～4h。发酵的类型可分为凝固型和搅拌型两种。

凝固型：接种→分装→发酵。

搅拌型：接种→发酵→破乳→分装。

(4) 冷却和后熟　发酵结束，迅速冷却至<10℃，目的是抑制乳酸菌的生长，降低酶活性，防止产酸过度。最后将产品放置在0～4℃冷藏，时间12～24h。

(5) 产品的质量检测　酸奶质量从感官指标、理化指标及微生物指标三个方面进行评价，如表4-2和表4-3所示。

表4-2　酸奶感官指标

| 项目 | 感官指标 |
| --- | --- |
| 滋味和气味 | 具有纯乳酸发酵剂制成的酸奶特有的滋气味；无酒精发酵味、霉味和其他外来的不良气味 |
| 组织形态 | 凝块均匀细腻、无气泡，允许有少量乳清析出 |
| 色泽 | 色泽均匀，呈乳白色或稍带微黄色 |

表4-3　酸奶理化指标和微生物指标

| 项目 | 理化指标 | 项目 | 微生物指标 |
| --- | --- | --- | --- |
| 脂肪/% | ≥3.00 | 大肠杆菌/(个/L) | ≤90 |
| 全乳固体/% | ≥11.50 | 致病菌 | 不得检出 |
| 酸度/°T | 70～110 | | |
| 砂糖/% | ≥5.00 | | |
| 汞(以Hg计)/(mg/kg) | ≤0.01 | | |

## 五、其他乳酸发酵食品

乳酸发酵食品除发酵乳制品外，还有肉制品、果蔬制品及谷物制品，如发酵香肠、酸菜、泡菜、蔬菜汁、橄榄、梨以及酸豆乳等。下面介绍几种乳酸发酵食品。

**1. 发酵香肠**

发酵香肠属于高档的加工肉制品，在欧洲和美国是肉加工品的重要品种之一。乳酸菌发酵的作用首先是改善风味，其次是延长货架期，以及加速颜色的形成。我国的发酵香肠还处于研制和试销阶段。

(1) 发酵香肠生产工艺流程　发酵香肠生产工艺流程为：原料肉→4℃冷却（或部分冷却)→绞肉（肥瘦肉分开绞)→添加调味料等辅料和发酵剂→除氧→灌肠→发酵→成熟→产品。

(2) 发酵过程中香肠组分的变化　香肠在发酵过程中，碳水化合物除一部分作为构建微生物细胞的碳源和能源外，其余被乳酸菌转化为乳酸为主的有机酸和醇；蛋白质有部分水解；脂肪在脂肪酶的作用下水解和氧化，对风味的形成有一定意义。由于细菌脂肪酶的作用，使不饱和脂肪酸氧化，使脂类过氧化物和羰基化合物形成。

由于碳水化合物代谢产生乳酸等有机酸，使得pH下降，抑制了香肠中杂菌的生长，也促进了水分的蒸发。pH下降的速度与发酵温度密切相关，温度高下降速度快。在发酵后期，因氨的产生及缓冲物质增加，pH有回升。

$aw$ 值（Water Activity，又称水分活度、水活度）随发酵的进行而逐步下降，其下降幅度与发酵期长短有关。$aw$ 值是发酵肠的重要指标，不同种类的发酵肠要求的 $aw$ 也不一样。

**2. 发酵蔬菜和蔬菜汁**

乳酸发酵蔬菜的制作起源于我国，是我国保藏和加工蔬菜的一种传统方式，有较悠久的历史。由于乳酸发酵蔬菜是一种健康食品和风味食品，在现代微生物学和加工技术日益发展的今天，发酵蔬菜的生产和消费正成为一个新的热点。腌制方法多，产品各具特色（咸、酸、甜、辣都有），例如泡菜、酸白菜。

（1）泡菜的发酵

① 泡菜基本工艺流程。泡菜基本工艺流程如图 4-3 所示。

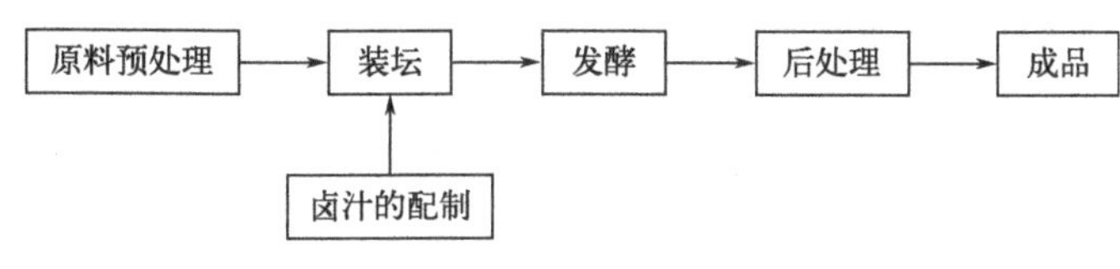


图 4-3　泡菜基本工艺流程

② 泡菜发酵工艺要点

原料预处理：将蔬菜洗净，除去不可食部分，晾干，切成条块。

卤水/卤汁配制：将一定量的食盐（浓度 3%～5%）和糖加入水中，然后按一定的比例加入各种香辛料和调味料，煮沸消毒，冷却后备用。

装坛：卤水淹过所泡原料，装至八九成满，坛内保留一定的空隙。

发酵工艺：a. 家庭自制，利用蔬菜本身带有的乳酸菌自然发酵；b. 工业化生产，采用优良菌种接种发酵。发酵过程：分为微酸、酸化和过酸三个阶段，常用的菌种有植物乳杆菌、短乳杆菌、肠膜明串珠菌等，室温下进行（15～22℃，5～10d），最终产品的 pH 约 3.5，乳酸含量 1%左右。

（2）乳酸发酵蔬菜汁　蔬菜汁是近百年来发展起来的一种营养饮料，在发达国家销量较多。蔬菜汁营养丰富，原料价格便宜。蔬菜汁经过乳酸发酵后，具有特殊的风味和保健功效，一些营养成分有了增加。蔬菜汁经过发酵，产生了一些有益的风味物质，如 2-庚酮、2-壬酮等的爽口清香，低级饱和脂肪酸与醇形成的脂类产生各种水果香味等。

番茄汁经过发酵，氨基酸总量增加近 25%，有 6 种必需氨基酸增加 46.9%。胡萝卜汁乳酸发酵后，6 种必需氨基酸增加更多（为 86.3%），B 族维生素和叶酸都有所增加，呈味氨基酸如谷氨酸和天冬氨酸也有较大增加。

① 乳酸发酵蔬菜汁工艺流程：蔬菜原料→清洗→切分→漂烫→榨汁（或打浆）→均质→灭菌→冷却→接种-发酵→添加灭菌的糖、盐或其他调味料→无菌包装→成品。

② 乳酸发酵蔬菜汁工艺特点：产品不加人工色素和防腐剂，酸度为 pH4.0～4.5。乳酸含量 0.8%～1%，乳酸菌数达到 $10^7$～$10^9$cfu/mL，产品应在低于 4℃下冷藏。

用于蔬菜汁发酵的乳酸菌是同型发酵菌，常用的有植物乳杆菌、保加利亚乳杆菌、嗜热链球菌，以及具有更佳保健功效的嗜酸乳杆菌和双歧杆菌。

**3. 乳酸发酵豆类食品饮料**

乳酸发酵豆类食品饮料是近期开发的产品，其原料有花生、大豆、绿豆等。这些原料本身除含有较高的蛋白质外，还含有不饱和脂肪酸以及异黄酮、低聚糖等有益成分，因而制成的乳酸发酵食品饮料具有较高的营养价值和保健功能。其发酵产品的形式可以为凝固型，也可以是稀释的饮料型。调以甜味剂和香味剂，具有较好的感官和口味。

乳酸发酵酸豆乳工艺流程为：大豆去杂→漂洗→浸泡→预煮→脱皮→磨浆→过滤→均质→加甜味剂→灭菌→冷却→接种→分装→发酵→凝固型产品。

稀释型饮料是过滤后添加乳化稳定剂，均质、无菌、冷却，接种发酵后无菌灌装，得到的活菌饮料。发酵后经加热、均质、无菌灌装可延长保存期，但无活的乳酸菌。

## 拓展知识

### 挑选酸奶有门道

① 看配料表，第一位是生牛乳，说明牛奶含量高。因为酸奶是牛奶发酵而成，牛奶含量高，酸奶的营养价值才高。如果第一位是水，那根本算不上是酸奶，最多是酸奶味的饮料。

② 优质酸奶的蛋白质含量一般高于2.3%，这种酸奶往往口感黏稠、更好喝，营养成分也充足。如果蛋白质含量太低，则可能是其他添加剂含量高，经常喝不利于身体健康。

③ 尽量选无糖或低糖酸奶。市面上卖的有些酸奶喝着不甜，但含糖量可不少。如果配料表上没有标注含糖量，也可以看标签上的“碳水化合物”，可以买碳水化合物含量为10%～12%的酸奶。

④ 冷藏酸奶中含有活性乳酸菌，而常温酸奶中则没有。想要通过喝酸奶调理肠胃的人，最好选冷藏酸奶。如果不考虑活性乳酸菌，则可以选保质期更长的常温酸奶。常温酸奶的保质期一般为半年，而冷藏酸奶的保质期只有1个月。

# 第二节　柠檬酸

## 一、柠檬酸简介

柠檬酸（Citric acid），又名枸橼酸，学名2-羟基丙烷三羧酸，是生物体的主要代谢产物之一。分子式 $C_6H_8O_7$，分子量192.14，相对密度1.6650；无色或白色晶体，无臭，味极酸，易溶于水和乙醇，微溶于乙醚，水溶液呈酸性。

柠檬酸是一种重要的有机酸，在室温下为无色半透明晶体或白色颗粒或白色结晶性粉末，无臭、味极酸，是酸味剂中用量最多的一种，约占酸味剂总耗量的2/3（图4-4）。

图 4-4 柠檬酸

## 二、柠檬酸作用

柠檬酸主要用作酸味剂、增溶剂、缓冲剂、抗氧化剂、除腥脱臭剂、风味增进剂、胶凝剂、调色剂等。

此外，柠檬酸还有抑制细菌、护色、改进风味、促进蔗糖转化等作用。柠檬酸还具有螯合作用，能够清除某些有害金属。柠檬酸能够防止因酶催化和金属催化引起的氧化作用，从而阻止速冻水果变色变味。

### 1. 食品工业

柠檬酸可作为调味剂用于各种饮料、糖果、点心等食品的制造。也可用作食用油的抗氧化剂。

### 2. 化工和纺织业

柠檬酸可用作实验试剂、色谱分析试剂、助洗剂等。

### 3. 环保

柠檬酸钠缓冲液用于烟气脱硫。

### 4. 化妆品

柠檬酸可用于乳液、乳霜、洗发精、美白用品、抗老化用品等。

### 5. 畜禽生产

柠檬酸可作为饲料添加剂，具有改善产品品质、提高抗病能力及成活率等作用。

### 6. 其他

柠檬酸还可用于杀菌、医药、保养身体等方面。

## 三、柠檬酸的来源

天然柠檬酸在自然界中分布很广，存在于植物如柠檬、柑橘、菠萝等的果实和动物的骨骼、肌肉、血液中。

人工合成的柠檬酸是用砂糖、糖蜜、淀粉、葡萄等含糖物质发酵而制得的，可分为无水物和水合物两种。

## 四、柠檬酸的生物合成途径

柠檬酸合成的途径包括两个生化途径（图 4-5）。一个是 EMP 途径，由糖降解成丙酮酸；另一个是三羧酸循环途径，而柠檬酸就是三羧酸循环中的一个分支。

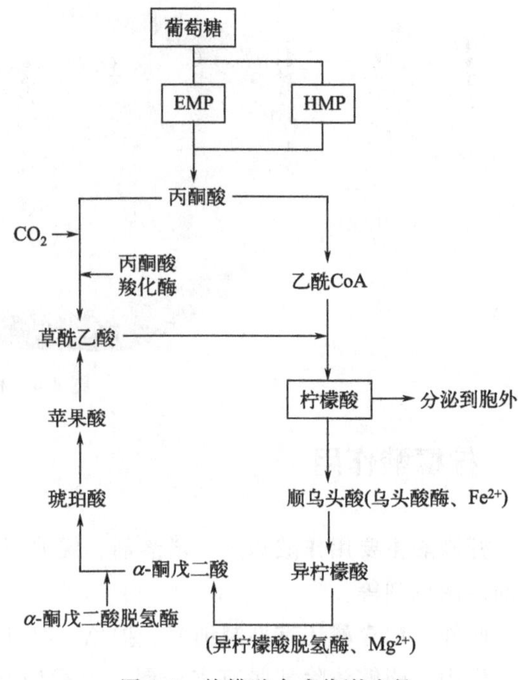

图 4-5　柠檬酸合成代谢途径

## 五、柠檬酸的发酵生产工艺

柠檬酸发酵工艺的发展可以分为三个阶段：第一阶段（20 世纪 20 年代），青霉和曲霉表面发酵；第二阶段（始于 20 世纪 30 年代），曲霉深层发酵的发展；第三阶段（20 世纪 50 年代至今），以黑曲霉深层发酵为主，表面和固体发酵并行。

### 1. 柠檬酸发酵的生产菌种

柠檬酸是生物机体 TCA 循环的中间代谢产物之一，但并非所有能产柠檬酸的微生物都可作为柠檬酸的生产菌种。

曲霉，特别是黑曲霉能分泌大量的柠檬酸，目前用于工业化生产的菌种几乎都是黑曲霉。

但是，以石油、乙酸、乙醇等为原料时，似乎都是酵母才能作为柠檬酸的生产菌株，如解脂假丝酵母、热带假丝酵母等。但酵母利用石油为原料生产柠檬酸无一例外伴随着产生相当数量的异柠檬酸。

### 2. 高产柠檬酸菌株的特征

在葡萄糖为唯一碳源的培养基上生长不太好，形成的菌落较小，形成孢子的能力也较弱。

能耐受高浓度的葡萄糖并产生大量酸性 α-淀粉酶和糖化酶，即使在低 pH 下两种酶仍具有大部分活力。

能耐受高浓度的柠檬酸，但不能利用和分解柠檬酸。

### 3. 柠檬酸生产原料

用于柠檬酸发酵生产的原料以糖质原料为主，包括甘薯、木薯、马铃薯、玉米、小麦、大米等，各种淀粉、水解糖、糖蜜等。

含淀粉或糖质的原料，发酵前需进行预处理，如去杂质、去霉块、粉碎、液化、去除金属离子等。

**4. 柠檬酸的深层发酵法生产过程**

深层通气发酵是柠檬酸发酵生产的主要方法。

国内以淀粉质粗原料为培养基，发酵产酸一般为11%～13%，最高达15%，发酵周期为50～70h。

国外以淀粉水解糖为原料，产酸可达19%，发酵周期5d以上。

（1）*柠檬酸深层发酵法的生产工艺流程*　柠檬酸深层发酵法的生产工艺流程如图4-6所示。

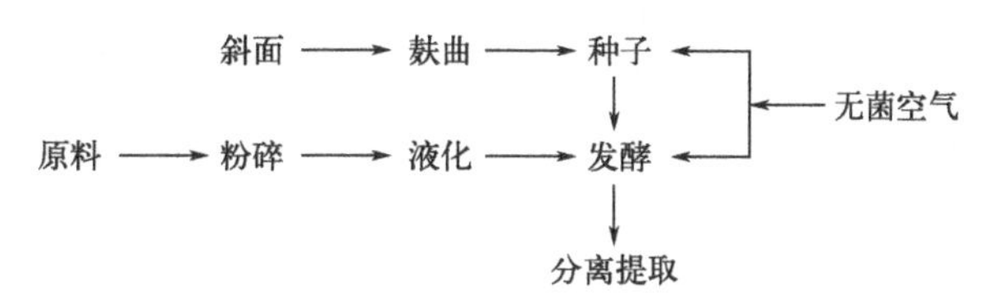


图4-6　柠檬酸深层发酵法的生产工艺流程

（2）*柠檬酸深层发酵法操作要点*　在种子培养基中添加硫酸铵0.3%～0.5%，拌匀，待种子培养基冷至约35℃接入黑曲霉麸曲，于35℃下通风培养20～30h。然后用无菌压缩空气将培养的菌丝体（保持在35℃左右）输入发酵罐中。在35℃左右进行发酵，通风搅拌培养4d。当酸度不再上升、残糖降到2g/L以下时，立即将发酵醪泵送到储罐中，并及时提取柠檬酸。

**5. 柠檬酸发酵生产的设备**

柠檬酸深层发酵一般都采用不锈钢机械搅拌通气发酵罐（图4-7），大部分为50～100$m^3$，目前已发展至250～400$m^3$，国外的发酵罐为400～600$m^3$。采用二挡搅拌，为了减少对丝状菌丝的剪切作用，多用箭叶式搅拌器。

图4-7　不锈钢机械搅拌通气发酵罐

### 6. 柠檬酸的提取

柠檬酸深层发酵成熟发酵醪中除了含有主要产品柠檬酸之外，还含有残糖、菌体、蛋白质、色素、胶体物质、无机盐和有机杂酸，以及原料带入的各种杂质。这些物质必须采用一系列物理和化学方法进行处理。提取工艺有钙盐法、萃取法、离子交换法和电渗析法等。但目前普遍使用的仍是钙盐加离子交换的提取方法（图 4-8）。

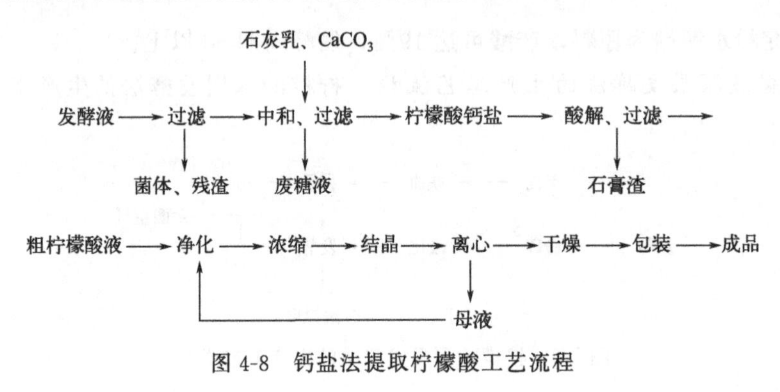


图 4-8　钙盐法提取柠檬酸工艺流程

# 第三节　苹果酸

## 一、苹果酸简介

苹果酸（malic acid），学名为 $\alpha$-羟基丁二酸或羟基琥珀酸，是一种无色或微黄色粉状、粒状或结晶状固体（图 4-9），无臭，略带有刺激性爽快酸味。易溶于水，微溶于酒精或醚，吸湿性强，保存时易受潮。

图 4-9　苹果酸

苹果酸广泛存在于多种水果中，因其在苹果中的含量最高而得名，具有酸味，结晶体，在水中具有旋光性。苹果酸为无色结晶，易吸潮，分子式为 $C_4H_6O_5$，相对密度 1.595。熔点约 130℃，沸点 150℃（分解）。苹果酸易溶于水，1g 本品能溶于 1.4mL 醇、

1.7mL 醚、0.7mL 甲醇、2.3mL 丙醇、几乎不溶于苯。

由于苹果酸分子中有一个不对称碳原子，故有 L-型苹果酸、D-型苹果酸和 DL-型苹果酸之分。自然界中广泛存在的是 L-型苹果酸。近年来随着食品工业、医药工业、化学工业的迅速发展，国内外市场对苹果酸的需求量越来越大。

## 二、苹果酸的应用

苹果酸的味道柔和，有特殊的苹果香味和明显的呈味作用，其酸度为柠檬酸的 1.2～1.3 倍，苹果酸在食品、医药、化工等行业有着非常广泛的应用。

### 1. 食品工业

L-型苹果酸能模拟天然果实的酸味特征，味觉自然丰满，可添加于饮料中作酸味剂，也可与甜味剂配合使用，主要用于果汁、果酱、果冻、水果糖等的生产中，其允许摄入量 ADI（每日允许摄入量，acceptable daily intake）不需特殊规定。L-型苹果酸还能延长低盐香肠和果酱的保存期；还能用于酸乳发酵的 pH 调节、葡萄酒酿造中除酒石酸盐等。

### 2. 医药行业

苹果酸是医药工业中的重要原料。苹果酸用于各种片剂糖浆的配制，可使片剂、糖浆呈水果味，并有利于药物在体内的吸收扩散。苹果酸用于配制复合氨基酸注射液，可提高氨基酸的利用率，有助于手术后虚弱和肝功能障碍病人迅速恢复健康。L-型苹果酸钾是良好的钾补充药。它能保持人体水分平衡，治疗水肿、高血压和脂肪积聚等病症。L-型苹果酸钠则是治疗肝病，尤其是肝功能障碍导致的高血氨症的良好药物。这是因为苹果酸直接进入三羧酸循环，可以减少氨基酸的代谢损失和弥补肝功能的缺陷。

### 3. 日用化工和化学工业

苹果酸可用于牙膏和合成香料的生产，也可用于生产清洁剂和除臭剂，用来清除体臭和食品贮藏过程中的异味。在化工产品生产中，苹果酸可添加至虫胶清漆和其他清漆中用来防止漆面结皮。苹果酸作为合成聚合物的单体，可用于聚酯树脂和醇酸树脂的生产。此外，苹果酸还可用于水垢清除剂和化学电镀等方面。

### 4. 其他

苹果酸衍生物可用于烟草加工，改善烟叶香味。苹果酸也可作为饲料添加剂用于家畜家禽饲养，可改善牛奶的质量，促进家禽的生长。

## 三、苹果酸的发酵生产

生产苹果酸有化学合成法和发酵法两种方法。所不同的是，发酵法生产利用了微生物酶的立体异构专一性，生产的都是 L-型苹果酸，是生物体内所存有和可以利用的构型。而合成法只能生产 DL-型苹果酸，如果用于食品和药物，则有一半不能得到利用。因此，在苹果酸生产上，发酵法占有主导地位。目前正在研究开发的发酵法生产 L-型苹果酸的工艺主要有三类。

**1. 一步发酵法**

又称直接发酵法，即采用一种微生物直接发酵糖质原料或非糖质原料生成 L-型苹果酸。利用淀粉质原料生产 L-型苹果酸的微生物目前主要有黄曲霉、米曲霉、寄生曲霉等，这些菌株大多具有糖化淀粉的能力，可以直接利用淀粉质原料，原料来源十分丰富，发酵工艺条件温和，产品成本低，因此一步发酵法与其他方法相比更具有优势。

目前我国通常采用直接发酵法生产苹果酸，工艺流程：培养基配置→灭菌→接种→发酵→酸解→过滤→中和→过滤→酸解→过滤→精制→真空浓缩→结晶→干燥→包装→成品。

**2. 两步发酵法**

即采用两种不同功能的微生物，其中之一是先将糖质或其他原料发酵成富马酸，另一种微生物将富马酸转化成 L-型苹果酸。两种微生物可先后加入，也可同时加入。两步发酵法由于涉及两种微生物，培养条件要求比较严格，发酵周期较长，产酸率相对较低，副产物较多，尚未实现工业化生产，其工艺流程如图 4-10 所示。

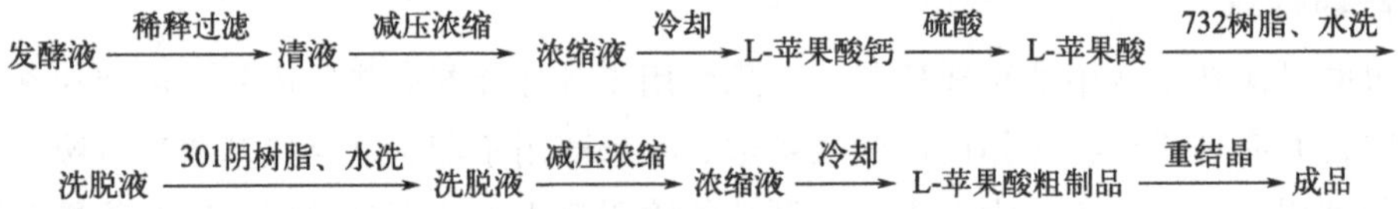

发酵液 —稀释过滤→ 清液 —减压浓缩→ 浓缩液 —冷却→ L-苹果酸钙 —硫酸→ L-苹果酸 —732树脂、水洗→

洗脱液 —301阴树脂、水洗→ 洗脱液 —减压浓缩→ 浓缩液 —冷却→ L-苹果酸粗制品 —重结晶→ 成品

图 4-10 苹果酸两步发酵法工艺流程

**3. 固定化酶或细胞转化法**

利用具有高活性富马酸酶的微生物细胞或富马酸酶，采用固定化酶或细胞反应器，将富马酸转化成苹果酸。虽然固定化细胞和固定化酶均有应用，但由于酶的提取技术复杂、收率不高、成本昂贵，因而在实际生产中多用固定化细胞。

固定化细胞生产 L-型苹果酸的工艺流程图如图 4-11、图 4-12 所示。

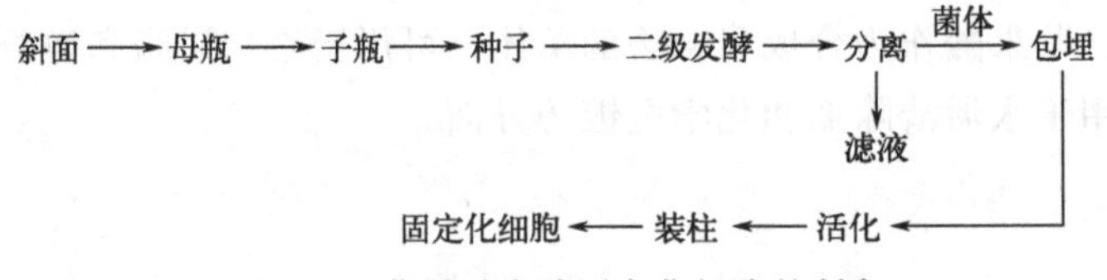


图 4-11 苹果酸发酵固定化细胞的制备

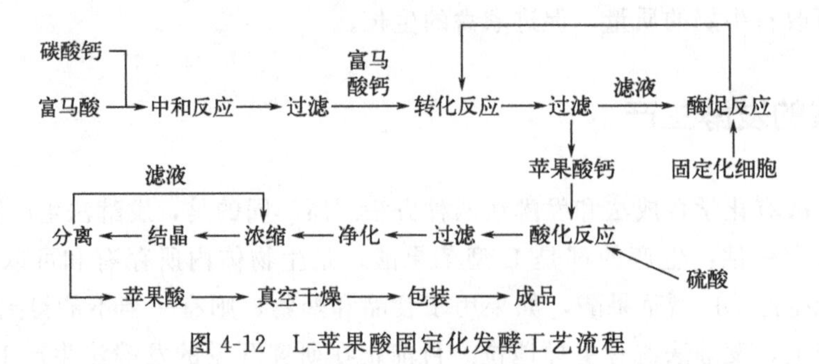


图 4-12 L-苹果酸固定化发酵工艺流程

## 四、苹果酸的提取、精制

### 1. 苹果酸的提取

苹果酸的提纯采用钙盐沉淀法、吸附沉淀法、电渗析法等，其中应用最广泛的是钙盐沉淀法。

钙盐沉淀法包括转化、过滤、酸解、过滤、净化、浓缩、结晶、干燥等，流程见图 4-13。

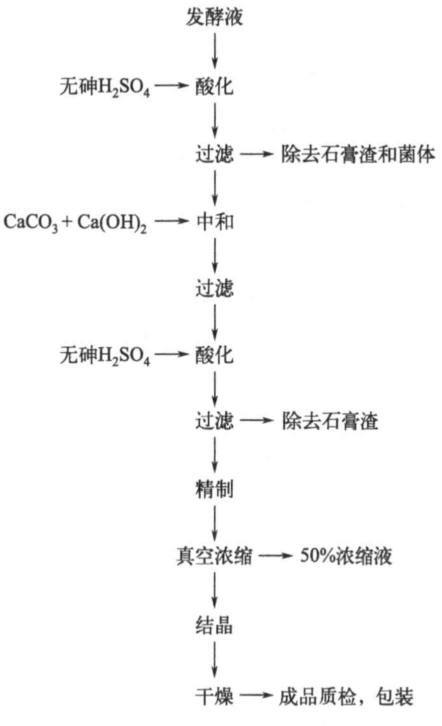

图 4-13 钙盐沉淀法提取发酵液苹果酸

近年来人们又提出了一种从水溶液中提取苹果酸的工艺流程——溶剂萃取法。该法采用 TRPO（三烷基氧化膦）为萃取剂、煤油为稀释剂的萃取体系。于常温下进行萃取，然后再用去离子水进行反萃，反萃温度为 60℃，萃取率为 80%（图 4-14）。

### 2. 苹果酸的精制

采用离子交换和活性炭联合处理，进行除杂质和脱色；滤清液送入高位槽，进入酸性阳离子交换柱，再进入弱碱性阳离子交换柱进行脱盐处理；再把净化液引入真空浓缩罐中，在 50～70℃下浓缩至 1000～1300g/L；然后放入结晶罐中缓缓搅拌降温至 5～20℃，加入晶种；待晶体成长完成后，用离心机分出晶体；用少量无盐水洗去晶面母液；收集湿晶，放入沸腾干燥床，用 30～60℃的干燥空气干燥，干燥后的 L-型苹果酸经质检合格后即行包装储存。

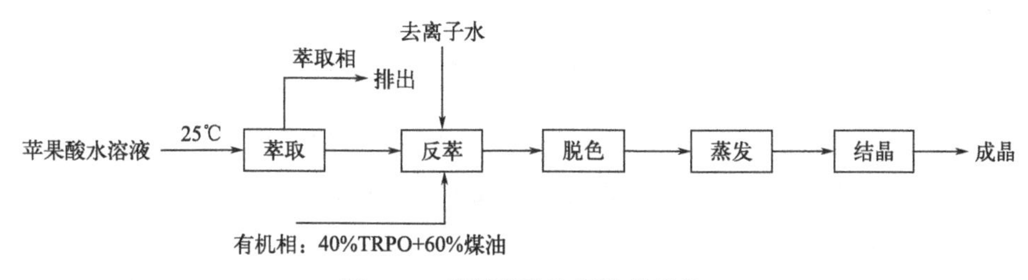

图 4-14 溶剂萃取法提取苹果酸

## 五、苹果酸的检测

### 1. 定性检验

采用显色反应。即称取样品 1g，溶于 20mL 水中，吸 1mL 此液放于 15mL 试管中，用氨水（分析纯）中和，用量 0.05～0.1mL，切勿过量；加入 1%对氨基苯磺酸水溶液，在沸水浴中加热 5min，再加入 20%亚硝基钠溶液 5mL，稍加热后，以 4%NaOH 溶液调

pH 至碱性，此液应呈红色，表明有苹果酸存在。

另外还有三氯化钛法。即在试管中加入 5mL 待试溶液，滴入 3 滴 15%三氯化钛溶液，几分钟后，出现白色沉淀，表明有苹果酸存在。若气温过低，可稍加热，此法对苹果酸最低检出浓度为 0.5g/L。

**2. 定量检验**

（1）酸碱滴定法　即准确称取样品 1.5g 放于 250mL 容量瓶中，溶解后定容。准确吸取此溶液 25.0mL 放于三角瓶中，加入 2 滴酚指示剂，用 0.1mol/L NaOH 溶液滴定至微红色（持续时间不得少于 30s）。每毫升 0.1mol/L NaOH 溶液相当于 6.704mg 苹果酸。

（2）紫外分光度法　取 1mL 样品溶液（苹果酸浓度控制在 0.05～0.8mg/L），放入试管中，加入 6mL 硫酸（分析纯），加入 0.1mL 2,7-萘二酚溶液，在 100℃水浴中加热 12～15min，冷却至接近室温后，在 385nm 处进行比色测定，以蒸馏水作对照，校正仪器零点。

用标准样品先制作标准曲线，以苹果酸含量为横坐标，385nm 处吸收值即 $OD_{385}$ 为纵坐标。通过未知样品在 385nm 处的 OD 值，则可在标准曲线上找到相应的苹果酸浓度。

（3）高效液相色谱法　现对苹果酸质量要求越来越高，要求 99%以上都是苹果酸，富马酸残留量要求在 0.5%以内，对检验手段也要求很高。

高效液相色谱就是利用高分辨树脂层析，在同一流动相中将富马酸、苹果酸和其他有机酸很好地分开。它们在 210nm 紫外检测器中，可以记录出峰的顺序，而且稳定，可以重复。

具体操作：分别配制苹果酸、富马酸等 10%标准溶液，分别注入一定量于树脂柱中，用洗脱液洗出，记录各标样出峰时间和相应的峰值，如带计算机的还可用峰的积分面积计算。

## 拓展知识

### 葡萄酒的苹果酸-乳酸发酵

苹果酸-乳酸发酵（malolactic fermentation，MLF）是指苹果酸在乳酸菌的作用下被分解成乳酸和二氧化碳的过程。葡萄酒的酒精发酵结束后，苹果酸-乳酸发酵就会自然而然地进行。这一过程能够将酒中口感尖锐的苹果酸转化成柔和的乳酸，柔化葡萄酒的口感，赋予葡萄酒类似黄油、奶油、面包等风味，使得葡萄酒拥有奶油般的质地、更饱满的酒体和稳定的结构。

苹果酸-乳酸发酵一般持续 4～6 周，不过由于苹果酸含量、乳酸菌的活力及发酵环境的不同，该过程也可能长达 3～4 个月。酿酒师可以根据葡萄酒的风格来控制苹果酸-乳酸发酵。适当升高酒液温度或酒精发酵后不添加二氧化硫可促进苹果酸-乳酸发酵的进行；低温储存酒液、注入二氧化硫或过滤掉酒液中的乳酸菌等方式则可以中断或避免苹果酸-乳酸发酵。

基本上所有的红葡萄酒和部分白葡萄酒，比如霞多丽（Chardonnay）和维欧尼（Viognier）葡萄酒都会进行苹果酸-乳酸发酵。产自凉爽气候产区的葡萄酒一般酸度偏高，经过苹果酸-乳酸发酵后可以达到更好的平衡。但在通常情况下，强调品种香气的芳香型白葡萄酒，例如酒体轻盈、口感脆爽的雷司令（Riesling），以及以果味为主导的轻酒体红葡萄酒需要避免苹果酸-乳酸发酵，因为经过苹果酸-乳酸发酵后，这类葡萄酒就会丧失其清爽的高酸度及新鲜充沛的果香。

## 参考文献


[1] 何国庆. 食品发酵与酿造工艺学 [M]. 2版. 北京：中国轻工业出版社，2018.

[2] 金刚，马雯. 苹果酸-乳酸发酵细菌的研究现状及优良发酵菌株的筛选 [M]. 北京：中国农业科学技术出版社，2021.

[3] 刘晔. 食品发酵理论与技术研究 [M]. 北京：水利水电出版社，2018.

[4] 刘立明，陈修来. 有机酸工艺学 [M]. 北京：中国轻工业出版社，2022.

[5] 刘龙，陈坚，石贵阳，等. 新一代柠檬酸发酵技术 [M]. 北京：化学工业出版社，2020.

[6] 秦伟帅，王玉峰，赵新节，等. 葡萄酒苹果酸-乳酸发酵工艺控制研究进展 [J]. 中外葡萄与葡萄酒，2008 (5)：64-67.

[7] 王博彦，金其荣. 发酵有机酸生产与应用手册 [M]. 北京：中国轻工业出版社，2007.

[8] 吴兴壮，杜霖春. 乳酸菌及其发酵食品 [M]. 北京：中国轻工业出版社，2021.

[9] 殷海松，孙勇民. 食品发酵技术 [M]. 2版. 北京：中国轻工业出版社，2022.

[10] 岳春. 食品发酵技术 [M]. 2版. 北京：化学工业出版社，2021.

# 第五章

# 发酵技术与药物

## 第一节　抗生素

### 一、抗生素的定义及发展历史

**1. 抗生素的定义**

抗生素（antibiotics）是由微生物（包括细菌、真菌、放线菌属）或高等动植物在生活过程中所产生的具有抗病原体或其他活性的一类次级代谢产物，能干扰其他生活细胞发育功能的化学物质。

**2. 抗生素的发展历史**

1929 年，英国细菌学家弗莱明在培养皿中培养细菌时，发现从空气中偶然落在培养基上的青霉菌长出的菌落周围没有细菌生长，他认为是青霉菌产生了某种化学物质，分泌到培养基里抑制了细菌的生长。这种化学物质便是最先发现的抗生素——青霉素。

在第二次世界大战期间，弗莱明和另外两位科学家——弗洛里、钱恩经过艰苦的努力，终于把青霉素提取出来制成了抑制细菌感染的药品。在战争期间，防止战伤感染的药品是十分重要的战略物资，所以美国把青霉素的研制放在同研制原子弹同等重要的地位。

1943 年，还在抗日后方从事科学研究工作的微生物学家朱既明，也从长霉的皮革上分离到了青霉菌，并且用这种青霉菌制造出了青霉素。1947 年，美国微生物学家瓦克斯曼又在放线菌中发现并且制成了治疗结核病的链霉素。过去了半个多世纪，科学家已经发现了近万种抗生素。不过它们之中的绝大多数毒性太大，因此适合作为治疗人类或牲畜传染病的药品还不到百种。后来人们发现，抗生素并不只能抑制微生物生长，有些还能够抑制寄生虫的生长，有的能够除草，有的可以用来治疗心血管病，还有的可以抑制人体的免疫反应，进而应用在器官移植手术中。20 世纪 90 年代以后，科学家们把抗生素的定义范围扩大并给出了一个新的名称：生物药物素。

1877 年，Pasteur 和 Joubert 首先认识到微生物产品有可能成为治疗药物，他们发表了实验观察结果，即普通的微生物能抑制尿中炭疽杆菌的生长。1928 年，弗莱明爵士发现了能杀死致命细菌的青霉菌。青霉素治愈了梅毒和淋病，而且在当时没有任何明显的副作用。1936年，磺胺的临床应用开创了现代抗微生物化疗的新纪元。

1947年，出现氯霉素，它主要针对痢疾杆菌、炭疽病菌，治疗轻度感染。1948年，四环素出现，这是最早的广谱抗生素。1956年，礼来公司发明了万古霉素，它被称为抗生素的最后武器。因为它对$G^+$细菌细胞壁、细胞膜和RNA有三重杀菌机制，不易诱导细菌对其产生耐药。20世纪80年代，喹诺酮类药物出现，和其他抗菌药不同，它们破坏细菌染色体，不受基因交换耐药性的影响。

## 二、抗生素产生菌的菌种

### 1. 放线菌

放线菌是介于细菌与丝状真菌之间而又接近细菌的一类丝状原核生物（有人认为它是细菌中的一类），因菌落呈放射状而得名。1877年由合兹（Harz）首先发现一种寄生于牛体的厌气性牛型放线菌，从此便引用了*Actinomyces*这个属名，后来又发现了好气性腐生的种类，也叫放线菌。1984年，美国学者瓦克斯曼（Waksman）把好气性腐生放线菌另立为链霉菌属，以与放线菌属相区别，而将厌气性寄生的种类仍保留原名——放线菌。放线菌最突出的特性之一是能产生大量、种类繁多的抗生素。放线菌来源的活性天然产物是抗生素的重要来源，目前发现放线菌来源的微生物生物活性物质超过20000个，其中抗生素活性天然产物超过13800个。主要类群放线菌产生抗生素的数目见表5-1。

**表5-1 主要类群放线菌产生抗生素的数目**

| 产生菌种属 | 抗生素数目 | 产生菌种属 | 抗生素数目 |
| --- | --- | --- | --- |
| 链霉菌(*Streptomyces*) | 8000 | 小双孢菌(*Microbispora*) | 54 |
| 小单孢菌(*Micromonospora*) | 740 | 指孢囊菌(*Dactylosporangium*) | 58 |
| 诺卡菌(*Nocardia*) | 357 | 小多孢菌(*Micropolyspora*) | 13 |
| 轮生链霉菌(*Streptolmyces*) | 258 | 糖多孢菌(*Saccharopolyspora*) | 131 |
| 游动放线菌(*Actinomyces*) | 248 | 异壁链霉菌(*Streptomyces*) | 48 |
| 孢囊链霉菌(*Streptosporangium*) | 79 | 假诺卡菌(*Pseudonocardia*) | 27 |
| 马杜拉放线菌(*Actinomyces madura*) | 345 | 嗜热单孢菌(*Thermonospora*) | 19 |
| 钦氏菌(*Chainia*) | 30 | 拟无枝酸菌(*Amycolatopsis/nocardia*) | 120/357 |
| 嗜热放线菌(*Thermoactinomyces*) | 14 | 小四孢菌(*Microtetraspora*) | 26 |
| 孢囊放线菌(*Actinomyces sporoides*) | 30 | | |

注：摘自王以光，抗生素生物技术［M］，化学工业出版社，2009。

### 2. 真菌

真菌属于真核生物，具有细胞壁和充满液体的胞内液泡，有无性孢子和有性孢子两种繁殖形式。真菌是一类重要的抗生素产生菌。产生抗生素的真菌主要有：青霉菌属（*Penicillium*），约有900个活性物质被报道；曲霉属（*Aspergillus*），约有950个活性物质得到分离；链孢霉属（*Fusari*），约有350个活性物质被分离鉴定；枝项孢霉属（*Acremonium*）、红曲霉属（*Monascus*）、毛壳菌属（*ChelonmL*）、金绣孢菌属（*Chrysosporiun*）、纵裂盘菌属（*Lophodermiun*）、木霉属（*Trichoderma*）、茎点菌属（*Phoma*）、黏帚霉菌（*Gliocladiu*）、软盘菌属（*Mollisia*）、葡萄状穗霉属（*Stachybotrys*）、葡萄枝霉属（*Cladobotrvuzm*）等。近年发现，高等真菌属如担子菌（*Basidom veles*），其中包括许多蘑菇也产生一些有价值的生理活性物质，而且结构新颖，引起人们的格外关注，如金钱菌属（*Collybia confluens*）产生的 Collybial 具抗病毒活性。目前，约有 2000 种活性物质是从高等真菌中分离的。

**3. 细菌**

细菌中以枯草杆菌属及假单胞菌属的抗生素产生菌居多（分别有 800 种左右活性物质被报道），它们大多产生肽类、杂肽类或脂肪酸衍生物：如枯草杆菌属细菌产生杆菌肽（Bacitracin）、短杆菌肽（Gramicidin）、丁酰菌素（Butirosin）、多黏菌素（Polymyxin）等；假单孢菌属产生山梨醇菌素和番红菌素等；欧文菌属（*Erwinia*）也能产生碳青霉烯类抗生素，如硫霉素（Thienamycin）。

黏细菌是一类高等原核生物，是一类能够滑动运动的革兰氏阴性杆菌，在系统分类上属于多变细菌（Proteobacteria）。黏细菌是一类重要的天然产物生产者，它产生的次级代谢产物无论是在化学结构还是生物活性上都具有丰富的多样性。黏细菌的抗生素产生菌的比例高于目前已知的产生抗生素最多的放线菌，如纤维堆囊菌（*Sorangium cellulosum*）中能产生抗生素的菌株，几乎可以高达 100%。自 1977 年从黏细菌中发现了第一个确定化合物结构的生物活性物质安布鲁星（Ambruticin）以来，人类已发现黏细菌中 100 多种次级代谢产物的基本结构和 600 多种结构类似物。更重要的是，研究调查表明大部分黏细菌次级代谢产物可以预防人类疾病（如癌症），以及细菌和病毒感染等疾病。黏细菌的代谢物无论是在其化学空间结构的多样性还是在其生物活性上都是罕见的。

**4. 动物或昆虫**

昆虫抗菌肽（Antimicrobial peptides，AMPs）是昆虫体内经诱导而产生的一类小分子碱性多肽物质，是昆虫先天免疫的重要效应分子，它具有不易形成耐药性、广谱抗菌、分子量小等特点，并且对病毒、细菌、真菌、癌细胞具有杀伤作用。目前，在半翅目、鞘翅目、双翅目、膜翅目和鳞翅目等昆虫中都分离到了具有不同抗菌活性的抗菌肽。AMPs 是由较少氨基酸组成的小分子，其氨基酸由 12～50 个氨基酸残基组成，通常具有正净电荷。自从瑞典斯德哥尔摩大学的汉斯·博曼及其同事在 20 世纪 80 年代首次从蚕蚝中分离出抗菌肽 Cecropins 以来，科学家们相继从青蛙、蜜蜂、猪和人等 800 多种动物中发现了多种由短链氨基酸组成的抗菌肽。抗菌肽被认为是生物界中广泛存在的一类生物活性小肽，一般具有抗细菌或真菌的作用，有些还具有抗原虫、病毒或癌细胞的功能。AMPs 是先天免疫的重要效应分子，参与昆虫机体内的一些防御过程，如中和内毒素、调节免疫反应、杀死病原体。第 1 个昆虫 AMPs 是在 1980 年从惜古比天蚕蛾（*Hyalophora-cecropia*）的蛹中分离出来的，之后人们在细菌、真菌、植物和动物中发现了大量 AMPs。大多数昆虫 AMPs 是带有阳离子的分子，具有抗细菌活性的碱性残基。根据氨基酸序列和结构，AMPs 可分为 4 类：半胱氨酸多肽、甘氨酸多肽、脯氨酸多肽和 $\alpha$-螺旋多肽。在过去的数十年里由于昆虫基因组、转录组和蛋白质组数据的发表，鉴定出的昆虫 AMPs 数量显著增加。发现 AMPs 会因昆虫的体液免疫反应产生，这些 AMPs 在微生物感染后释放到昆虫血淋巴中。从昆虫幼虫体内提取的血淋巴通过组学分析法和质谱法进行分析，可分析出昆虫血淋巴中分离的 AMPs 数量以及抗菌活性。昆虫 AMPs 具有广泛的抗菌、抗病毒、抗真菌和抗癌活性。因此昆虫 AMPs 的发现以及多方面的应用研究具有巨大的发展空间。

**5. 海洋微生物**

海洋微生物一般是指在海洋环境与条件下生活繁衍的微生物，包括海洋细菌、海洋真菌、海洋放线菌以及各种藻类，其种类约为陆生微生物的 20 倍以上。海洋微生物由于其特殊的生存环境（高盐、高压、低温、低光照和营养匮乏），因而可以合成一些结构新颖的抗生素，这是陆生微生物所不具备的潜在优势。从海洋微生物中筛选新抗生素，实际上是由陆地资源发掘向整个自然界的延伸，所以开发海洋微生物资源并从中筛选出有效的新抗生素具有重要的意义。1966 年，美国康奈尔大学教授 Burkholder 发现首个由海洋微生物产生的抗生素，为含溴吡咯类抗生素——硝吡咯菌素（Pyrolnitrin），其产生菌为食溴假单胞菌。

大多数海洋细菌都会产生抗生素，包括芽孢杆菌属（*Bacillus*）、弧菌属（*Vibrio*）、假单胞菌属（*Pseudomonas*）、黄杆菌属（*Flavobacterium*）、钦氏菌属（*Chainia*）及许多未经鉴定的菌种。海洋放线菌能够产生大量多样性的代谢产物，成为寻找新药的重要来源。海洋真菌是研究最多的一类海洋微生物群体。研究表明，目前许多新型抗肿瘤、抗细菌、抗真菌代谢产物都来源于海洋真菌。研究过的海洋真菌种类有几千种，其中研究最多的是曲霉（*Aspergillus*）和青霉（*Penicillium*）。近年来，关于海洋微生物来源的抗菌活性物质的研究取得了较大的进展，发现了许多新型抗菌剂。然而对海洋微生物的利用率仅有 1%，只有少数海洋活性物质应用于临床研究。这可能是因为绝大多数海洋微生物产生的活性物质含量很少，所以对于大多数活性物质来说，直接从原始的海洋微生物中提取很难满足新药开发的需求。

**6. 极端微生物**

极端微生物是指一些在极端或致死环境中生长的微生物（Extremophiles），也是近年来人们开发新型生物活性物质及抗生素关注的热点。极端微生物可分为嗜热微生物（Thermophiles）、嗜冷微生物（Psychrophiles）、嗜盐微生物（Halophiles）、嗜碱微生物（Alkaliphiles）和嗜酸微生物（Acidophiles）。获得极端微生物代谢产物已被列入欧洲、日本、美国等研究机构和公司的研究开发计划。

嗜热微生物，是指最适生长温度在 45℃以上的微生物，有的嗜热微生物在高于 100℃条件下仍可生长。嗜冷微生物，是指在 0℃以下能够生长，最高生长温度在 20℃以下的微生物，有些嗜冷微生物能在 −12℃条件下生长。嗜碱微生物，是指最适生长酸碱条件在 pH 9.0 以上的微生物，它们能在含盐浓度 0.2～3mol/L 条件下生长。嗜酸微生物，是指最适生长酸碱条件在 pH 2.0 左右的微生物。

由于极端微生物在极端环境下能够生存，它们必然具有特殊的代谢类型，并产生特殊的与常见微生物代谢产物不同的代谢产物，此外，极端微生物是一个十分丰富的基因库，可以从中选到有用基因，用于定向基因改造，以获得新型活性物质。日本由 217 株极端微生物筛选抗真菌化合物，最终从一株耐热假单胞菌中获得了。

## 三、抗生素的种类及抑菌作用机制

### 1. 抗生素的主要分类

按照其化学结构，抗生素可以分为喹诺酮类抗生素、β-内酰胺类抗生素、大环内酯类、氨基糖苷类抗生素等。而按照其用途，抗生素可以分为抗细菌抗生素、抗真菌抗生素、抗肿瘤抗生素、抗病毒抗生素、畜用抗生素、农用抗生素及其他微生物药物（如麦角菌产生的具有药理活性的麦角碱类，有收缩子宫的作用）等。根据抗生素种类的不同，其生产有多种方式，如青霉素由微生物发酵法进行生物合成，磺胺、喹诺酮类等，可用化学合成法生产；还有半合成抗生素，是将生物合成法制得的抗生素用化学、生物或生化方法进行分子结构改造而制成的各种衍生物。

### 2. 抗生素抑菌的作用机制

抗生素产生杀菌作用主要有 4 种机制，即抑制细菌细胞壁的合成、与细胞膜相互作用、干扰蛋白质的合成以及抑制核酸的复制和转录。

（1）*抑制细菌细胞壁的合成*　细菌的细胞壁主要由多糖、蛋白质和类脂类构成，具有维持形态、抵抗渗透压变化的重要功能。因此，抑制细胞壁的合成会导致细菌因细胞破裂而死亡；而哺乳动物的细胞因为没有细胞壁，所以不受这些药物的影响。这一作用的达成依赖于细菌细胞壁的一种蛋白，通常称为青霉素结合蛋白（PBPs），β-内酰胺类抗生素能和这种蛋白结合从而抑制细胞壁的合成，所以 PBPs 也是这类药物的作用靶点。以这种方式作用的抗菌药物包括青霉素类和头孢菌素类，但是频繁使用会导致细菌的耐药性增强。

（2）*与细胞膜相互作用*　一些抗生素与细胞的细胞膜相互作用而影响膜的渗透性，使菌体内盐类离子、蛋白质、核酸和氨基酸等重要物质外漏，这对细胞具有致命作用。但细菌细胞膜与人体细胞膜基本结构有若干相似之处，因此该类抗生素对人有一定的毒性。以这种方式作用的抗生素有多黏菌素和短杆菌素。

（3）*干扰蛋白质的合成*　干扰蛋白质的合成意味着细胞存活所必需的酶不能被合成。以这种方式作用的抗生素包括福霉素（放线菌素）类、氨基糖苷类、四环素类和氯霉素。蛋白质的合成是在核糖体上进行的，其核糖体由 50S 和 30S 两个亚基组成。其中，氨基糖苷类和四环素类抗生素作用于 30S 亚基，而氯霉素、大环内酯类、林可霉素类等主要作用于 50S 亚基，抑制蛋白质合成的起始反应、肽链延长过程和终止反应。

（4）*抑制核酸的复制和转录*　抑制核酸的转录和复制，可以抑制细菌核酸的功能，进而阻止细胞分裂和/或所需酶的合成。以这种方式作用的抗生素包括萘啶酸和二氯基吖啶、利福平等。

## 四、抗生素的不同功能及用途

β-内酰胺类抗生素包括青霉素类、头孢菌素类、其他β-内酰胺类、β-内酰胺酶抑制药及其复方制剂。主要用于治疗革兰氏阴性菌和革兰氏阳性菌的感染。

大环内酯类抗生素即红霉素类抗生素，包括红霉素、罗红霉素、阿奇霉素、克拉霉素等。主要用于治疗某些厌氧菌以及军团菌、支原体的感染。

氨基苷类抗生素：链霉素、庆大霉素、依替米星等，主要用于治疗革兰氏阴性菌的感染。

四环素类抗生素：四环素、土霉素、强力霉素等，主要用于治疗支原体、衣原体、螺旋体的感染。

林可霉素类抗生素：林可霉素和克林霉素，主要应用于链球菌、肺炎球菌、金黄色葡萄球菌的感染。

氯霉素类抗生素：氯霉素和硫霉素，主要用于治疗大肠杆菌、克雷伯菌、伤寒沙门菌的感染。

多肽类抗生素：包括万古霉素类如万古霉素、去甲万古霉素等，多黏菌素类如多黏菌素B、杆菌肽类的杆菌肽等，主要用于治疗耐多种抗生素的金黄色葡萄球菌以及对青霉素过敏的链球菌性心内膜炎患者。

碳青霉烯类：代表药有亚胺培南、美罗培南等，主要应用于多重耐药菌、脆弱拟杆菌感染以及尚未查明的病原菌免疫缺陷等方面的疾病。

## 五、典型的抗生素生产工艺流程

抗生素发酵是产生菌在多种酶系参与下进行的指向合成代谢，为产生抗生素终产物的化学过程。这一过程包括释放能量、分解营养物质的分解代谢，以及吸收能量、合成细胞代谢产物的过程。

现代抗生素工业生产过程：菌种→孢子制备→种子制备→发酵→发酵液预处理→提取及精制→成品包装。

**1. 青霉素发酵工艺**

青霉素是抗生素的一种，是指从青霉素培养液中提制的分子中含有青霉烷、能破坏细菌的细胞壁并在细菌细胞的繁殖期起杀菌作用的一类抗生素，是第一种能够治疗人类疾病的抗生素。青霉素类抗生素是$\beta$-内酰胺类中一大类抗生素的总称。

生产工艺包括生产孢子制备、发酵、提炼。

生产孢子制备：将砂土孢子用甘油、葡萄糖、蛋白胨培养基培养，再移植到大米或小米固体培养基上，25℃培养7d，干燥、低温保存。

青霉素发酵工艺如图5-1。

**2. 青霉素发酵工艺要点**

（1）发酵温度控制　产黄青霉生长的最适温度为27～30℃，而分泌青霉素的适宜温度是20～24℃，实际生产中采用26～27℃。为使温度适合于不同发酵阶段的需要，一般采用变温控制。

（2）发酵pH控制　青霉素发酵的最适pH值一般控制在6.5～7.0，当pH较高时可通过加糖或天然油脂进行控制；当pH较低时可加入碳酸钙或氨水进行调节。

（3）溶氧浓度的控制　青霉素发酵属好氧发酵，故溶氧浓度是影响青霉素产率的一个重要因素。当溶氧浓度低于30%时，青霉素产率急剧下降。

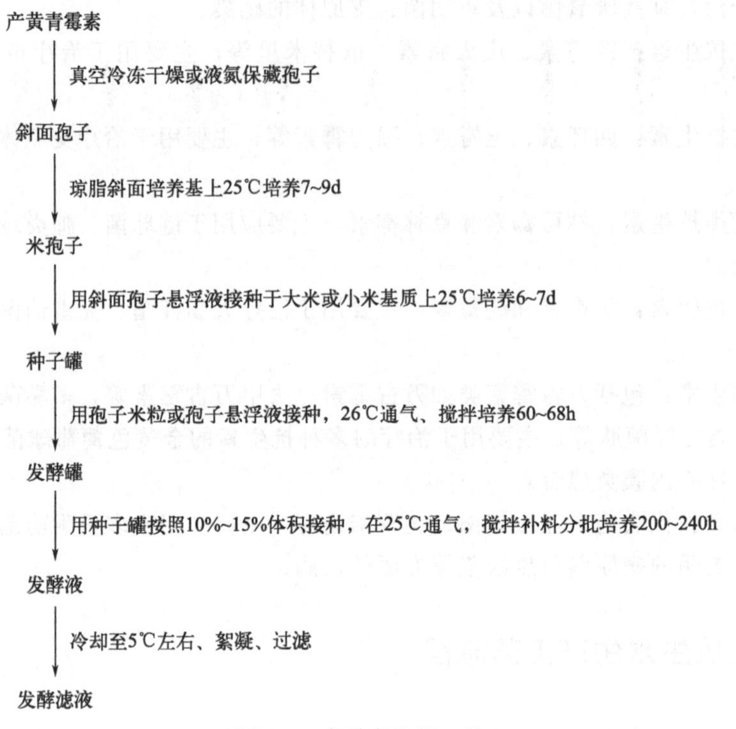


图 5-1　青霉素发酵工艺

## 六、抗生素发酵生产的主要要素

### 1. 菌种

从来源于自然界土壤等获得能产生抗生素的微生物，经过分离、选育和纯化后即称为菌种。菌种可用冷冻干燥法制备后，以超低温，即在液氮冰箱（－196～－190℃）内保存。所谓冷冻干燥是用脱脂牛奶或葡萄糖液等和孢子混在一起，经真空冷冻、升华干燥后，在真空下保存。如条件不足时，则沿用砂土管在 0℃冰箱内保存的老方法，但如需长期保存时不宜用此法。一般生产用菌株经多次移植往往会发生变异而退化，故必须经常进行菌种选育和纯化以提高其生产能力。

### 2. 孢子制备

抗生素生产的主要菌株为放线菌，放线菌主要通过无性孢子及菌丝片段进行繁殖。生产用的菌株须经纯化和生产能力的检验，符合规定才能用来制备孢子。制备孢子时，将保藏的处于休眠状态的孢子，通过严格的无菌程序，将其接种到经灭菌过的固体斜面培养基上，在一定温度下培养 5～7d 或 7d 以上，这样培养出来的孢子数量还是有限的。为获得更多数量的孢子以供生产需要，必要时可进一步用扁瓶在固体培养基（如小米、大米、玉米粒或麸皮）上扩大培养。

### 3. 种子制备

其目的是使孢子发芽、繁殖以获得足够数量的菌丝，并接种到发酵罐中。种子制备可用摇瓶培养后再接入种子罐进行逐级扩大培养，或直接将孢子接入种子罐后逐级放大培养。种子扩大培养级数的多少，决定于菌种的性质、生产规模的大小和生产工艺的特点。扩大培养级数通常为二级。摇瓶培养是在锥形瓶内装入一定数量的液体培养基，灭菌后以无菌操作接入孢子，放在摇床上恒温培养。在种子罐中培养时，在接种前有关设备和培养基都必须经过灭菌。接种材料为孢子悬浮液或来自摇瓶的菌丝，以微孔差压法或打开接种口在火焰保护下接种。接种量视需要而定。如用菌丝，接种量一般相当于 0.1%～2%（系对种子罐内的培养基而言，下同）。从一级种子罐接入二级种子罐，接种量一般为 5%～20%，培养温度一般在 25～30℃。如菌种系细菌，则在 32～37℃培养。在罐内培养过程中，需要搅拌和通入无菌空气。控制罐温、罐压，并定时取样作无菌试验，观察菌丝形态，测定种子液中发酵单位和进行生化分析等，并观察有无杂菌情况。种子质量如合格方可移种到发酵罐中。

**4. 培养基的配制**

在抗生素发酵生产中，由于各菌种的生理生化特性不一样，采用的工艺不同，所需的培养基组成亦各异。即使同一菌种，在种子培养阶段和不同发酵时期，其营养要求也不完全一样。因此需根据其不同要求来选用培养基的成分与配比。其主要成分包括碳源、氮源、无机盐类（包括微量元素）和前体等。

（1）*碳源*　主要用以供给菌种生命活动所需的能量，构成菌体细胞及代谢产物。有的碳源还参与抗生素的生物合成，是培养基中的主要组成之一，常用碳源包括淀粉、葡萄糖和油脂类。对有的品种，为节约成本也可用玉米粉作碳源以代淀粉。使用葡萄糖时，在必要时采用流加培养工艺，以有利于提高产量。油脂类往往还兼用作消沫剂。个别抗生素发酵中也有用麦芽糖、乳糖或有机酸等作碳源的。

（2）*氮源*　主要用以构成菌体细胞物质（包括氨基酸、蛋白质、核酸）和含氮代谢物，亦包括用以生物合成含氮抗生素。氮源可分成两类：有机氮源和无机氮源。有机氮源包括黄豆饼粉、花生饼粉、棉籽饼粉（如果经精制以去除其中的棉酚后称 Phamamedia）、玉米浆、蛋白胨、尿素、酵母粉、鱼粉、蚕蛹粉和菌丝体等。无机氮源中包括氨水（氨水既作为氮源，也用以调节 pH）、硫酸铵、硝酸铵和磷酸氢二铵等。在含有机氮源的培养基中菌丝生长速度较快，菌丝量也较多。

（3）*无机盐和微量元素*　抗生素产生菌和其他微生物一样，在生长、繁殖和产生生物产品的过程中，需要某些无机盐类和微量元素，如硫、磷、镁、铁、钾、钠、锌、铜、钴、锰等，其浓度对菌种的生理活性有一定影响。因此，应选择合适的配比和浓度。此外，在发酵过程中可加入碳酸钙作为缓冲剂以调节 pH。

（4）*前体*　在抗生素生物合成中，菌体利用以构成抗生素分子中的一部分而其本身又没有显著改变的物质，称为前体（Precursor）。前体除直接参与抗生素生物合成外，在一定条件下还控制菌体合成抗生素的方向并增加抗生素的产量。如苯乙酸或苯乙酰胺可用作青霉素发酵的前体。丙醇或丙酸可作为红霉素发酵的前体。前体的加入量应当适度，如过量则往往有毒性，并增加了生产成本；如不足则发酵单位降低。

此外，有时还需要加入某种促进剂或抑制剂，如在四环素发酵中加入 M-促进剂和抑制剂溴化钠，以抑制金霉素的生物合成并增加四环素的产量。

(5) *培养基的质量* 培养基的质量应予严格控制，以保证发酵水平，可以通过化学分析，并在必要时作摇瓶试验予以控制。培养基的储存条件对培养基质量的影响应予注意。此外，如果在培养基灭菌过程中温度过高、受热时间过长亦能引起培养基成分的降解或变质。培养基在配制时调节 pH 亦要严格按规程执行。

**5. 发酵**

发酵的目的是使微生物大量分泌抗生素。在发酵开始前，有关设备和培养基也必须先经过灭菌后再接入种子。接种量一般为 10%或 10%以上，发酵期视抗生素品种和发酵工艺而定，在整个发酵过程中，需不断通无菌空气和搅拌，以维持一定罐压或溶氧，在罐的夹层或蛇管中需通冷却水以维持一定罐温。此外，还要加入消沫剂以控制泡沫，必要时还加入酸、碱以调节发酵液的 pH。对有的品种在发酵过程中还需加入葡萄糖、铵盐或前体，以促进抗生素的产生。对其中一些主要发酵参数可以用电脑进行反馈控制。在发酵期间每隔一定时间应取样进行生化分析、镜检和无菌试验。分析或控制的参数有菌丝形态和浓度、残糖量、氨基氮、抗生素含量、溶解氧、pH、通气量、搅拌转速和液面控制等。其中有些项目可以通过在线控制。

**6. 发酵液的过滤和预处理**

发酵液的过滤和预处理的目的不仅在于分离菌丝，还需将一些杂质除去。尽管对多数抗生素品种在生产过程中，当发酵结束时抗生素存在于发酵液中，但也有个别品种当发酵结束时抗生素大量残存在菌丝中，在此情况下，发酵液的预处理应当包括使抗生素从菌丝中析出，使其转入发酵液。

(1) *发酵液的预处理* 发酵液中的杂质如高价无机离子（$Ca^{2+}$、$Mg^{2+}$、$Fe^{3+}$）和蛋白质在离子交换的过程中对提炼影响甚大，不利于树脂对抗生素的吸附。如用溶媒萃取法提炼时，因蛋白质的存在会产生乳化，用溶媒萃取时和水相分层困难。对高价离子的去除，可采用草酸或磷酸。如加草酸则它与钙离子生成的草酸钙还能促使蛋白质凝固以提高发酵滤液的质量。如加磷酸（或磷酸盐)，则既能降低钙离子浓度，也易于去除镁离子：$Na_5P_3O_{10}+Mg^{2+}=\!=\!=MgNa_3P_3O_{10}+2Na^+$。如加黄血盐及硫酸锌，则前者有利于去除铁离子，后者有利于凝固蛋白质。此外，这二者还有协同作用。它们所产生的复盐对蛋白质有吸附作用：$2K_4Fe(CN)_6+3ZnSO_4\longrightarrow K_2Zn_3[Fe(CN)_6]_2\downarrow+3K_2SO_4$。

对于蛋白质，还可利用其在等电点时凝聚的特点而将其去除。蛋白质一般以胶体状态存在于发酵液中，胶体粒子的稳定性和其所带的电荷有关。蛋白质属于两性物质，在酸性溶液中带正电电荷，在碱性溶液中带负电荷，而在某一 pH 下，净电荷为零，溶解度最小，称为等电点；因其羧基的电离度比氨基大，故很多蛋白质的等电点在酸性（pH4.0～5.5）范围内。

某些对热稳定的抗生素发酵液还可用加热法，使蛋白质变性而降低其溶解度。蛋白质从有规律的排列变成不规则结构的过程称为变性。加热还能使发酵液黏度降低、加快滤速。例如，在链霉素生产中就可加入草酸或磷酸将发酵液调至 pH3.0 左右，加热至70℃，维持约半小时，以去除蛋白质，这样滤速可增大 10～100 倍，滤液黏度可降低至原来的 1/6。如抗生素对热不稳定，则不应采用此法。

为了更有效地去除发酵液中的蛋白质，还可以加入絮凝剂。它是一种能溶于水的高分子化合物，含有很多离子化基团，如—$NH_2$、—COOH、—OH 等。如上所述，胶体粒子的稳定性和它所带电荷有关。由于同性电荷间的静电斥力而使胶体粒子不发生凝聚。絮凝剂分子中电荷密度很高，它的加入使胶体溶液电荷性质改变从而使溶液中蛋白质絮凝。对絮凝剂的化学结构一般有下列几种要求：①其分子中必须有相当多的活性基团，能和悬浮颗粒表面相结合；②必须具有长链线性结构，但其相对分子质量（分子量）不能超过一定限度，以使其有较好的溶解度。

在发酵滤液中多数胶体粒子带负电荷，因而用阳离子絮凝剂功效较高。例如可用含有季铵的聚苯乙烯衍生物，分子量在 26000～55000 范围内。加入絮凝剂后析出的杂质再经过滤除去，以利于以后的提取。

（2）*发酵液的过滤*　发酵液为非牛顿型液体，很难过滤。过滤的难易与发酵培养基和工艺条件，以及是否染菌等因素有关。过滤如用板框压滤则劳动强度大，影响卫生，菌丝流入下水道时还影响污水处理。故以选用鼓式真空过滤机为宜，并在必要时在转鼓表层涂以助滤剂硅藻土。当转鼓旋转时，以刮刀将助滤剂连同菌体薄薄刮去一层，以使过滤面不断更新。

另一种设备是自动出渣离心机，但所排出的菌丝滤渣中尚含有较大量的发酵液，因此如要提高过滤收率，可将此滤渣以水洗后再次用同样型号离心机分离。第一次和第二次离心分离液体合并后进入下一工序。

还有一种设备称倾析器（Decanter）。它既可用于固、液相的分离，也可用于固相、有机溶媒相和水相三者的混合和分离，从而将过滤菌丝和溶媒萃取这两步合并在这一设备中完成。这就简化了发酵液后处理工艺，提高了收率，并缩短了生产周期，也节约了劳力、动力、厂房和成本。

**7. 抗生素的提取**

提取时目的是从发酵液中制取高纯度符合药典规定的抗生素成品。在发酵滤液中抗生素浓度很低，而杂质的浓度相对较高。杂质中有无机盐、残糖、脂肪、各种蛋白质及其降解物、色素、热原质或有毒物质等。此外，还可能有一些杂质，其性质和抗生素很相似，增加了提取和精制的困难。

由于多数抗生素不很稳定，且发酵液易被污染，故整个提取过程要求：①时间短；②温度低；③pH 宜选择对抗生素较稳定的范围；④勤清洗消毒（包括厂房、设备、管路，并注意消灭死角）。

常用的抗生素提取方法包括溶媒萃取法、离子交换法和沉淀法等。

（1）*溶媒萃取法*　这是利用抗生素在不同 pH 条件下以不同的化学状态（游离酸、碱或成盐）存在时，在水及与水互不相溶的溶媒中溶解度不同的特性，使抗生素从一种液相（如发酵滤液）转移到另一种液相（如有机溶媒）中去，以达到浓缩和提纯的目的。利用此原理就可借助调节 pH 的办法使抗生素从一种液相被提取到另一液相中去。所选用的溶媒与水应是互不相溶或仅很小部分互溶，同时所选溶媒在一定的 pH 下对于抗生素应有较大的溶解度和选择性，方能用较少量的溶媒使提取完全，并在一定程度上分离掉杂质。

目前一些重要的抗生素，如青霉素、红霉素和林可霉素等均采用此法进行提取。

(2) *离子交换法* 这是利用某些抗生素能解离为阳离子或阴离子的特性，使其与离子交换树脂进行交换，将抗生素吸附在树脂上，然后再以适当的条件将抗生素从树脂上洗脱下来，以达到浓缩和提纯的目的。应选用对抗生素有特殊选择性的树脂，使抗生素的纯度通过离子交换有较大的提高。由于此法成本低、设备简单、操作方便，已成为提取抗生素的重要方法之一，如链霉菌素、庆大霉素、卡那霉素、多黏菌素等均可采用离子交换法。

此法也有缺点，如生产周期长、对某些产品质量不够理想。此外，在生产过程中 pH 变化较大，故不适用于在 pH 大幅度变化时、稳定性较差的抗生素等。

(3) *其他提取方法* 由于近年来许多抗生素发酵单位已大幅度提高，提取方法亦相应适当简化。如直接沉淀法就是提取抗生素的方法中最简单的一种，四环类抗生素的提取即可用此法。发酵液在用草酸酸化后，加黄血盐、硫酸锌，过滤后得滤液，然后以脱色树脂脱色后，直接将其 pH 调至等电点后使其游离碱析出，必要时将此碱转化成盐酸盐。

#### 8. 抗生素的精制

这是抗生素生产的最后工序。对产品进行精制、烘干和包装的阶段要符合药品生产管理规范（GMP）的规定。例如其中规定产品质量检验应合格、技术文件应齐全、生产和检验人员应具有一定素质；设备材质不应能与药品起反应，并易清洗，空调应符合规定的级别要求，各项原始记录、批报和留样应妥为保存，对注射品应严格按无菌操作的要求等。

## 七、环境未培养微生物中新型抗生素的发掘

抗生素是微生物的次级代谢产物，筛选并表征微生物中的抗生素合成基因簇是解决致病菌抗生素耐药性的有效途径之一。自 20 世纪 70 年代以来，传统培养分离微生物并筛选抗生素的方法已很久未发现具有新化学结构的抗生素。

#### 1. 可培养微生物已难以发现新型抗生素

现有抗生素主要来源于可分离培养的细菌，其中一半以上的临床应用抗生素来源于放线菌门（Actinobacteria）、链霉菌属（*Streptomyces*）的微生物。目前放线菌门中的抗生素资源已被深度挖掘，所利用可培养微生物发酵筛选到的抗生素通常与已知活性的抗生素相同或相似，因此科研人员已难以从可培养微生物中筛选到新型抗生素。自 20 世纪 80 年代以来，已近 40 年没有具有新型结构或作用机制的新型抗生素上市。目前，耐药细菌对被化学结构修饰得到的抗菌药物敏感度不强，所以难以利用结构修饰从已知结构的抗生素中筛选到满足临床使用的新型抗生素。由于抗生素特别是源于放线菌中针对革兰氏阴性菌的抗生素被过度挖掘，同时难以从化合物库中筛选到新型抗菌物质，所以亟需发展其他新的抗生素发掘策略。

#### 2. 微生物组学在新型抗生素发掘中的应用

分子微生物学研究表明，环境中可能存在着数百万种微生物，但培养分离技术手段有限，因此大部分微生物是未培养的，这是难以从可培养微生物中筛选到新型抗生素的根本原因。各种环境中蕴藏的独特的、未挖掘的、多样性丰富的微生物及其天然产物，是新型

抗生素的潜在来源。抗生素作为微生物次级代谢产物，其合成受到环境等因素的严格调控，在一般环境中抗生素合成基因通常不表达或低表达，导致很难直接从环境微生物特别是未培养微生物中筛选到新型抗生素。因此，挖掘并表征环境未培养微生物中抗生素合成基因簇是发掘新型抗生素的重要途径。

随着高通量测序技术的发展，不依赖于培养的微生物组学技术，尤其是宏基因组学技术逐渐完善并被广泛应用。宏基因组学是以环境样品中的微生物群体基因组为研究对象，利用测序分析和功能基因筛选为研究手段，阐明微生物多样性、种群结构、进化关系、功能活性、相互协作关系及与环境之间的关系为研究目的的微生物学研究方法。通过宏基因组学研究，能够有效精准地鉴定出不同微生物群落结构和功能的差异，利用多个抗生素合成基因/元件/模块组合分析预测抗生素结构和功能的多样性和新颖性，有目的地筛选抗生素合成基因簇。此外，还可以通过对 Cosmid 等基因文库的筛选，获得抗生素合成基因簇，进而获得新型抗生素。

## 拓展知识

### 不要滥用抗生素

滥用抗生素的八大危害

**1. 滥用抗生素导致疾病**

抗生素本身也会导致疾病。是药三分毒，抗生素也不例外。研究表明，每种抗生素对人体均有不同程度的伤害，不少抗生素还可引起皮疹。

**2. 对细菌“敌我不分”**

人体内有许多有益的菌群，滥用抗生素除了会消灭有害菌群，同时还会消灭对人体有益菌群，导致体内菌群失衡，耐药细菌乘虚而入！

**3.“锻炼新敌人”**

许多抗生素已经杀不死一些“新生代”耐药病菌。1928 年，青霉素刚问世时，可谓所向披靡，对 90%的细菌都有杀灭效果，但如今几乎已接近失效，甚至出现一些以抗生素为食的“超级病菌”，因此人类不得不斥巨资研制新的抗生素！

**4. 毒副作用**

若擅自加大抗菌药物的药量，有很大概率会损伤神经系统、肾脏、血液循环系统！不合理使用抗生素经常会造成药物中毒，严重时造成人的死亡。

**5. 过敏反应**

发生药物过敏反应以抗生素为多，轻者增加痛苦，重则危及生命，滥用抗生素必然增加过敏反应。滥用抗生素引发的毒性反应更不可忽视，有些抗生素易引起耳鸣、耳聋，有些易损伤肝脏、肾脏等。有些人较长时间使用抗生素导致永久性耳聋，也有的对老年人和小儿造成肾衰。

**6. 二重感染**

如果长期或大量滥用抗生素，会使敏感的细菌生长繁殖受到抑制，而不敏感的细菌大量繁衍，产生新的感染，即双重感染。这在长期滥用抗生素的病人中多见。二重感染的细菌，全是耐药性的，因此治疗困难，病死率高。

**7. 耐药性**

滥用抗生素使病菌产生耐药性，形成耐药病菌。再发生这种疾病时，这种药物对其疗效就会大大降低。若重病来临，将无药可治！

**8. 降低免疫力**

长期使用抗生素，容易造成其他感染，尤其是老人、小孩、体弱多病者及孕妇和哺乳期妇女。因抗生素大多是经肝肾代谢，老人身体各脏器都有不同程度的功能降低，所以应注意这个问题；对药物的耐受力不是很好，且药物的毒副作用很大，对小孩的生长发育不好，体弱多病者和一些内科病患者也应注意，如脂肪肝患者不宜服用大量抗生素；至于孕妇和哺乳期妇女，更要注意，怀孕的前一个月和整个孕期包括哺乳期都不要随便用药，因为可导致孩子畸形和影响生长发育。

# 第二节　微生物药物

## 一、微生物药物的定义与分类

**1. 微生物药物的定义**

微生物药物（microbial medicine）是一类特异的天然有机化合物，包括微生物的次级代谢产物、初级代谢产物和微生物结构物质，还包括借助微生物转化（microbial transformation）产生的用化学方法难以全合成的药物或中间体。

**2. 微生物药物的分类**

按来源分为以下三类：

（1）*来源于微生物整体或部分实体的药物*　如菌苗、疫苗、类毒素、抗毒素、抗血清、诊断用液、血清、毒素、抗原以及诊断或治疗用抗体等，此类药物应用历史绵远，称为生物制品。

（2）*来源于微生物初级代谢产物的药物*　如构成微生物机体大分子骨架的氨基酸、核苷酸和辅酶、酶的辅基、维生素等非机体构成物以及与物质代谢、能量代谢有关的有机酸、醇类等，其中有一些用作医药。由于历史原因，此类药物在分类上早已划入化学药物或生化药物，现仍继续使用。

(3) *来源于微生物次级代谢产物的药物* 抗生素是最重要的一类来源于微生物次级代谢产物的药物，在控制感染、治疗癌症等方面发挥了重大作用。抗生素以外的来源于微生物次级代谢产物的药物，一般称为生理活性物质，包括酶抑制剂与诱导剂、免疫调节剂与细胞功能调节剂、受体拮抗剂与激动剂以及具有其他药理活性的物质。为了与抗生素相区分，1990 年美国科学家莫纳汉（Monaghan）等建议将上述物质统称为生物药物素，但至今尚未被普遍采纳。

## 二、常见的微生物发酵生物药物类型及功能

### 1. 以微生物菌体为药品

如帮助消化的酵母菌片和具有整肠作用的乳酸菌制剂等，还有近年来研究日益高涨的药用真菌。这些微生物都可以通过发酵培养的手段来生产出与天然产品具有同等疗效的产物。另外一些具有致病能力的微生物菌体，经发酵培养，再减毒或灭活后，可以制成用于自动免疫的生物制品。

### 2. 以微生物酶为药品

如用于抗癌的天冬酰胺酶和用于治疗血栓的纳豆激酶，溶解血栓和降黏抗凝的纤溶酶、溶菌酶、链激酶辅酶类药物（辅酶或辅基在酶促反应中起着递氢、递电子或基因转移作用，对酶催化作用的化学反应方式起决定作用。多种酶的辅酶或辅基成分具有医疗价值）。

### 3. 以菌体的代谢产物或代谢产物的衍生物作为药品

如初级代谢产物中的氨基酸、蛋白质、核酸、类脂、糖类以及维生素等，次级代谢产物中的抗生素、生物碱、细菌素等。

近年来，随着生物工程技术的发展，尤其是基因工程和细胞工程技术的发展，使得发酵制药所需的微生物菌种不仅仅局限在天然微生物范围内，已建立起了新型工程菌株，以生产天然菌株所不能产生或产量很低的生理活性物质，拓宽了微生物制药的研究范围。

### 4. 利用微生物酶特异性催化作用的转化获得药物

包括微生物菌体、蛋白质、多肽、氨基酸、抗生素、维生素、酶与辅酶、激素及生物制品等。如利用青霉素酰化酶生产半合成抗生素、用 $\beta$-酪氨酸酶生产多巴、用核苷磷酸化酶催化阿糖尿苷生成阿糖腺苷等。

## 三、典型发酵生物药物的生产工艺流程

核黄素，又称维生素 $B_2$，分子式 $C_{17}H_{20}O_6N_4$，分子量 376.36。系统命名为 7,8-二甲基-10-(1′-D-核糖基)-异咯嗪（图 5-2）。核黄素是一种黄色到橙黄色细针状晶体，微臭，微苦，是一个核糖醇侧链的异咯嗪衍生物。其在常温下稳定，在 278～282℃熔融并且分解（约在 240℃时变色），并且不受氧气影响。

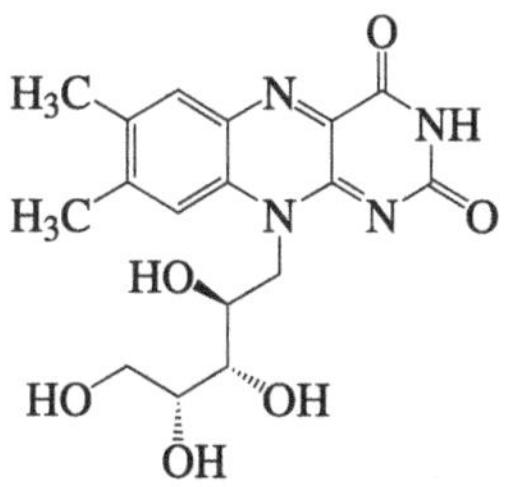

图 5-2 核黄素分子结构

核黄素微溶于水，在27.5℃下溶解度为12mg/100mL。核黄素水溶液呈黄色并有绿色荧光。核黄素稍溶于乙醇、环己醇、苯甲醇、乙酸，不溶于乙醚、氯仿、丙酮和苯，可溶于氯化钠溶液，易溶于稀氢氧化钠溶液，在碱性溶液中容易溶解，在强酸溶液中稳定。耐热、耐氧化，光照及紫外线照射引起不可逆的分解。

核黄素是机体必需微量营养素之一，具有广泛的生理功能，被世界卫生组织（WHO）列为评价人体生长发育和营养状况的六大指标之一。在生物体内，核黄素以黄素单核苷酸和黄素腺嘌呤二核苷酸的形式存在，直接参与碳水化合物、蛋白质、脂肪的生物氧化作用，在生物体内具有多种生理功能。因而核黄素在食品、饲料、医药工业等方面具有广泛的应用前景。

核黄素较早就实现了商业化生产。目前，国际生产核黄素的工艺方法主要有4种：植物抽提法、化学合成法、微生物发酵法以及半微生物发酵半化学合成法。其中，微生物发酵法是近年来发展起来的一种经济有效的方法，其生产核黄素具有设备简单、对环境无污染、成本低、生产周期短、产品纯度较高等优点，已经成为国内外工业生产核黄素的发展趋势。

#### 1. 核黄素微生物生产菌株

自然界中，可以代谢产生核黄素的微生物有很多，包括真菌（如酵母菌）、细菌等，而应用于核黄素工业生产的菌种非常少。在微生物发酵法中，要提高核黄素产量和经济效益的，优良的菌种是必要条件之一。常用的有棉病阿舒囊霉（*Ashbya gossypii*）、枯草芽孢杆菌（*Bcillus subtilis*）和阿舒假囊酵母（*Eremothecium ashbyii*）等（表5-2）

表5-2 核黄素工业生产中常用菌种

| 菌种名称 | 学名 | 分类地位 |
| --- | --- | --- |
| 阿舒假囊酵母 | *Eremothecium ashbyii* | 酵母 |
| 闪耀假丝酵母 | *Candida flareri* | 酵母 |
| 酿酒酵母 | *Saccharomyces cerevisiae* | 酵母 |
| 棉病阿舒囊霉 | *Ashbya gossypii* | 霉菌 |
| 枯草芽孢杆菌 | *Bcillus subtilis* | 细菌 |

#### 2. 核黄素发酵生产过程

微生物发酵法生产核黄素，采用三级发酵法。将在25℃培养成熟的核黄素产生菌的斜面孢子用无菌水制成孢子悬浮液，接种至种子培养基中，于30℃培养30～40h，并逐级扩大培养。然后扩大至一级种子罐于30℃培养20h，再接入二级种子罐，接种量为3%，于30℃搅拌通气培养20h。

再向第三级5$m^3$发酵罐中投入3000L培养液，灭菌后，按2%～3%接种量将上述种子培养液接入发酵罐，于30℃搅拌通风培养160h，中间补加一定量米糠油、骨胶及麦芽糖。

#### 3. 核黄素的提取

向上述发酵液中加入1.4倍核黄素质量的3-羟基-2-萘甲酸钠溶液，用2mol/L HCl调pH5.0～5.5，加适量黄血盐及$ZnSO_4$，于70～80℃加热10min，滤除沉淀，得3-羟基-2-

萘甲酸钠核黄素滤液。滤液用 2mol/L HCl 调 pH2.0～2.5，放置 8～12h，倾出上层清液，下层悬浮物压滤，得 3-羟基-2-萘甲酸核黄素沉淀。将沉淀用等量浓盐酸酸化，用 3000r/min 离心 10min 去除沉淀，上清液为核黄素溶液。沉淀为 3-羟基-2-萘甲酸，可循环使用。向上层液中加入一定量 $HNO_3$，于 60～70℃加热氧化 20min，得核黄素溶液，加入 5 倍体积蒸馏水及核黄素晶种，搅匀，5℃结晶过夜，次日滤出结晶，得核黄素粗品结晶。将核黄素粗品用适量蒸馏水溶解后，用 1mol/L NaOH 溶液调至 pH5.0～6.0，滤去沉淀，向滤液中加适量核黄素晶种煮沸，结晶过夜，次日滤取结晶，水洗 2 次，抽干，于 80℃烘干，过 80 目筛得核黄素成品。

**拓展知识**

### 酵母片是什么

酵母片是生活中常用的一类药品，主要有效成分是干酵母，是从啤酒酵母菌中干燥、提取而制成的，具有改善患者胃肠道功能的作用，并且富含维生素 B 族，可以用于维生素 B 族缺乏的患者。在临床上，酵母片主要用于营养不良、消化不良，以及维生素 B 族缺乏的患者。此药物一般来说用药安全性比较高，在推荐剂量下通常没有明显的副作用，但是也应该注意，如果过量使用也可能会导致患者出现腹泻等相关的胃肠道不适。除此之外还需要注意的是，此药物与碱性药物可能会有相互作用，应该避免同时使用。

# 第三节　基因工程菌发酵药物

近年来，重组 DNA 技术（基因工程技术）已开始由实验室走向工业化生产，走向实用。它不仅为我们提供了一种极为有效的菌种改良技术和手段，也为攻克医学上疑难杂症——癌、遗传病和艾滋病提供了可能；为农业第三次革命提供了基础；为深入探索生命奥秘提供了有力手段。现在由微生物基因工程菌产生的珍稀药物，如胰岛素、干扰素、人生长激素、乙肝表面抗原等已先后面市。基因工程不仅保证了这些药物来源，而且使成本大大下降，现已有近 40 种基因工程药物投放市场。我国于 1989 年研制出了第一个拥有自主知识产权的重组干扰素 $\alpha$-1b，至今已有 20 多个品种获准上市，其质量与进口同类品相当，而价格却仅为进口药的 1/3 左右。随着我国生物技术的迅速发展，国产基因工程药物价格不断降低，必将进一步促进基因工程药物的临床应用。基因工程药物在糖尿病、心血管疾病、病毒感染性疾病、类风湿性关节炎、创面修复和抗肿瘤等方面具有广泛的应用前景。

## 一、基因工程菌的来源

### 1. 基因工程和基因工程药物

基因工程（genetic engineering）是在分子水平上对基因进行操作的复杂技术，是将目的基因和载体在体外进行剪切、组合和拼接，然后通过载体转入受体细胞（微生物、植物或植物细胞、动物或动物细胞），使目的基因在细胞中表达，产生出人类所需要的产物或组建成新的生物类型。自20世纪70年代基因工程诞生以来，最先应用且目前最为活跃的是在医药领域，尤其在新药的研究、开发和生产中得到日益广泛的应用。

基因工程药物（genetically engineered drugs）是先确定对某种疾病有预防和治疗作用的蛋白质，然后将控制该蛋白质合成过程的基因取出来，经过一系列基因操作，最后将该基因放入可以大量生产的受体细胞中去，在受体细胞不断繁殖的过程中，大规模生产具有预防和治疗这些疾病的药用蛋白质，如胰岛素、干扰素、生长激素等（表5-3）。

**表5-3 常见的基因工程药物及功能**

| 名称 | 简写 | 作用 |
|---|---|---|
| 干扰素 | IFN | 抗病毒、抗肿瘤、免疫调节 |
| 细胞介素 | IL | 免疫调节、促进造血 |
| 集落刺激因子 | CSF | 刺激造血 |
| 红细胞生成素 | EPO | 促进红细胞生成、治疗贫血 |
| 肿瘤坏死因子 | TNF | 杀死肿瘤细胞、免疫调节、参与炎症和全身性反应 |
| 表皮生长因子 | EGF | 促进细胞分裂、创伤愈合、胃肠道溃疡防治 |
| 神经生长因子 | NGF | 促进神经纤维再生 |
| 骨形态发生蛋白 | BMP | 骨缺损修复、促进骨折愈合 |
| 组织纤溶酶激活剂 | t-PA | 溶解血栓、治疗血栓疾病 |
| 血凝因子Ⅷ、Ⅸ | | 治疗血友病 |
| 生长激素 | GH | 治疗侏儒症 |
| 胰岛素 | | 治疗糖尿病 |
| 超氧化物歧化酶 | SOD | 清除自由基、抗组织损伤、抗衰老 |

**2. 基因工程菌应具备条件**

适合制备工程菌发酵药物的微生物菌株应具备以下特征：①为分泌型菌株，其发酵产品具有高浓度、高转化率和高产率特征；②菌株能利用常用碳源，并可进行连续发酵；③菌株不是致病株，也不产生内毒素；④代谢控制容易进行；⑤能进行适当DNA重组，并且稳定，重组DNA不易脱落。

**3. 常见的基因工程菌**

基因工程菌可分为两类：一类是原核微生物，目前常用的有大肠杆菌、枯草芽孢杆菌、链霉菌等；另一类是真核微生物，常用的有酵母、丝状真菌等。

（1）大肠杆菌　大肠杆菌表达基因工程产物的形式多种多样：细胞不溶性表达（包含体）、细胞内可溶性表达、细胞周质表达等，极少数情况下还可分泌到细胞外表达。不同的表达形式具有不同的表达水平，且杂质的含量和种类也会变化。

大肠杆菌中表达的特点：①不存在信号肽，产品多为胞内产物；②分泌能力不足，真核蛋白质常形成不溶性的包含体，产物须在下游处理过程中经过变性和复性处理才能恢复其生物活性；③不存在翻译后修饰作用；④翻译通常从甲硫氨酸的AUG密码子开始，故目的蛋白质的N端常多余一个甲硫氨酸残基，容易引起免疫反应；⑤产生的内毒素难以除去；⑥产生的蛋白质酶会破坏蛋白质。

（2）枯草芽孢杆菌　枯草芽孢杆菌分泌能力强，可以将蛋白质产物直接分泌到培养液中，不形成包含体。该菌也不能使蛋白质产物糖基化，另外由于它有很强的胞外蛋白酶，会对产物进行不同程度的降解，因此在外源基因克隆表达的应用中受到影响。

（3）链霉菌　链霉菌其是重要的工业微生物，近年来作为外源基因表达体系正日益受到人们的重视。其主要特点是不致病、使用安全、分泌能力强，可将表达产物直接分泌到培养液中，具有糖基化能力。变铅青链霉菌限制修饰能力弱，可以作为理想的受体菌，现已构建了一系列有效载体，下游培养工艺也已经成熟。

（4）酵母　酵母是研究基因表达调控最有效的单细胞真核生物。其特点是：①真核生物细胞，故有后翻译过程；②基因组小，仅为大肠杆菌的 4 倍；③世代时间短，有单倍体和双倍体两种形式；④基因操作与原核生物相似；⑤可以建立有分泌功能的表达系统，将产物分泌出胞外，分离纯化工艺相对简单。

在各种酵母中以酿酒酵母的应用历史最为悠久，研究资料也最丰富。

（5）丝状真菌　近年来，已在约 30 种以上的丝状真菌中建立了 DNA 转化系统，其特点是：有很强的蛋白分泌能力；能正确进行翻译后加工，包括肽剪切和糖基化等，而且其糖基化方式与高等真核生物相似；丝状真菌（如曲霉等）等又确认是安全菌株，有成熟的发酵和后处理工艺。

虽然各种微生物从理论上来说都可以用于基因表达，但由于克隆载体、DNA 导入方法以及遗传背景等方面的限制，目前使用最广泛的宿主菌还是大肠杆菌和酵母。一方面它们的遗传背景研究得比较清楚，建立了许多适合它们的克隆载体和 DNA 导入方法，另一方面许多外源基因在这两种宿主菌中表达成功，积累了许多实际操作经验

## 二、基因工程菌的培养

良好的发酵工艺对表达外源蛋白至关重要，直接影响到产品的质量和生产成本，决定着产品在市场上的竞争力。由于细胞生长和异源基因表达之间有着较大的差异，各培养参数在全过程中必须分段控制。在不同的发酵条件下，工程菌的代谢条件不一样，因而对下游的纯化工艺会造成不同的影响，要尽量建立有利于纯化的发酵工艺，以提高产品的纯度及改善其性质。

### 1. 培养方式

（1）分批培养　指在发酵过程中，除了不断进行通气（好氧发酵）和为调节发酵液的 pH 而加入酸碱溶液外，与外界没有其他物料交换的一种发酵方式。培养基的量一次性加入，产品一次性收获，是目前广泛采用的一种发酵方式。

分批培养的优点是：①对温度的要求低，工艺操作简单；②比较容易解决杂菌污染和菌种退化等问题；③对营养物的利用效率较高，产物浓度也比连续发酵高。缺点是：①人力、物力、动力消耗较大；②生产周期较长，由于分批发酵时菌体有一定的生长规律，都要经历延滞期、对数生长期、稳定期和衰亡期，而且每批发酵都要经菌种扩大发酵、设备冲洗、灭菌等阶段；③生产效率低，生产上常以体积生产率（以每小时每升发酵物中代谢产物的克数来表示）来计算效率，在分批培养过程中，必须计算全过程的生产率，即时间

不仅包括发酵时间，而且也包括放料、洗罐、加料、灭菌等时间。

（2）补料分批培养　是指将种子接入发酵罐进行培养，经过一段时间后，间歇或者连续补加新鲜培养基，使菌体进一步生长的培养方法，其优点是：通过溶氧控制和流加补料相结合（DO-Stat，balanced DO-Stat），控制菌体比生长速率等方法，能够较好地维持基因工程菌生长所需的良好环境，延长对其对数生长期，获得高密度菌体。

（3）连续培养　指种子液接入发酵反应器中，搅拌培养至菌体浓度达一定程度以后，开动进料和出料蠕动泵，以一定稀释率进行不间断的培养。其优点是：连续培养可以为微生物提供恒定的生活环境，控制其生长速率，为研究基因工程菌的发酵动力学、生理生化特性、环境因素对基因标的的影响等创造了良好的条件。缺陷是：基因工程菌不稳定。连续培养困难可通过两阶段连续培养法，即工程菌的生长阶段与基因表达阶段分开的方法加以解决。

**2. 培养工艺**

就生产流程而言，从发酵到分离、纯化目标产物，工程菌和常规微生物并无太多差异。但工程菌在保存过程中及发酵生产过程中表现出的不稳定性，以及安全性等问题，使得工程菌培养有着自身的特点。

实践表明，基因工程细胞工业化培养中，产物产率往往比实验室培养规模低，其原因主要与基因工程细胞特点有关。首先，基因工程细胞生长速率及表达率与其所载外源DNA稳定性及产物分泌过程有关，其中重组DNA稳定性尤为重要。重组DNA在宿主内的表达方式有两种，一是游离表达方式，二是结合表达方式。因此，基因工程细胞培养过程中重组DNA丢失方式亦有两种，其一是细胞培养过程，由于回复突变或分配作用致使DNA丢失，称为脱落性不稳定，其二是重组DNA中编码结构基因在宿主内发生再重组过程中产生突变，不再表达目产物，称为结构性不稳定。其次，为提高基因工程细胞表达效率，需采取适当措施，提高重组DNA在宿主细胞内拷贝数及促进表达产物自细胞内向细胞外分泌。此外，基因工程细胞原宿主通常是某些培养物质（如某种氨基酸或维生素等）缺陷型，有些基因工程细胞生产过程亦产生某些抑制细胞生长的代谢物。由此，在培养工程中应考虑控制培养液营养成分及其浓度，同时采取措施，消除抑制细胞生长的代谢物，以保证细胞正常生长。由此可见，在基因工程细胞培养过程，除一般培养条件外，必须考虑基因工程细胞的自身特点，确定最佳培养条件。

（1）培养基　培养基的组成既要提高工程菌的生长速率，又要保持工程菌的稳定性，使外源基因高效表达。常用的碳源有葡萄糖、甘油、乳糖、甘露糖、果糖等。常用的氮源有酵母提取液、蛋白胨、酪蛋白水解物、玉米浆、氨水、硫酸铵、氯化铵等。还有无机盐、维生素等。

不同的碳源对菌体的生长和外源基因表达有较大的影响。使用葡萄糖和甘油作为碳源对菌体比生长速率及呼吸强度的影响相差不大。但使用甘油菌体得率较大，而使用葡萄糖菌体产生的副产品较多。葡萄糖对*lac*启动子有阻遏作用。乳糖对*lac*启动子有利。

在氮源中，酪蛋白水解物有利于产物的合成与分泌。色氨酸对*trp*启动子控制的基因有影响。

无机磷在许多代谢反应中是一个效应因子，磷浓度影响菌体生长。

（2）接种量　接种量是指移入的种子液体积和培养液体积的比例。接种量的大小影响发酵的产量和发酵周期，接种量小，菌体延迟期较长，使菌龄老化，不利于外源基因表达；接种量大，可缩短生长延迟期，菌体迅速繁衍，很快进入对数生长期，适于表达外源基因；但接种量过高，使菌体生长过快，代谢物积累过多，反而会抑制后期菌体的生长。

（3）温度　温度对基因表达的调控作用发生在复制、转录、翻译和小分子调节分子的合成等水平上，温度对发酵过程的影响是多方面的。它影响各种酶的反应速度，改变菌体代谢产物的反应方向，影响代谢调控机制。适宜的发酵温度是既适合菌体的生长，又适合代谢产物合成的温度。高温或低温都会使发酵异常，影响终产物的形成并导致减产，温度还影响蛋白质的活性和包含体的形成。

（4）溶解氧　对于好氧发酵，溶解氧浓度是重要的参数，好氧微生物利用溶解于培养液中的氧气进行呼吸，若能提高溶氧速度和氧的利用率，则能提高发酵产率。发酵时，随 $DO_2$ 浓度的下降，细胞生长减慢，*ST* 值下降，发酵后期下降幅度更大；外源基因的高效表达需要大量的能量，促进细胞的呼吸作用，提高对氧的需求。维持较高的 $DO_2$ 值，才能提高工程菌的生长，利于外源蛋白产物的形成。具体可采用调节搅拌转速的方法，可改变培养过程中的氧供给，提高活菌产量。

（5）pH　pH 对细胞的正常生长和外源蛋白的高效表达都有影响，所以应根据工程菌的生长和代谢情况，对 pH 进行适当的调节。如采取两段培养工艺，培养前期的重点是优化工程菌的生长条件，其最佳 pH 在 6.8～7.4；培养后期的重点是优化外源蛋白的表达条件，其最佳 pH 为 6.0～6.5。

总之，基因工程菌发酵生产生物药物的最佳工艺是：最快周期、最高产量、最好质量、最低消耗、最大安全性、最周全的废物处理效果、最佳速度和最低失败率等，工艺的最优化需要对不同的菌种做大量实验，取得重复性好的准确数据后，模拟发酵代谢曲线，预测放大值。只有对菌种生物特性和发酵工艺了如指掌，最佳工艺条件设计才更合理。

### 3. 培养设备

生物药品生产已进入生物技术时代，人们越来越多地应用发酵罐来大规模培养基因工程菌。为了防止基因工程菌丢失携带的质粒，保持其遗传特性，对发酵罐的要求十分严格。由于生化工程学和计算机技术的发展，新型自动化发酵罐完全能够满足安全可靠地培养基因工程菌的要求。

常规微生物发酵设备可直接用于基因工程菌的培养。但是微生物发酵和基因工程菌发酵有所不同。微生物发酵主要收获的是其初级或次级代谢产物，细胞生长并非主要目标，而基因工程菌发酵是为了获得最大量的外源基因表达产物。由于这类物质是相对独立于细胞染色体之外的重组质粒上的外源基因所合成的、细胞并不需要的蛋白质，培养设备和控制条件应满足获得高浓度的受体细胞和高表达的基因产物。

发酵罐组成部分有发酵罐体、保证高传质作用的搅拌器、精细的温度控制和灭菌系统、空气无菌过滤装置、残留气体处理装置、参数测量与控制系统（如 pH、$O_2$、$CO_2$ 等）以及培养液配制和连续操作装置等（图 5-3）。基因工程菌在发酵培养过程中要求环境条件恒定，不影响其遗传特性。

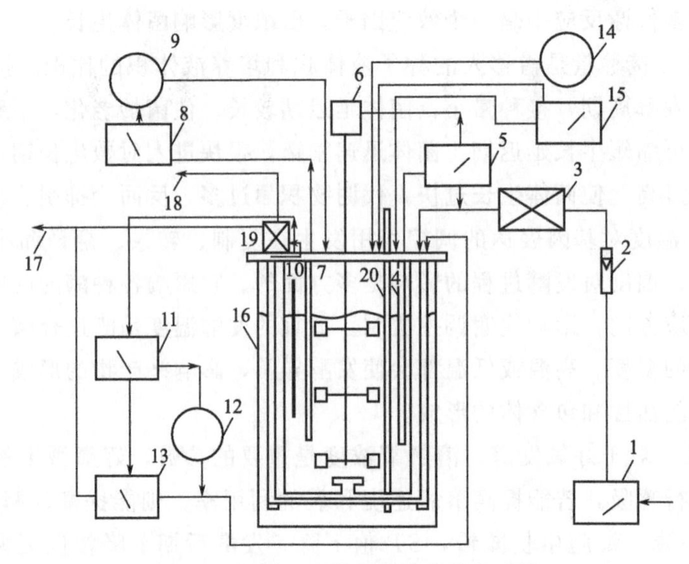


图 5-3　基因工程菌发酵药物的发酵罐

1—去水去油空压机系统；2—转子流量计；3—空气过滤系统；4—溶解氧电极；5—溶解氧控制系统；6—搅拌转速器；7—pH 电极；8—pH 控制系统；9—酸碱补加装置；10—热敏电极；11—温度控制系统；12—加热器；13—冷冻水浴系统；14—消沫装置；15—培养基流加装置；16—培养罐体；17—冷却水排出；18—排气；19—排气冷凝器；20—取样管

（摘自夏焕章《生物技术制药》，第三版，2016 年，高等教育出版社）

## 三、基因工程菌药物生产实例

### 1. 人胰岛素

胰岛素是由胰脏内的胰岛 $\beta$ 细胞受内源性或外源性物质如葡萄糖、乳糖、核糖、精氨酸、胰高血糖素等的刺激而分泌的一种蛋白质激素，其分子量为 5734，含有 51 个氨基酸构成的两个多肽链，即含 21 个氨基酸的 A 链和含 30 个氨基酸的 B 链，两个肽链由两个二硫键所连接，而且在 A 链内有链内二硫键把第 6 位及第 11 位氨基酸连接起来（图 5-4）。胰岛素是机体内唯一降低血糖的激素，同时促进糖原、脂肪、蛋白质合成。人胰岛素是利用基因重组技术生产出来的，与天然胰岛素有相同的结构和功能，可调节糖代谢，促进肝脏、骨骼和脂肪组织对葡萄糖的摄取和利用，促进葡萄糖转变为糖原储存于肌肉和肝脏内，并抑制糖原异生，主要用来治疗糖尿病。

人胰岛素是基因工程药物最重要的代表。现在利用基因工程技术，可以让微生物发酵产生胰岛素，其基本原理是先将人胰岛素基因从人的染色体上分离出来，插入从细菌细胞中提取出来的质粒中，再将这个合并起来的、带有胰岛素基因的质粒，转移入大肠杆菌的细胞中，随后该胰岛素基因会指导大肠杆菌细胞产生胰岛素，人类即可将这些胰岛素提取并收集出来，用于治疗糖尿病病人。其具体生产工艺如下。

（1）提取目的基因　即从人的 DNA 中提取胰岛素基因，可使用限制性内切酶将目的基因从原 DNA 中分离。

（2）提取质粒　使用细胞工程培养大肠杆菌，从大肠杆菌的细胞质中提取质粒，质

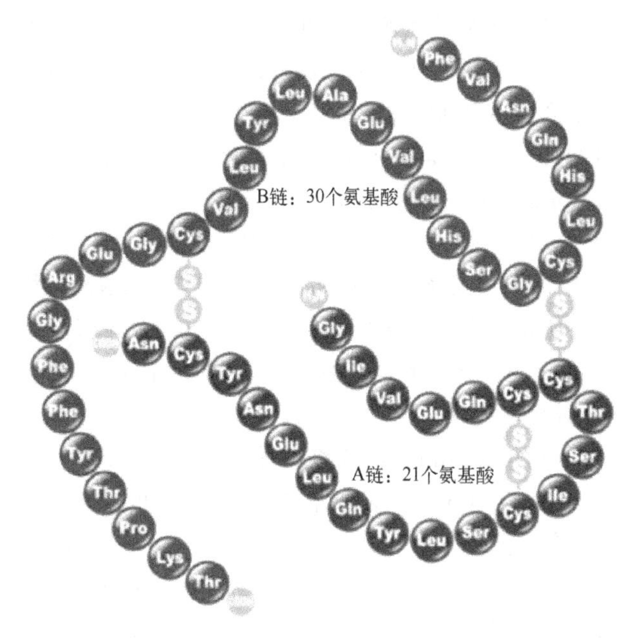


图 5-4　人胰岛素结构

粒为环状。

（3）基因重组　取出目的基因与质粒，先利用同种限制性内切酶将质粒切开，再使用 DNA 连接酶将目的基因与质粒“缝合”，形成一个能表达出胰岛素的 DNA 质粒。

（4）将质粒送回大肠杆菌　在大肠杆菌培养液中加入含有 $Ca^{2+}$ 的物质，如 $CaCl_2$，这使细胞会吸收外源基因。此时将重组的质粒也放入培养液中，大肠杆菌便会将重组质粒吸收。

（5）胰岛素的产生　在大肠杆菌内，质粒通过表达转录与翻译后，便产生出胰岛素。通过大肠杆菌的大量生长繁衍，便可大量生产出胰岛素。

**2. 重组人干扰素 α2b 蛋白的生产**

干扰素用于治疗肝炎等病毒感染性疾病，有良好疗效。1L 发酵液中所得的干扰素相当于过去从 1000L 人血中所得，生产成本也大为降低。目前用基因工程生产的蛋白质药物已达数十种，许多以前本不可能大量生产的生长因子、凝血因子等蛋白质药物，现在用微生物发酵生产的方法便可能大量生产。

（1）总体工艺流程　重组人干扰素 α2b 蛋白的生产总体工艺流程如图 5-5 所示。

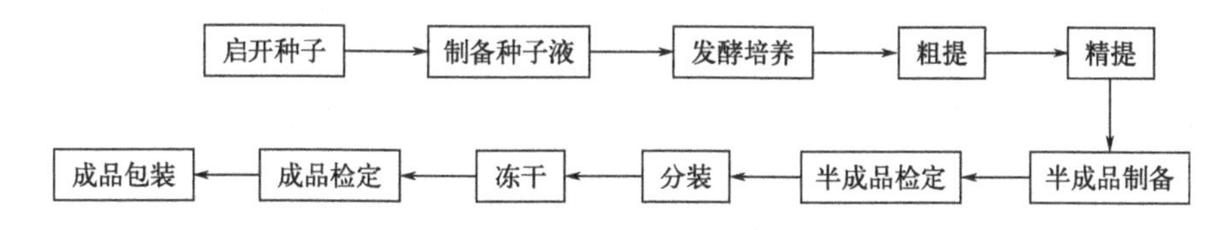


图 5-5　重组人干扰素 α2b 蛋白的生产总体流程

（摘自夏焕章《生物技术制药》，第三版，2016 年，高等教育出版社）

（2）发酵生产工艺　发酵人干扰素 α2b 基因工程菌为 SW-IFNa-2b/*E. coli* DH5a，质粒用 PL 启动子，含氨苄青霉素抗性基因。种子培养基含蛋白胨 1%、酵母抽提粉

0.5%、NaCl 0.5%。分别接种人干扰素α2b基因工程菌到4个装有250mL种子培养基的1000mL三角瓶中，30℃摇床培养10h，作为发酵罐种子使用。用装有10L发酵液的15L发酵罐进行发酵。发酵培养基组成：蛋白胨1%、酵母抽提粉0.5%、$NH_4Cl$ 0.01%、NaCl 0.05%、$Na_2HPO_4$0.6%、CaCl 0.001%、$KH_2PO_4$0.3%、$MgSO_2$ 0.01%、葡萄糖0.4%、氨苄青霉素50mg/mL、少量防泡剂等，pH6.8，搅拌转速500r/min，通气量为1∶1（每分钟的体积比），溶氧为50%；30℃发酵8h，然后在42℃诱导2～3h即可完成发酵。同时每隔不同时间取2mL发酵液，10000r/min离心除去上清液，称量菌体湿重。

（3）*产物的提取与纯化*　发酵完毕冷却后进行4000r/min离心30min，除去上清液，得湿菌体1000g左右。取100g湿菌体重新悬浮于500mL pH7.0的20mmol/L磷酸缓冲液中，于冰浴条件下进行超声破碎。然后4000r/min离心30min。取沉淀部分，用100mL 8mol/L尿素溶液、pH7.0的20mmol/L磷酸缓冲液、0.5mmol/L二巯基苏糖醇室温搅拌抽提2h，15000r/min离心30min。取上清液，用同样的缓冲液稀释至尿素浓度为0.5mol/L，加二巯基苏糖醇至0.1mmol/L，4℃搅拌15h，15000r/min离心30min除去不溶物。上清液经分子量为10000的中空纤维超滤器浓缩，将浓缩的人干扰素α2b溶液经过Sephadex G-50分离，层析柱2cm×100cm，先用20mmol/L磷酸缓冲液（pH7.0）平衡，上柱后用同一缓冲液洗脱分离，收集人干扰素α2b部分，经SDS-PACE检查。将SephadexG-50柱分离的人干扰素α2b组分，再经DE-52柱（2cm×50cm）纯化人干扰素α2b组分，上柱后用含0.05、0.1、0.15mol/LNaCl的20mmol/L磷酸缓冲液（pH7.0）分别洗涤，收集含人干扰素α2b的洗脱液。全过程蛋白质回收率为20%～25%，产品中的杂蛋白质、DNA及热原物质含量应检测合格。

## 拓展知识

### 胰岛素的发现和重组人α干扰素的作用

**1. 胰岛素的发现**

1921年8月1日，加拿大小镇医生班廷和他的学生贝斯特，给一只编号为406的狗，注射了8mL从胰腺中制备的提取物。1h后，此前已处于昏迷状态、看上去奄奄一息的406站了起来并能在地上行走。406是他们仅剩的一只实验用狗，虽然几小时后还是死亡了，但这种提取物被证明有效，最终被命名为胰岛素。

1922年1月23日上午11点，苏格兰医生约翰·麦克劳德给14岁糖尿病男孩汤普森注射了5mL由科利普纯化的抽提液，下午5点又注射了20mL，第二天又注射了两次，每次10mL。奇迹般的结果很快出现了：整个疗程进行了一个多月后，医学史上首个糖尿病人的胰岛素疗法临床试验正式宣告成功。

1923年，班廷和麦克劳德因发现胰岛素，共同获得了当年的诺贝尔生理学或医学奖。当时年仅32岁的班廷也成为历史上最年轻的诺贝尔生理学或医学奖得主。

**2. 重组人α干扰素的作用**

干扰素是机体免疫细胞产生的一种细胞因子，是机体受到病毒感染时，免疫细胞通过免疫应答而产生的一组结构类似、功能接近的低分子糖蛋白。干扰素在机体的免疫系统中发挥着重要作用。干扰素有很多亚型，其中最大的一类亚型是 α 干扰素。α 干扰素主要具有广谱抗病毒、免疫调节、抗肿瘤作用。

α 干扰素又根据其结构不同再分为 α1b、α2a、α2b 等亚型，其区别表现为个别氨基酸的差异，如人干扰素 α2a 的第 23 位氨基酸为赖氨酸残基、α2b 的第 23 位为精氨酸残基。

重组人 α 干扰素，是从人白细胞中克隆出 α 干扰素编码基因，通过基因工程技术，将其转化至外源微生物基因中，进而通过发酵方法规模化生产的人 α 干扰素。与天然 α 干扰素相比，其纯度更高、副作用较低、疗效更确切。重组人 α 干扰素亚型较多，其中 α2b 是一种常用的亚型，临床上广泛用于治疗急慢性病毒性肝炎、带状疱疹、尖锐湿疣等病毒性疾病以及毛状细胞白血病、多发性骨髓瘤、恶性黑色素瘤等肿瘤疾病。

## 参考文献

[1]　杜瑞，王梦歌，彭金金，等. 环境未培养微生物中新型抗生素的发掘研究进展 [J]. 生物加工过程，2022，20（2）：172-181.

[2]　段晓丹. 滥用抗生素的危害及科学使用抗生素 [J]. 当代医学，2012，18（24）：19-20.

[3]　葛驰宇，肖怀秋. 生物制药工艺学 [M]. 北京：化学工业出版社，2019.

[4]　顾觉奋. 微生物制药 [M]. 上海：上海科学技术出版社，2023.

[5]　巩建. 发酵制药技术 [M]. 北京：化学工业出版社，2021.

[6]　李玲玲. 微生物制药 [M]. 北京：化学工业出版社，2015.

[7]　李元. 基因工程药物 [M]. 2 版. 北京：化学工业出版社，2007.

[8]　盛贻林. 微生物发酵制药技术 [M]. 北京：中国农业大学出版社，2008.

[9]　王以光. 抗生素生物技术 [M]. 北京：化学工业出版社，2009.

[10]　王依琳，张蕊，张强英，等. 污水中抗生素的分布、来源及去除研究进展 [J]. 再生资源与循环经济，2022，15（3）：36-41.

[11]　吴剑波. 微生物制药 [M]. 北京：化学工业出版社，2002.

[12]　吴秀玲，李公斌. 微生物制药技术 [M]. 北京：中国轻工业出版社，2020.

[13]　夏焕章. 生物技术制药. 3 版. 北京：高等教育出版社，2016.

[14]　曾青兰. 生物制药技术 [M]. 北京：化学工业出版社，2013.

[15]　张致平. 微生物药物学 [M]. 北京：化学工业出版社，2003.

# 第六章

# 发酵技术与农业

## 第一节　生物农药

### 一、生物农药的定义和范畴

生物农药（biological pesticides 或 biopesticides）是相对化学农药而言的，在农药登记管理中享有资料减免、流程缩减和优先审批等利好政策，是现代农业和农药产业发展的优先方向。中国暂未制定有关生物农药的明确定义标准，但在 2017 年农业农村部公告第 2569 号《农药登记资料要求》中对化学农药外的生物化学农药、植物源农药和微生物农药分别进行了定义。其中，微生物农药是指以细菌、真菌、病毒和原生动物或基因修饰的微生物等活体为有效成分的农药，植物源农药是指有效成分直接来源于植物体的农药。而生物化学农药则是指同时满足下列 2 个条件的农药：①对防治对象没有直接毒性，只有调节生长、干扰交配或引诱等特殊作用；②必须是天然化合物，如果是人工合成的，其结构应与天然化合物相同（允许异构体比例的差异）。该定义将人工合成的化合物结构与天然化合物结构的一致性由“必须”修改为“应（当）”，给生物化学农药的判定提供了“个案考虑”的空间。与天然昆虫保幼激素 JH-3 的结构高度类似、功能完全一致的 S-烯虫酯也因此被重新认定为生物化学农药。

在实际登记管理中，参考 FAO/WHO、美国和欧盟等国际组织和国家地区的相关规范标准，转基因生物和天敌生物等也被视作生物农药，相关产品的登记资料、流程和费用享有减免或优惠的政策。通过基因修饰的微生物一般被列为微生物农药进行管理，通过基因修饰的农作物则由农业农村部科技教育司归口管理。根据农业农村部 2020 年对十三届全国人大三次会议第 4948 号建议的答复，中国已批准了转基因抗虫棉、抗病番木瓜、抗虫水稻、转植酸酶玉米、抗虫耐除草剂玉米、耐除草剂大豆、耐除草剂玉米等的生产应用安全证书，其中涉及的基因主要有转植酸酶基因（*phy*）、转苏云金芽孢杆菌杀虫晶体蛋白基因（Bt，包括 cry1A、cry1Ac、cry1Ab/cry1Ac 等）、转豇豆胰蛋白酶抑制剂基因（CpTI），以及双价转基因 Bt/CpTI 等。然而，目前国内商业化种植的仅有转基因抗虫棉和抗病番木瓜，进口的转基因农作物也不允许在国内种植。在 2008 年实施的《农药登记管理术语标准》行业标准中，由微生物发酵产生的具有农药功能的次生代谢物，即农用抗生素，也被列入生物农药的范畴。虽然农业农村部在2020年的《我国生物农药登记有效成分清单》征求意见稿中并未将转基因生物、天敌生物和农用抗生素列入管理的范畴，但本书还是从广义的角度将其作为生物农药进行介绍。

## 二、生物农药的品种及分类

作为生物农药研究和应用最重要的国家之一，中国已有百余种生物农药得以登记和商业化开发。据不完全统计，截至2021年7月1日，在农业农村部农药检定所登记的生物农药（有效期内含生物农药组分的原药和制剂）数量约4700个左右，约为农药总登记数的1/10、化学农药登记数的1/9。其中，以阿维菌素或甲维盐为主的农用抗生素占大多数，生物化学农药、微生物农药和植物源农药次之，天敌生物农药仅有2个有效登记。在中国登记的生物农药及其子类的制剂产品的占比也与之相似。而从用途类别占比来看，用作植物生长调节剂的生物农药最多，接下来依次为杀虫剂、杀菌剂和卫生杀虫剂，暂无有效的生物除草剂登记。对于登记的生物农药品种，从品类的数量上来看，生物化学农药最多，微生物农药、植物源农药、农用抗生素和天敌生物依次递减；从用途类别上来看，杀虫剂、杀菌剂和植物生长调节剂的登记数量最多，而除草剂为0。值得注意的是，植物源农药、农用抗生素和天敌生物都有1/3以上的品种过期未续。

### 1. 微生物农药

（1）*微生物农药的定义*　微生物农药是将工业化大量繁殖的有害生物的病原微生物活体加以利用的农药，主要有单细胞的细菌和原生动物，真菌的霉菌和卵菌，以及无细胞结构的病毒等，包括各微生物活体原型及其基因修饰体。由于通过共生菌繁殖对靶标害虫起作用，昆虫病原线虫也多被归为微生物农药。中国微生物源农药品种及其生物学分类见表6-1。

**表6-1　中国微生物源农药品种及其分类**

| 微生物类型 | 类别 | 农药品种 |
| --- | --- | --- |
| 病毒 | 核型多角体病毒(NPV) | 草原毛虫NPV、茶尺蠖NPV、甘蓝夜蛾NPV、甜菜夜蛾NPV、斜纹夜蛾NPV、苜蓿银纹夜蛾NPV、黏虫NPV、油桐尺蠖NPV、茶毛虫NPV、稻纵卷叶螟NPV、美国白蛾NPV、棉铃虫NPV及其基因工程株3号 |
| | 质型多角体病毒(CPV) | 松毛虫CPV |
| | 颗粒体病毒(GV) | 小菜蛾GV、菜青虫GV、稻纵卷叶螟GV、美国黏虫GV、苹果蠹蛾GV、苹小卷蛾GV |
| | 浓核病毒(DNV) | 黑胸大蠊DNV |
| | 细菌病毒 | 肠炎沙门氏菌阴性赖氨酸丹尼氏变体6a噬菌体 |
| 细菌 | 芽孢杆菌属 | 芽孢杆菌广谱增产菌、枯草芽孢杆菌、苏云金杆菌(库斯塔克亚种HD-1、以色列亚种H-14、HAN055亚种和基因修饰的G033A)、蜡质芽孢杆菌、海洋芽孢杆菌、球形芽孢杆菌(H5a5b和2362菌株)、甲基营养型芽孢杆菌(9912和LW-6菌株)、坚强芽孢杆菌、解淀粉芽孢杆菌(B7900、B1619、LX-11、PQ21、ZY-9-13、QST713和AT-332菌株)、地衣芽孢杆菌、蕈状芽孢杆菌、克贝莱斯芽孢杆菌、杀线虫芽孢杆菌 |

续表

| 微生物类型 | 类别 | 农药品种 |
| --- | --- | --- |
| 细菌 | 短芽孢杆菌属 | 短小芽孢杆菌、侧孢短芽孢杆菌 |
| | 假单孢菌属 | 荧光假单胞杆菌、类产碱假单胞菌、洋葱假单胞菌 |
| | 其他 | 多黏类芽孢杆菌、短稳杆菌、嗜硫小红卵菌、沼泽红假单胞菌、放射土壤杆菌、双向伯克霍尔德氏菌、野油菜黄单胞菌夜盗蛾变种、沃尔巴克菌、黄单胞菌 L4 毒素 |
| 真菌 | 绿僵菌属 | 大孢绿僵菌、金龟子绿僵菌(CQMa421、CQMa128、CQMa129 和 CQMa117 菌株)、噬菌核霉(盾壳霉、小盾壳霉,CGMCC8325 和 ZS-1SB 菌株) |
| | 木霉菌属 | 绿色木霉菌、哈茨木霉菌 |
| | 其他 | 球孢白僵菌、厚孢轮枝菌、淡紫拟青霉、耳霉菌、寡雄腐霉菌、弯孢霉菌、短梗霉菌、粉红黏帚霉、凤阳产气霉菌、广布拟盘多毛孢真菌、爪哇虫草菌Ⅰj01、稗草专化型禾长蠕孢菌、假丝酵母 |
| 其他 | 原生动物 | 蝗虫微孢子虫 |
| | 昆虫病原线虫 | 斯氏线虫、异小杆线虫 |

注：NPV——Nuclear Polyhedrosis Virus，CPV——Cytoplasmic Polyhedrosis Virus，GV——Granulosis Virus，DNV——Densonucleo Virus。

(2) 微生物农药的特点　微生物农药一般具有较高的特异性，只对靶标生物具有致病性，对人畜低毒，也不能渗透到植物体内。此外，微生物农药的作用方式复杂，对多种发育阶段的靶标生物均有效，有害生物难以对其产生抗性。

(3) 微生物农药的作用机理　作为杀虫剂，细菌活体农药主要通过其营养体芽孢在害虫体内繁殖和/或代谢分泌活性蛋白酶和抗生素等方式来防治或杀死植物寄生线虫和害鼠等靶标生物；真菌活体农药则是以分生孢子附着于靶标害虫的表皮，在一定的条件下萌发长出芽管或形成附着孢，进入害虫体内后形成的菌丝体不断繁殖而造成物理损害并引起病理变化，最后导致害虫死亡；病毒活体农药在寄生后通过核酸复制产生大量的病毒粒子，使寄主细胞破裂而死亡；原生动物蝗虫微孢子虫在被蝗虫或蟋蟀取食后寄生于其脂肪细胞而消耗其能量储备，使其虚弱而死亡。

作为杀菌剂，细菌活体农药的作用机制主要涉及由其代谢分泌产生活性抗菌或调节微生境的物质、在空间和营养等方面与致病菌进行竞争，以及诱导植物的抗病抗逆性等；真菌活体农药主要通过重寄生、营养竞争、酶系裂解和诱导抗性等来实现对病原菌的控制。暂无用于杀菌的病毒和原生动物，也鲜见成功开发的微生物除草剂。

作为一类重要的害虫生物防治因子，昆虫病原线虫具有昆虫天敌和微生物活体的双重属性，侵染期幼虫（即Ⅲ龄幼虫或耐受态幼虫）进入寄生昆虫的血腔后释放共生菌，后者在昆虫血淋巴中快速繁殖而使其患败血症死亡。昆虫病原线虫对土栖性及钻蛀性害虫多具有专一性，对人畜安全，不污染环境，在美国可免于注册登记。

**2. 农用抗生素**

农用抗生素是由细菌、放线菌和真菌等微生物产生的、用于农业有害生物防治的次生代谢产物。伊维菌素、甲维盐、乐贝霉素和双丙环虫酯等半合成的农用抗生素衍生物也列入此类进行介绍。农用抗生素是在医用抗生素的基础上研究开发而来的，链霉素、土霉素和氯霉素等相继在农业上得以成功应用，但后续又由于其安全风险问题先后被禁用。其间，一些放线菌产生的农业专用抗生素相继得到了开发，阿维菌素、甲维盐、井冈霉素、春雷霉素和多抗霉素等已成为生物农药的重要品种。与化学合成类农药相比，农用抗生素具有活性高、来源广、可共用生产设备、对环境污染小且不易富集等特点。在中国，农用抗生素的登记管理要求与化学农药相同。按化学结构的差异，可将中国农用抗生素分为大环内酯类、糖苷类、肽和蛋白质类等类别，相关农药品种及其分类见表 6-2。农用抗生素类杀虫、杀鼠和杀线虫剂以触杀和胃毒作用为主，一般作用于靶标生物的神经系统。其中，阿维菌素类和多杀菌素类杀虫剂都作用于 γ-氨基丁酸和烟碱乙酰胆碱门控氯离子通道（但以其一为主），双丙环虫酯主要作用于弦音器官香草素受体亚家族通道，C 型和 D 型肉毒梭菌毒素为蛋白质类杀鼠剂，通过作用于中枢和外周神经系统而阻碍神经末梢的乙酰胆碱释放而引起软瘫、麻痹和死亡。华光霉素还干扰螨虫和真菌细胞壁几丁质的合成。农用抗生素类杀菌剂一般对孢子萌发和菌丝生长具有抑制作用。嘧啶核苷类抗生素、春雷霉素、武夷霉素、中生菌素、灭瘟素和盐酸土霉素能影响病原菌的蛋白质合成，井冈霉素干扰和抑制菌体细胞的正常生长和发育，多抗霉素干扰菌体细胞壁几丁质的合成，宁南霉素破坏病毒粒体结构并诱导植物对病害的抗性和免疫力，嘧肽霉素通过抑制病毒核酸复制和外壳蛋白合成而致效。农用抗生素类除草剂还处于研发阶段，主要品种有双丙胺磷和丁羟咯酮。其中，双丙胺磷除草剂为灭生性前体除草剂，通过叶部吸收后在杂草体内降解为草丁膦和丙氨酸而使植物产生氨中毒、光合作用受到抑制，最终枯萎坏死；丁羟咯酮则通过与光位点结合而诱发叶绿体活性氧的暴发，直接引起杂草叶片快速坏死。

**表 6-2 中国农用抗生素品种及其分类**

| 类别 | | 农药品种 |
|---|---|---|
| 大环内酯类 | 氨基糖苷类 | 纳他霉素、四霉素，梧宁霉素 |
| | 其他糖苷类 | 阿维菌素、阿维菌素 B2、依维菌素、甲维盐、多杀霉素、(多杀菌素)、乙基多杀菌素 |
| | 非糖苷类 | 米尔贝霉素、乐贝霉素、浏阳霉素、长川霉素、双丙环虫酯 |
| 糖苷类 | 胞嘧啶核苷类 | 宁南霉素、嘧肽霉素、武夷菌素、氨苷霉素、灭瘟素 |
| | 尿嘧啶核苷类 | 嘧啶核苷类抗生素、华光霉素、多抗霉素、多抗霉素 B |
| | 腺嘌呤核苷类 | 金核霉素 |
| | 氨基糖苷类 | 硫酸链霉素、春雷霉素、中生菌素、瑞拉菌素 |
| | 其他 | 井冈霉素、井冈霉素 A |
| 肽和蛋白质类 | 寡肽类 | 双丙氨膦、吡弗咯菌素 |
| | 环酯肽类 | 伊枯草菌素 A |
| | 蛋白质类 | C 型肉毒梭菌毒素、D 型肉毒梭菌毒素 |

续表

| 类别 | | 农药品种 |
| --- | --- | --- |
| 其他 | 吩嗪类 | 申嗪霉素、吩胺霉素 |
| | 聚酮类 | 盐酸土霉素、农用磷氮霉素 |
| | 酰胺类 | 制蚜菌素、农用青霉素钠、公主岭霉素、放线菌酮、氯霉素、帕克素、丁羟咯酮 |
| | 螺环烯酯类 | 木霉菌素 |

**3. 天敌生物农药**

天敌生物农药是指除微生物农药以外的防治有害生物的活体生物，其作用方式主要涉及寄生和捕食。天敌生物的扩繁和利用一直是该类农药研究开发的重点，松毛虫赤眼蜂、异色瓢虫和平腹小蜂在中国得到了开发利用和登记应用，但当前仅有松毛虫赤眼蜂的 2 个登记有效，螟黄赤眼蜂、阿氏啮小蜂、管氏肿腿蜂、巴氏钝绥螨和水葫芦象甲等天敌生物还未见登记。

## 三、生物农药的用途

微生物农药应用最广的是苏云金芽孢杆菌。用于防治农业、林业病虫害的微生物农药，其中苏云金芽孢杆菌产品占 90%，广泛用于防治稻苞虫、稻纵卷叶螟和黏虫、松毛虫、茶毛虫和玉米螟等多种害虫。微生物农药杆状病毒用作生物控制剂和杀虫增效剂，用于防治农作物和森林害虫也有良好的效果。植物生物农药中主要杀虫（菌）的有菊科植物的除虫菊，对菜青虫、蚜虫、蚊蝇等多种昆虫有毒杀作用；万寿菊提取物对豆蚜、菜青虫等具有毒杀或驱避作用。楝科中的印楝、苦楝和川楝，如印楝的提取物印楝素，对果树害虫和蔬菜害虫具有驱避和拒食作用，而且对人畜无害。卫矛科中的苦皮藤提取物苦皮藤素，对水稻、玉米和蔬菜害虫有良好的防治功效。柏科植物中的沙地柏、瑞香科植物中的瑞香狼毒等多种植物，是难得的植物农药资源。目前生物农药约占国内农药总量的 2%，再加上农用抗生素也不超过 11%。因此，为发展生态农业、保障农畜产品安全，应研发生产更多的生物农药，同时开拓高效低毒化学农药，满足农药市场的需求。

## 四、典型生物农药的发酵生产工艺

苏云金芽孢杆菌（*B. thuringiensis* Berliner）是细菌杀虫剂中最典型的例子，研究历史有 90 年之久。苏云金芽孢杆菌是以德国地名苏云金（Thruingen）命名的。1909 年德国苏云金的一个面粉厂，发现一批染病的地中海粉螟幼虫，由柏林纳首先从中分离出一种细菌，1915 年命名为苏云金芽孢杆菌。

苏云金芽孢杆菌（其制剂简称 Bt 制剂）是目前商业开发最为成功的微生物杀虫剂，主要用于防治棉、菜、果等 150 多种鳞翅目及其他多种害虫，药效比化学农药高 55%。自 21 世纪 70 年代以来，Bt 制剂已成为防治大田作物、果蔬、观赏植物和仓库害虫的主要生物杀虫剂。Bt 制剂的杀菌原理在于所有苏云金杆菌的菌株在正常条件下，都能形成伴孢晶体。伴孢晶体是一种大分子蛋白质，是一种原毒素，对鳞翅目昆虫能起到杀灭作用，所引起的症状一般表现为行动迟缓、呕吐、腹泻、停止进食，最后导致死亡，但对脊椎动物无毒。此外，使用苏云金芽孢杆菌还是一些作物病害综合治理的重要手段。苏云金芽孢杆菌可同信息素、昆虫天敌（寄生赤眼蜂）配合使用防治夜蛾，防治费用虽然与传统化学农药大致相同，但对环境的危害明显减少。

目前Bt生物农药生产主要有两种工艺，即液体发酵工艺和固体发酵工艺。

**1. Bt制剂的液体发酵**

液体发酵是目前Bt杀虫剂大规模生产中的主要发酵方式，目前已采用补料分批发酵的方式进行，其产品杀虫毒力与其发酵水平有着密切的关系。

（1）接种　将处于对数生长期的苏云金芽孢杆菌工程菌的菌液接种到分批补料发酵培养基中，菌液OD600为3.2，菌液的体积占分批补料发酵培养基体积的20%。分批补料发酵培养基组成：葡萄糖0.8%、花生粕5%、酵母抽提物0.2%、玉米浆粉0.2%。

（2）发酵　在发酵罐内进行发酵，发酵过程中不间断地向罐内通入空气，并控制每分钟通入的空气体积与发酵液的体积比为0.8∶1，罐内温度为27℃，罐内压力为0.07MPa，搅拌速度为800r/min，发酵液中的溶氧质量浓度为25%，并用氨水控制发酵液的pH为6.8。

（3）补料　从发酵0.5h开始补加还原糖和氨基酸，控制补料速率，保持发酵液中还原糖的质量浓度为0.5%，补加的氨基酸总重量占发酵液重量的2%，5h后结束补料。

（4）发酵终止　32h后，发酵终止。

（5）发酵液的性能检测　发酵后经检测，其发酵菌数达到$49\times10^{8}$CFU/mL，130kD晶体蛋白含量达0.49%，65kD晶体蛋白含量达0.66%，发酵液的效价为6016IU/μL。

（6）Bt制剂制备　补料分批发酵的最终产物含有细胞、孢子、胞外酶和蛋白质、其他低分子量物质和杀虫结晶蛋白质。经高速连续离心分离、丙酮沉淀后，生成的黏稠糊状物再与各种辅助剂（润湿剂、黏着剂、稳定剂）混合，最后制成粉剂或液体包装出售。

**2. Bt制剂的固体发酵**

配置培养固体培养基：棉仁饼细粉25%、草木灰5%、麸皮80%、谷糠10%。培养基与水的比例为1∶1.3。将培养基在灭菌器内以100℃灭菌30min。在80～90℃内，将苏云金杆菌母菌接种于培养基上。将接种后的培养基在水泥制发酵平台上，在20℃恒温下发酵38～48h。将发酵后的培养基在60℃温度内烘干。将烘干后的培养基粉碎装袋。

## 拓展知识

### 苏云金芽孢杆菌Bt制剂使用注意事项

① 施用期一般比使用化学农药提前2～3d，对害虫的低龄幼虫效果好。

② 使用Bt需在气温18℃以上，宜傍晚施药，可发挥其最佳杀虫效果。30℃以上施药效果最好。

③ 不能与内吸性有机磷杀虫剂或杀菌剂及碱性农药等混合使用。

④ 随配随用，从稀释到使用一般不要超过 2h，使用时间间隔 10～15d。

⑤ 建议与其他作用机制不同的杀虫剂轮换使用，以延缓抗性产生。

⑥ 本品对蚕毒力很强，养蚕区与施药区一定要保持一定的距离，以免使蚕中毒死亡。

# 第二节　发酵饲料

## 一、发酵饲料的定义及分类

**1. 发酵饲料的定义**

发酵饲料是以植物性农副产品为主要原料（底物），通过微生物的代谢作用，降解部分多糖、蛋白质和脂肪等大分子物质，生成有机酸、可溶性多肽等小分子物质，形成营养丰富、适口性好、活菌含量高的生物饲料或饲料原料。最常见的发酵饲料主要包括米糠、统糠、木薯渣、秸秆发酵饲料，棉菜茶棕饼粕（如棉粕、菜籽粕、油茶籽饼、棕榈粕、豆粕、蓖麻饼）等发酵饲料，粉渣、醋渣、酱渣、果渣、酒糟发酵饲料，动物下脚料、潲水发酵饲料，食用菌菌糟发酵饲料，青贮饲料等。

近年来，随着世界上许多国家限制或禁止在饲料中使用抗生素，寻找新的抗生素替代品成为畜牧业的一个紧迫任务。所以，益生菌发酵饲料就应运而生，其是为潜在替代含抗生素饲料的一种新型饲料。动物饲养实践表明，益生菌发酵饲料具有维持动物肠道菌群平衡、提高动物生产性能、减少肠道病原微生物和净化畜舍环境的积极作用。

**2. 微生物发酵饲料的分类**

微生物发酵饲料根据含有水分的多少可以分为液体发酵饲料和固体发酵饲料。国外一般使用液体发酵饲料较多，而国内广泛使用的还是固体发酵饲料。除此之外，还有单细胞蛋白和菌体蛋白饲料、氨基酸、酶制剂以及微生物代谢产物、微生态制剂和益生素等。

（1）固体发酵饲料　固体发酵又称为固态发酵，是将粗饲料作为发酵原料，添加有益菌种进行发酵的过程，不仅发酵产物营养成分高、适口性好，还可对原料中有毒物质进行降解。发酵微生物菌种主要有霉菌、酵母菌及细菌的一些类群。

（2）液体发酵饲料　液体发酵饲料中发酵原料的粒度要小得多，添加一定比例的水，增加了与菌种之间接触的表面积，从而加快发酵的速度；液体发酵饲料混合均匀，避免动物挑食，在预防仔猪腹泻等方面有着重要的作用。但由于发酵调控、有效性、经济性等问题，限制了其推广应用。

## 二、发酵饲料允许使用微生物

我国微生物资源丰富，用于发酵工业的微生物主要包括细菌、酵母菌和霉菌等。农业部发布的《新饲料和新饲料添加剂管理办法》（农业部令 2012 年第 4 号）提出的申请资料包括："有效组分、化学结果的鉴定报告及理化性质，或者动物、植物、微生物的分类鉴定报告；微生物产品或发酵制品，还应当提供农业部指定的国家级菌种保藏机构出具的菌株保藏编号"。农业部于 2014 年 2 月 1 日起实施《饲料添加剂品种目录（2013）》（农业部公告第 2045 号），包括微生物菌种共 46 种，其中细菌 34 种、酵母 4 种、霉菌 8 种（见表 6-3），CICC 向社会推荐和共享符合法规要求的饲料添加剂微生物菌种。

**表 6-3　《饲料添加剂品种目录（2013）》菌种名单**

| 编号 | 菌种 | 备注 | 推荐 CICC 编号 |
|---|---|---|---|
| 1 | 谷氨酸棒杆菌 | L-赖氨酸 | CICC 10065 |
| 2 | 布氏乳杆菌 | 直接添加 | CICC 20294 CICC 6067 |
| 3 | 侧孢短芽孢杆菌(原名:侧孢芽孢杆菌) | 直接添加 | CICC 21185 |
| 4 | 产丙酸丙酸杆菌 | 直接添加 | — |
| 5 | 长双歧杆菌 | 直接添加 | CICC 6068 |
| 6 | 迟缓芽孢杆菌 | 直接添加<br>甘露聚糖酶 | CICC 10365<br>— |
| 7 | 德氏乳杆菌保加利亚亚种(原名:保加利亚乳杆菌) | 直接添加 | CICC 6098 |
| 8 | 德式乳杆菌乳酸亚种(原名:乳酸乳杆菌) | 直接添加 | — |
| 9 | 地衣芽孢杆菌 | 直接添加<br>产淀粉酶<br>角蛋白酶 | CICC 23584<br>CICC 10037<br>CICC 10181 |
| 10 | 动物双歧杆菌 | 直接添加 | CICC 21717 |
| 11 | 短双歧杆菌 | 直接添加 | CICC 6079 |
| 12 | 短小芽孢杆菌 | 直接添加 | CICC 9003<br>CICC 6233 |
| 13 | 发酵乳杆菌 | 直接添加 | CICC 22808 |
| 14 | 粪肠球菌 | 直接添加 | CICC 20419 |
| 15 | 副干酪乳杆菌 | 直接添加 | CICC 22709<br>CICC 20262 |
| 16 | 干酪乳杆菌 | 直接添加 | CICC 6117 |
| 17 | 解淀粉芽孢杆菌 | β-葡聚糖酶产淀粉酶 | CICC 20178 |
| 18 | 枯草芽孢杆菌 | 木聚糖酶<br>产淀粉酶<br>麦芽糖酶<br>β-葡聚糖酶<br>蛋白酶<br>直接添加 | CICC 10090<br>CICC 20179<br>—<br>CICC 9011<br>CICC 10071<br>CICC 20872 |
| 19 | 双歧双歧杆菌 | 直接添加 | CICC 6071 |

续表

| 编号 | 菌种 | 备注 | 推荐 CICC 编号 |
| --- | --- | --- | --- |
| 20 | 罗伊氏乳杆菌 | 直接添加 | CICC 6226 |
| 21 | 凝结芽孢杆菌 | 直接添加 | CICC 21736 |
| 22 | 青春双歧杆菌 | 直接添加 | CICC 6070 |
| 23 | 乳酸肠球菌 | 直接添加 | — |
| 24 | 乳酸片球菌 | 直接添加 | CICC 10346 |
| 25 | 谷氨酸棒杆菌(目录名:乳糖发酵短杆菌) | L-赖氨酸 | CICC 20189 |
| 26 | 屎肠球菌 | 直接添加 | CICC 20430 |
| 27 | 嗜热链球菌 | 直接添加 | CICC 6063 |
| 28 | 嗜酸乳杆菌 | 直接添加 | CICC 6074 |
| 29 | 酸解支链淀粉芽孢杆菌 | 淀粉酶 | — |
| 30 | 戊糖片球菌 | 直接添加 | CICC 22734 |
| 31 | 发酵乳杆菌(目录名:纤维二糖乳杆菌) | 直接添加 | CICC 6233 |
| 32 | 长双歧杆菌婴儿亚种(目录名:婴儿双歧杆菌) | 直接添加 | CICC 6069 |
| 33 | 沼泽红假单胞菌 | 直接添加 | CICC 23812 |
| 34 | 植物乳杆菌 | 直接添加 | CICC 6009 |
| 35 | 毕赤酵母 | 植酸酶木聚糖酶 | — |
| 36 | 产朊假丝酵母 | 直接添加 | CICC 1314 |
| 37 | 红发夫酵母 | 着色剂 | CICC 33064 |
| 38 | 酿酒酵母 | 直接添加 | CICC 1421 |
| 39 | 长柄木霉(长枝木霉/李氏木霉) | 木聚糖酶<br>甘露聚糖酶<br>纤维素酶<br>产淀粉酶 | CICC 41493<br>CICC 40852<br>CICC 40202<br>— |
| 40 | 地顶孢霉 | 其他 | — |
| 41 | 孤独腐质霉 | 纤维素酶<br>木聚糖酶 | —<br>— |
| 42 | 黑曲霉 | 直接添加<br>木聚糖酶<br>蛋白酶<br>果胶酶<br>甘露聚糖酶<br>脂肪酶葡萄糖氧化酶<br>$\beta$-葡聚糖酶纤维素酶淀粉酶<br>$\alpha$-半乳糖苷酶 | CICC 2238<br>CICC 2238<br>CICC 2238<br>CICC 2208<br>CICC 2462<br>CICC 2475<br>CICC 2151 / CICC 40851<br>CICC 2243 |
| 43 | 棘孢曲霉 | 果胶酶 | CICC 2653 |

续表

| 编号 | 菌种 | 备注 | 推荐 CICC 编号 |
| --- | --- | --- | --- |
| 44 | 米曲霉 | 直接添加<br>蛋白酶<br>淀粉酶 | CICC 2078<br>CICC 2035<br>CICC 40337 |
| 45 | 绳状青霉 | β-葡聚糖酶纤维素酶 | CICC 40279 |
| 46 | 特异青霉 | 葡萄糖氧化酶 | — |

## 三、发酵饲料的特点

### 1. 降低有毒有害物质的含量

发酵饲料的原料中存在抗营养因子，如棉粕含有棉酚、苹果渣含有单宁、糠麸含有植酸、豆渣含有胰蛋白酶抑制剂、菜籽粕含有芥酸等。这些物质会影响畜禽的生长发育，甚至会导致畜禽死亡，而微生物可以通过自身的代谢活动，将饲料中的抗营养物质分解、转化。同时，有益微生物的大量繁殖可抑制有害微生物的生长，如乳酸菌可抑制霉菌的生长和产毒、嗜酸乳杆菌可抑制寄生曲霉孢子的萌发、枯草芽孢杆菌抑制储粮真菌等。

### 2. 改善饲料的适口性

经过发酵后，饲料中大分子物质被降解成易消化吸收的小分子物质，降低了粗纤维和粗脂肪的含量；同时还会产生有机酸，释放出天然的芳香味，刺激畜禽的食欲，使其消化酶的分泌增加，促进营养物质的消化吸收，从而提高饲料的消化率。

### 3. 调节肠道健康，提高免疫性能

肠道内寄生着种类复杂、数量庞大的微生物菌群，这些菌群调节着肠道的营养代谢和免疫功能。发酵饲料中添加的有益微生物进入肠道大量繁殖，迅速形成肠道的优势菌群，能有效阻止病原微生物的吸附繁殖。同时，有益微生物还能分泌大量的有机酸，降低肠道的 pH 值，并产生多种细菌素、多黏菌素和酶类等，抑制肠道病原微生物的繁殖，调节肠道内微生态平衡。此外，发酵饲料中的有益菌可作为一种非特异性免疫因子，能诱导肠道黏膜的免疫应答，产生免疫蛋白和免疫因子，增强肠道的免疫功能，减少肠道疾病的发生。

### 4. 提高营养物质的含量和价值

饲料经过微生物的代谢不仅可提高其粗蛋白、粗脂肪及多糖等营养物质的含量，同时还会产生淀粉酶、蛋白酶、脂肪酶、维生素、小肽、菌体蛋白、游离氨基酸等多种有益活性代谢产物，显著提高了饲料的营养价值。

## 四、发酵饲料的应用效果

### 1. 改善动物的生产性能

通过应用发酵饲料，可以提升仔猪和育肥猪的日增重和采食量，并且可有效降低饲料

的料肉比，减少猪群发病。对肉鸡应用可以提升肉鸡的生长性能和屠宰性能，而且能够使得肉鸡日增重明显升高。应用于蛋鸡可以提升蛋鸡的产蛋率。还可以改善奶牛的产奶量以及对饲料中营养成分的消化吸收率。

**2. 增强畜禽动物的抗病能力**

发酵饲料中所含有的大量有益菌群，可以通过竞争性抑制作用来减少有害菌的生长和繁殖，由此可以维护肠道的健康，可以有效降低动物的腹泻率。还可以促进肠道绒毛的生长，降低有害菌在肠道内的黏附，起到提升肠道免疫力的效果。应用发酵饲料还可以提升机体的体液免疫和细胞免疫的功能，通过提升动物血液中免疫球蛋白的数量，来达到提升免疫力、减少疾病发生的效果。应用发酵饲料甚至可以促进动物免疫器官的发育并提升血液中的抗体水平，起到增强免疫抗体水平的效果。

**3. 改善动物性食品的品质**

采用益生菌发酵的饲料可以起到提高动物性产品质量的效果。应用于育肥猪，可以改善猪肉的肉色、剪切力、熟肉率以及滴水损失等。还能有效提升猪肉中不饱和脂肪酸以及各种氨基酸的含量，增加了猪肉的香味。应用于蛋鸡后可以改善鸡蛋的品质，对蛋壳的强度和蛋黄的颜色均有不同程度的提升效果。应用于肉鸡能够提升肉鸡肌肉中不饱和脂肪酸和肌苷酸的含量。应用于奶牛可以提升牛奶的乳脂率和乳蛋白的含量。

**4. 改善养殖环境**

饲喂发酵饲料可以促进动物对饲料中各种营养物质的吸收，从而能够减少粪便中氮和磷的量，并且饲料中的益生菌通过对有害病原菌的抑制可以起到减少氨、硫化氢和吲哚等物质的排放，从而起到净化环境和减少污染的效果。

## 五、微生物发酵饲料目前存在的问题

微生物发酵饲料虽然有很多优点，但在目前的发展过程中还存在一些问题，势必会经历一个逐步完善的过程。目前生产发酵饲料的多为小型饲料厂，因此较易缺乏专业人员和发酵设备，对于微生物知识和发酵工艺了解较少。生产条件、卫生管理较差，将导致饲料存在极大的安全隐患。

**1. 菌种来源复杂，专业技术人员知识片面**

由于目前生产发酵饲料的多为一些小企业，经济实力较差，没有足够的资金从正规单位购买菌种，专业技术人员的知识片面，没有专业技术指导，发酵饲料的质量问题有待解决。

**2. 生料发酵**

按照严格的生物发酵法，发酵原料必须经过消毒，而所谓的“生料”是指没有进行消毒的原料。有些小型发酵饲料厂认为一般霉变的原料，在经过微生物发酵后就能脱毒，就可以提高饲料的利用率、改善饲料的适口性，说明生产厂家对“发酵”的专业基础知识了解太少。

**3. 营养水平低**

一些饲料厂的浓缩饲料中几乎都是发酵饲料，与豆粕、鱼粉等浓缩饲料相比营养不平衡，导致饲料报酬较低。

**4. 产品标准问题**

由于生物发酵饲料在发酵过程中产生多种代谢物质，其对动物的作用机理并不是很清楚，且对其中的有效成分缺乏研究，对微生物发酵饲料的品质很难有统一的鉴定标准，因此，建立完善的行业检测标准和检测方法十分有必要。

**5. 微生物发酵饲料效果不稳定**

微生物菌种在培养、保存、分装、发酵及机械制粒过程中数量和活性均受到影响，难以获得稳定、一致的效果，因此根据不同动物种类、不同生产水平等选择一种既经济又有效的微生物发酵饲料十分有必要。

## 六、典型的发酵饲料生产工艺流程

发酵饲料生产中主要包含原料粉碎、配料称重、菌种培养、混合接种、发酵烘干等工艺，其合理性和生产加工设备的可靠性对发酵饲料的品质起到决定性作用，是饲料加工业现代化水平的重要体现。

发酵饲料生产工艺流程如下（图 6-1）：

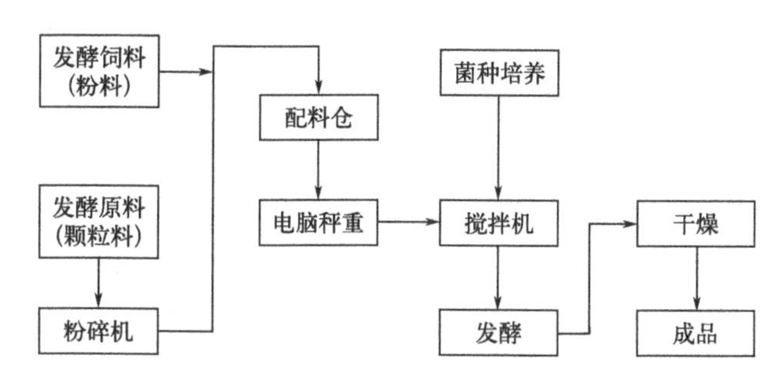


图 6-1　典型发酵饲料生产工艺流程

**1. 粒料粉碎**

根据所需发酵原料颗粒大小通过锤片和筛片对物料的撞击、剪切和摩擦等综合作用，使原料粉碎。其中可定制不同的筛片孔径以达到符合所需发酵原料颗粒的大小。

**2. 配料称重**

计量工艺采用多仓一秤。其工作原理为：按电脑指令的先后顺序开始下料，进行称重，当进料量达到配方要求的数量时，计量秤通过控制台发出信号，该仓即停止送料和关闭仓门，下一料仓开始送料并进行称重。通过此种配料方式控制发酵原料及配料的精准配比。

### 3. 菌种培养罐

菌种在发酵培养过程中需要保证充足的氧气及其扩散。满足发酵的生化反应器主要有两类：机械搅拌通风发酵罐和气流搅拌发酵罐。前者利用通风和搅拌装置将氧溶入发酵液中并防止沉淀。后者则利用外部供气装置将气体通入发酵罐内形成环流，将氧溶入发酵液中并保障菌的流动性。

### 4. 混合设备

目前在发酵饲料中使用的混合设备主要以单、双轴混合机为主，采用桨叶的旋转进行搅拌，并加装液体喷淋系统，该设备能在原料混合的过程中同时加入有利于菌种繁殖的营养配料，混合均匀性好、混合效率高、排料畅通，能较好地达到发酵饲料的生产要求。产量通常为500～2000kg/h，功率为11～30kW，混合时间为40～60s/批，混合均匀度（cv）≤5%。

### 5. 发酵

固态发酵是发酵饲料生产中的核心工序，根据物料的周转形式将固态发酵分为静态式和动态式。静态式主要采用地面砌墙分槽堆放、平地堆放、沟池堆放、发酵箱层叠堆放。发酵场地的面积可大可小，为了保温通常搭建薄膜式暖棚。此方式的优点是投入成本低、技术要求低、场地简单、操作方便、产量大；其明显的缺点是在发酵过程中温度、湿度、含氧率、营养物质的传递等极易受到外部环境的干扰，物料品质难以保证。这种方式基本都靠人工作业，物料的装卸、翻料、搬运等都需人力进行，劳动强度大，易受杂菌污染。动态式主要采用将物料放置于有机械动力的容器中，进行间断或连续的运动，由机械来控制物料的翻动，强化传质、传热过程，强化颗粒或气体分子间的接触。这种方式自动化程度相对较高，物料品质好，易实现自动化控制和无人操作；但机械结构复杂，消毒灭菌困难，产量大时设备比较庞大，投资大。

### 6. 干燥

干燥设备用来将含水率较高的物料通过加热使水分气化逸出，以获得所需含水率。固态发酵后的饲料含水率通常在40%～45%，必须使用干燥设备将含水率降至13%以下，以利于保存和运输。常用的干燥方式有流化床干燥、滚筒式干燥和气流干燥。

### 7. 智能控制系统

发酵饲料生产工艺可采用PLC集成控制，以便能够更好地适应发酵饲料的工艺要求，通过温度、湿度、酸碱度等传感器采集物料参数实现实时反馈，并根据预定程序，控制电气设备进行工艺动作。接种、混合、发酵等车间能够达到无人化，系统整体具备很高的自动化程度，各工艺段设备实现无缝联接。

## 拓展知识

### 发酵饲料发展史

普通厌氧发酵饲料历史，记载相对较少。目前查到的资料表明人类最早的酒是蜂蜜酒，约有超过一万年的历史。到了9000年前，考古发现河南的贾湖人开始用粮食、山楂等发酵酿酒。

到20世纪40年代，科学家报道在反刍动物养殖中使用酵母培养物，取得了良好的效果，这应该是较早非青贮类发酵饲料在养殖动物中的应用了。到50年代后，国内出现了以发酵技术降解多糖以提高饲料利用率的糖化饲料的报道，这是我国较早报道的发酵饲料应用案例。到了80年代，欧洲国家开始使用液体发酵饲料。1982年日本比嘉照夫教授开发了“EM菌”，开始了万物可发酵的历史，引入我国后大量农副产物被简单发酵后被用作饲料和肥料。80年代后，随着国内外对饲用益生菌可用种类做了相应规定，发酵饲料对菌种的选择逐渐规范；90年代后，随着我国饲料工业的日趋成熟、健康养殖意识的增强，发酵饲料与益生菌一起逐渐为市场认可。近20年，出于多种原因，普通厌氧发酵饲料在争议声中快速发展，并逐渐走上正轨，如能搭上饲喂模式转变的“车”，发展速度会再上一个台阶。

# 第三节　微生物肥料

## 一、微生物肥料的定义及分类

### 1. 微生物肥料的定义

微生物肥料（microbial fertilizer）在我国又被称为菌肥、生物肥料（biofertilizer），也有人（国外）将其称为接种剂（Inoculant）、拌种剂、菌剂。近些年有人将单纯的微生物制剂称为菌剂、接种剂。此类制剂用量小，主要用于拌种。将微生物制剂和有机物（畜禽粪便等）或有机、无机（氮、磷、钾）肥料按一定工艺混合制造，用量较大的，称为生物肥料，简称菌肥。

中国科学院院士、我国土壤微生物学的奠基人、华中农业大学陈华癸教授就微生物肥料的含义问题指出，所谓微生物肥料，是指一类含有活微生物的特定制品，应用于农业生产中，能够获得特定的肥料效应，在这种效应的产生中，制品中活微生物起关键作用，符合上述定义的制品均应归入微生物肥料。目前国家标准（GB 20287—2006）的定义为：微生物肥料（microbial fertilizer/biofertilize）为含有特定微生物活体的制品，应用于农业生产，通过其中所含微生物的生命活动，增加植物养分的供应量或促进植物生长，提高产量，改善农产品品质及农业生态环境。

### 2. 微生物肥料的分类

微生物肥料种类的三种分法。

（1）按其制品中特定的微生物种类　可分为细菌菌剂/肥料（如根瘤菌肥、固氮菌肥）、放线菌菌剂/肥料（如抗生菌肥料）、真菌类菌剂/肥料（如菌根真菌），复合微生物菌剂/肥料。

（2）按其作用机理　分为有根瘤菌菌剂/肥料、固氮菌菌剂/肥料（自生或联合共生类）、解磷菌类菌剂/肥料、硅酸盐菌类菌剂/肥料等。

（3）按其制品内组成　分为单一微生物肥料和复合（或复混）微生物肥料。复合（或复混）微生物肥料又有菌、菌复合，也有菌和各种添加剂复合。

**3. 微生物肥料的种类**

微生物肥料产品分为两个大类。①微生物菌剂类（简称菌剂类产品）：9个品种。②微生物肥料类（简称菌肥类产品）：2个品种。

（1）微生物菌剂类　包括根瘤菌菌剂、固氮菌菌剂、溶磷菌剂、硅酸盐菌剂、光合细菌菌剂、有机物料腐熟剂（秸秆、粪便）、促生菌剂、复合菌剂、菌根菌剂和生物修复菌剂（农药残留降解、克服作物重茬）。

（2）微生物肥料类　包括复合微生物肥料（菌＋无机养分）、生物有机肥（菌＋有机质/肥）。复合微生物肥料指认特定功能微生物与有机肥、营养物质相结合的肥料，其含有功能微生物和速效养分；生物有机肥是指特定功能微生物与主要以动植物残体为来源并经无害化处理、腐熟的有机物料复合而成的一类兼具微生物肥料和有机肥效应的肥料。

## 二、微生物肥料的特点

① 微生物肥料主要是提供有益的微生物群落，而不是提供矿质营养养分，有些种类的生物肥料对作物具有选择性。

② 人们无法用肉眼观察微生物，所以微生物肥料的质量人眼不能判定，只能通过分析测定。

③ 合格的微生物肥料对环境污染少。

④ 微生物肥料用量少，每亩通常使用500～1000g微生物菌剂。

⑤ 微生物肥料作用的大小，容易受微生物生存环境的影响，例如光照、温度、水分、酸碱度、有机质等。

⑥ 微生物肥料一般不能与杀虫剂、杀菌（杀真菌或杀细菌）剂混用；易受紫外线影响，不能长期暴露于阳光下照射。

⑦ 细菌存活有期限，微生物肥料也有它的有效期限，通常为半年至一年。

## 三、微生物肥料菌株的特点

微生物肥料的作用机制大体可分为促进氮、磷、钾等营养元素的吸收与利用，通过微生物代谢产物调控植物生长，增强植株抗逆性和抗病性等几个方面。微生物肥料中常用的固氮菌株有圆褐固氮菌、阴沟肠杆菌、苜蓿根瘤菌和氮单胞菌属等。微生物肥料中常用的溶磷微生物有微球菌属、欧文氏菌属、假单胞菌属、土壤杆菌属、芽孢杆菌属和黄金杆菌属等。溶磷微生物的溶磷机制主要包括酶解和酸解。微生物肥料中常用的解钾菌有多黏芽孢杆菌和胶质芽孢杆菌等。有研究认为，解钾细菌的解钾机制是通过分泌有机酸（乙酸、酒石酸、草酸等），利用有机酸中的羟基和羧基结合矿物质中的金属离子，破坏其晶体结构并导致矿石分解，从而将难溶矿物质中的钾元素释放出来，以供植物生长发育所需。微生物菌肥中的有益菌可产生20多种常见抗生素，通过对土壤中病原菌的生长与繁殖过程产生抑制作用，从而增强植物的抗病能力。

## 四、微生物肥料作用机理

微生物肥料施入土壤后，菌种、作物、土壤生态环境之间的“菌类与作物共生共荣效应”“养分协调效应”“生物固氮效应”“激素刺激效应”等作用，确保了作物茁壮生长和稳定的增产效果，其作用机理如下。

### 1. 提高土壤肥力

在我们赖以生存的空气中，氮气约占78%，这些氮气以自由气体状态存在，作物不能直接吸收利用。事实上，每年大约有17500万吨氮气通过固氮微生物作用转化成氮，约占全球氮素供应的70%。微生物肥料中的固氮微生物能将空气中的自由态氮转化为作物可吸收利用的有效态氮，增进了作物根际的固氮作用。我国大部分土壤速效磷、钾普遍偏低，不能满足作物正常的生长需要。但是，我国土壤中磷、钾矿物蕴藏却十分丰富，每千克土壤约含全磷400～1200mg，作物只能直接利用其中的5%，人工施入土壤中的磷肥大部分也被土壤固定，转化成磷酸三钙。细菌能够逐步分解磷灰石和磷酸三钙以及有机磷化合物，释放出五氧化二磷。同样，土壤中钾的蕴藏量也是相当高的，20cm耕作层中每亩约含有1500～4500kg，但这些钾绝大部分存在于长石、云母类原生矿物中，不能被作物直接利用。菌剂中的钾细菌能够分解此类矿物并释放可溶性钾到土壤溶液中被作物所利用。而且微生物还能减少化肥流失，提高化肥利用率。有益微生物菌群中多种高效菌株联合作用，具有固氮、解磷、解钾作用，同时增加土壤孔隙度，提高常规肥料中氮、磷、钾的有效利用率。

### 2. 产生植物激素，促进作物生长

微生物在其发酵过程中和土壤内的生命活动中会产生大量的赤霉素和细胞激素等植物激素类物质，这些物质在与作物根系接触后，会刺激作物生长，调节作物新陈代谢，使养分供应均衡平稳，防止作物徒长和早衰。微生物肥料能延缓作物的衰老，延长采收期，可大幅度提高产量和产品品质，起到增产的效果。

### 3. 营养全面，肥效持久

微生物肥料中含有丰富的有机质和一定量的速效氮、磷、钾和微量元素，养分比较全面。其中有机质通过微生物活动，可以不断释放出作物生长中所需要的营养元素和激素，因而肥效持久。农作物施用此种肥料后，在肥效上速效与长效相结合，无机元素与植物激素相结合，因而比施用单一化肥的肥效更为全面持久。

### 4. 改良土壤结构，松土保肥

微生物肥料中的微生物在生长繁殖过程中产生大量的胞外多糖。胞外多糖是形成土壤

团粒结构及保持团粒稳定的黏结剂。根系周围合成多糖的细菌和根系周围土壤的团聚体的稳定性是联系在一起的。生土熟化过程中离不开这类微生物的大量繁殖活动。而且，微生物肥料中富含有机物质，从而改良土壤结构，提高土壤有机质含量，促进土壤生态平衡。可以改善土壤物理性状，微生物肥料不仅能够有效地改良土壤的团粒结构，疏松活化土壤，减少土壤板结，提高土壤的保水、保肥、透气能力，也能提高作物的抗病、抗逆和抗重等能力，为农作物提供舒适的生长环境。

### 5. 增强农作物抗病、抗旱能力

施用微生物肥料后，由于微生物在农作物根部大量生长、繁殖，成为作物根际的优势菌，除了它们自身的作用外，还由于它们的生长、繁殖，抑制和减少了病原菌的繁殖机会，有的还具有拮抗病原菌的作用，起到减轻作物病害的功效。微生物肥料富含有机质和腐殖酸，可调节作物气孔开放度，这些物质与有益微生物的代谢产物（酶）协同作用，能够提高作物的综合抗逆能力，从而提高作物的抗旱能力。

### 6. 改善作物品质，降低硝酸盐及重金属含量

硝酸盐污染是世界各国特别重视的一个问题，它是危害人体健康、导致环境公害的主要污染物之一。在人们的日常饮食中，由蔬菜摄入的硝酸盐含量占比高达 81.2%。蔬菜中的硝酸盐含量与多种因素有关，但施肥最为关键。有试验证明，施用微生物肥料后，可明显降低蔬菜内硝酸盐含量。生菜试验中，微生物肥料处理的硝酸盐含量为 342.6mg/kg，比空白降低 3.5%，比化肥降低 23.35%。施用微生物肥料还可提高蔬菜内的维生素 C 和还原糖含量。生菜试验中，还原糖含量微生物肥料处理的为 1.3%，比空白增加 30.77%，比化肥增加 15.38%；维生素 C 含量，微生物肥料处理的为 58.3mg/kg，比化肥处理增加 9.12mg/kg。

### 7. 分解消除土壤中农药、化肥等有害物质的残留

微生物肥料中有益菌在土壤中大量繁殖，能够抑制有害病菌的生长和传播，并能分解化肥、农药的残留物质，有效预防各种病害。

## 五、微生物肥料国家相关技术规范

为规范微生物肥料的使用，国家制定了微生物肥料定义、使用及不同类型产品的技术标准，具体如表 6-4～表 6-8 所示。

**表 6-4 微生物肥料行业标准一览表**

| 类别 | 标准名称 | 标准号 |
| --- | --- | --- |
| 通用标准 | 微生物肥料术语 | NY/T 1113—2006 |
| | 农用微生物产品标识要求 | NY 885—2004 |
| | 微生物肥料生物安全通用技术准则 | NY 1109—2006 |
| 菌种安全标准 | 硅酸盐细菌菌种 | NY 882—2004 |
| | 微生物肥料生产菌株质量评价通用技术要求 | NY/T1847—2010 |

续表

| 类别 | 标准名称 | 标准号 |
| --- | --- | --- |
| 产品标准 | 农用微生物菌剂 | GB 20287—2006 |
| | 复合微生物肥料 | NY/T 798—2004 |
| | 生物有机肥 | NY 884—2004 |
| 方法标准 | 肥料中粪大肠菌群值的测定 | GB/T19524.1—2004 |
| | 肥料中蛔虫卵死亡率的测定 | GB/T19524.2—2004 |
| 技术规程 | 农用微生物菌剂生产技术规程 | NY/T 883—2004 |
| | 微生物肥料实验用培养基技术条件 | NY/T 1114—2006 |
| | 微生物肥料田间试验技术规程及肥效评价指南 | NY/T 1536—2007 |
| | 微生物肥料使用准则 | NY/T 1535—2007 |
| | 根瘤菌生产菌株质量评价技术规范 | NY/T1735—2009 |
| | 微生物肥料菌种鉴定技术规范 | NY/T1736—2009 |
| | 微生物肥料生产菌株质量评价通用技术要求 | NY/T1847—2010 |
| | 微生物肥料生产的菌株鉴别—PCR 方法 | NYT 2066—2011 |
| | 微生物肥料产品检验技术规程 | NYT 2321—2013 |

**表 6-5　农用微生物菌剂产品技术指标**

| 项　目 | 剂　型 | | |
| --- | --- | --- | --- |
| | 液体 | 粉剂 | 颗粒 |
| 有效活菌数(CFU)①/[亿个/g(mL)] | ≥2.0 | ≥2.0 | ≥1.0 |
| 霉菌杂菌数/[个/g(mL)] | ≤$3.0\times10^6$ | ≤$3.0\times10^6$ | ≤$3.0\times10^6$ |
| 杂菌率/% | ≤10.0 | ≤20.0 | ≤30.0 |
| 水分/% | — | ≤35.0 | ≤20.0 |
| 细度/% | — | ≥80 | ≥80 |
| pH | 5.0～8.0 | 5.5～8.5 | 5.5～8.5 |
| 保质期②/月 | ≥3 | ≥6 | ≥6 |

① 复合菌剂，每一种有效菌的数量不得少于 0.01 亿个/g（mL）；以单一的胶质芽孢杆菌制成的粉剂产品中有效活菌数不少于 1.2 亿个/g。

② 此项仅在监督部门或仲裁双方认为有必要时检测。

**表 6-6　有机物料腐熟剂产品技术指标**

| 项　目 | 剂　型 | | |
| --- | --- | --- | --- |
| | 液体 | 粉剂 | 颗粒 |
| 有效活菌数(CFU)/[亿个/g(mL)] | ≥1.0 | ≥0.50 | ≥0.50 |
| 纤维素酶活①/[U/g(mL)] | ≥30.0 | ≥30.0 | ≥30.0 |
| 蛋白酶活②/[U/g(mL)] | ≥15.0 | ≥15.0 | ≥15.0 |
| 水分/% | — | ≤35.0 | ≤20.0 |
| 细度/% | — | ≥70 | ≥70 |
| pH | 5.0～8.5 | 5.5～8.5 | 5.5～8.5 |
| 保质期③/月 | ≥3 | ≥6 | ≥6 |

① 以农作物秸秆类为腐熟对象测定纤维素酶活。

② 以畜禽粪便类为腐熟对象测定蛋白酶活。

③ 此项仅在监督部门或仲裁双方认为有必要时检测。

表 6-7 复合微生物肥料的产品技术指标

| 项目 | 剂型 | | |
|---|---|---|---|
| | 液体 | 粉剂 | 颗粒 |
| 有效活菌数(CFU)①/[亿个/g(mL)] | ≥0.50 | ≥0.20 | ≥0.20 |
| 总养分($N+P_2O_5+K_2O$)/% | ≥4.0 | ≥6.0 | ≥6.0 |
| 杂菌率/% | ≤15.0 | ≤30.0 | ≤30.0 |
| 水分/% | — | ≤35.0 | ≤20.0 |
| pH | 3.0～8.0 | 5.0～8.0 | 5.0～8.0 |
| 细度/% | — | ≥80.0 | ≥80.0 |
| 有效期②/月 | ≥3 | ≥6 | ≥6 |

① 含两种以上微生物的复合微生物肥料，每一种有效菌的数量不得少于 0.01 亿个/g（mL）。

② 此项仅在监督部门或仲裁双方认为有必要时才检测。

表 6-8 生物有机肥产品技术指标

| 项目 | 剂型 | |
|---|---|---|
| | 粉剂 | 颗粒 |
| 有效活菌数(CFU)/[亿个/g(mL)] | ≥0.20 | ≥0.20 |
| 有机质(以干基计)/% | ≥25.0 | ≥25.0 |
| 水分/% | ≤30.0 | ≤15.0 |
| pH | 5.5～8.5 | 5.5～8.5 |
| 粪大肠菌群数/[个/g(mL)] | ≤100 | |
| 蛔虫卵死亡率/% | ≥95 | |
| 有效期/月 | ≥6 | |

## 六、微生物肥料的正确使用

微生物肥料是一类活菌制品，要发挥它的效能必须注意以下 5 个方面：①微生物肥料的核心是制品中特定的有效活微生物，必须保证有一定数量的有效活菌。②从生产到使用都要给产品中的有效微生物一个合适的生存环境：水分含量、pH、温度、载体中残糖含量、包装材料等，尤其是产品中杂菌含量应注意严格控制。③微生物肥料作为活菌制剂有一个有效期问题。此类产品刚生产出来时活菌含量较高，随着保存时间延长和不当的运输、保存条件，产品中的有效微生物数量逐步减少。④注意适用作物和适用地区，是微生物肥料发挥功能的重要保证。⑤微生物肥料使用时一定注意勿使长时间暴露在阳光下，以免紫外线杀死肥料中的微生物。

例如一些微生物肥料应用如下：①根瘤菌、固氮菌等菌肥最适宜的土壤环境一般在 pH6.6～7.5，在酸性和中性土壤上；②好气性微生物（如根瘤菌、固氮菌、磷细菌）肥料要求土壤比较疏松，才能表现出明显效果；③微生物肥料有效期（微生物存活期）较短，尤其在春、冬季施用时，应该注意肥料有效期。

## 七、典型的生物肥料发酵程序及工艺流程

### 1. 基本原料

鸡粪、鸭粪、鹅粪、猪粪、牛羊粪等；秸秆类，尤以豆科作物的秸秆为最佳；制糖工业的滤泥、蔗渣、甜菜渣等；啤酒厂的啤酒泥、酒糟等；各种饼粕，如豆饼、棉仁饼、菜籽饼等；草（泥）碳；食用菌渣（糠）。

### 2. 生产工艺

生物有机肥的生产工艺一般包括以下几个方面：原料前处理、接种微生物、发酵、干燥、粉碎、筛分、包装、计量等，具体依原料和处理方法各异。

### 3. 基本配方

有机物料900～950千克，钙镁磷肥（过磷酸钙）50～100千克，菌剂1～2千克。

配料方法因原料来源、发酵方法、微生物种类和设备的不同而各有差异。生物有机肥生产工艺配料的一般原则是：在总物料中的有机质含量应高于30%，最好在50%～70%；碳氮比为（30～35）∶1，腐熟后达到（15～20）∶1；pH为6～8之间；水分含量控制在30%～70%。

### 4. 堆制步骤

（1）配料　根据基本（参考）配方或自选配方，并将各成分粉（切）碎后混匀，调节含水量。

（2）接种　将微生物菌剂稀释后均匀喷洒在混合物料上。

（3）发酵　将接种后的物料堆放在发酵棚里，堆宽2m左右，堆高80cm左右（以操作方便为宜），长度不限；发酵时间10～15d（视环境温度而定）。当料温达到50～60℃后维持几天时间，以彻底杀灭杂菌和虫卵。如果只需做成普通有机肥，保持好氧发酵，直到发酵完成；建议进一步做成生物有机肥，在除虫杀菌完成后改为厌氧发酵，堆温控制在35℃，会逐渐产生酒曲香味，发酵完成后质量指标完全符合国家标准，附加值也将大大提高。

### 5. 调控技术

生物有机肥生产工艺中影响发酵的主要环境因素有温度、水分、C/N。在工厂化发酵中，通过人为调控，促进发酵的快速进行。

（1）温度　温度是显示发酵中微生物活动程度的重要指标，适宜的温度能保证发酵过程运转良好。

（2）水分　生物有机肥生产工艺中水分是微生物活动不可缺少的重要因素。在发酵工艺中，物料含水过高过低都影响微生物活动，发酵前应进行水分调节。含水量根据不同情况而有所不同，一般在30%～70%。

（3）碳氮比（C/N）　C/N是微生物活动的重要营养条件。通常微生物繁殖要求的适宜C/N为20～30。猪粪C/N平均为14，鸡粪为8。单纯粪肥不利于发酵，需要掺和高

C/N 的物料进行调节。掺和物料的适宜加入量，稻草为 14%～15%，木屑为 3%～5%，食用菌菌渣为 12%～14%，泥炭为 5%～10%。谷壳、棉籽壳和玉米秸秆等都是良好的掺和物，一般加入量为 15%～20%。

**6. 影响生物有机肥肥效的关键因素**

（1）菌种　不同微生物菌及代谢产物是影响生物有机肥肥效的重要因素，微生物菌通过直接和间接作用（如固氮、解磷、解钾和根际促生作用）影响有机肥的肥效。

（2）有机物质　生物有机肥中有机物质的种类和 C/N，也是影响生物有机肥肥效的重要因素，如粗脂肪、粗蛋白含量高则土壤有益微生物增加，病原菌减少；有机物中含 C 量高则有助于土壤真菌的增多，含 N 量高则有助于土壤细菌的增多，C/N 协调则放线菌增多；有机物中含硫氨基酸含量高则对病原菌抑制效果明显；几丁质类动物废渣含量高将带来土壤木霉、青霉等有益微生物的增多；有益菌增多、病原菌减少，间接提高了生物有机肥的肥效。

（3）养分　不同组成的生物有机肥，其养分含量和有效性不同，如含动物性废渣、禽粪、饼粕高的生物有机肥，其肥效高于含畜粪、秸秆高的生物有机肥。

**7. 注意事项**

菌剂保存的最适温度为 4～20℃，密封、避阳光直晒；如发现液面有少量白色漂浮物（菌膜）或底部有少量黄白色沉淀均属正常现象，摇匀后使用；堆肥时最好使用井水、干净的沟渠或河水；微生物肥料一般不和抗生素、化学杀菌剂同时混合使用。

## 八、我国生物肥料的发展趋势

**1. 国家生物肥料菌种资源库的建立**

随着研究者发现越来越多的菌种资源，生物肥种类也在不断增多。这导致了某些菌种如解钾、解磷及固氮菌等菌株出现数量庞大且良莠不齐的问题，由于缺乏系统性的研究，给生物肥料的发展带来了一定困难。为了保证生物肥料菌种研发工作顺利进行，需要借助国家的力量搭建国家生物肥料菌种资源库，设立专业机构对菌种进行收集、筛选、评价和保藏，并且建立生物肥菌种相应的国家和行业标准，为今后我国生物肥料的发展提供保障。

**2. 由单一菌种向复合菌种转化**

单一的菌种在功能上较为单一，且其肥效容易受外界因素的影响，但是复合菌种的功能在单一菌种的基础上得到了完善，它可以对菌种的功能进行更加全面综合的利用，在避免各菌种间互相影响的同时达到延长肥效的目的。复合菌种的出现是生物肥料产业不断发展过程中的一个必然结果，对于促进作物的生长发育具有重要作用。

**3. 由单纯生物菌剂向复混生物肥转化**

复混生物肥是在单纯的生物菌剂的基础上与氮、磷、钾、微量元素肥料等进行混合加工而制成的，该种类肥料可以同时具有生物肥料与有机肥料的效应，并且对生物制剂与肥料的效应都进行了增强。生物肥料由单纯的生物制剂向复混生物肥进行转化也意味着整个施肥过程更加简便，对环境的不利影响也更小。

**4. 应用上由豆科作物向普通农作物方向发展**

对豆科作物专用的根瘤菌接种剂的研究是我国对生物肥料研究的开端。豆科作物在我国的农作物系统中是非常重要的，但是我国其他粮食作物种植面积却远大于豆科作物，并且长期单一地使用根瘤菌接种剂也会导致大豆出现接种效果差的情况，从而对根瘤菌的研究与推广产生不利影响。各种因素都表明生物肥料的应用由豆科作物向其他普通农作物的转变是一个必然的发展趋势。

**5. 由单一剂型向多元剂型转化**

随着生物肥料的研究与应用规模的逐渐增加，其所应用的作物种类与环境条件的范围都在不断扩大，这也对生物肥料的剂型提出了新的要求。为了更好地应对生产所需，生物肥料的剂型应该更加多元化，如液体剂型、颗粒剂型、冻干剂型、矿油封面剂型等都应该在生产的考虑范围之内。

**6. 由单功能向多功能发展**

生物肥料发挥肥效的核心为微生物，而其中一些微生物也具有刺激植物生长、改善土壤条件、为植物生长提供营养等多方面的功能，如一些自生固氮菌在固氮的同时也可以对一些特定的病菌进行抑制；一些具有杀菌作用的微生物也可以在一定程度上促进植物的生长发育。因此，应该使生物肥料的功能更加多元化，在考虑其肥效的同时也应该考虑其他功能（如防治土传病害），使其朝着多功能的方向发展。

## 拓展知识

### 根瘤菌剂的制备和使用

根瘤菌剂是指以根瘤菌为生产菌种制成的微生物制剂产品，它能够固定空气中的氮元素，为宿主植物提供大量氮肥，从而达到增产的目的。在多年不种绿肥或新开垦地种植豆科绿肥时接种根瘤菌，能确保豆科绿肥生长良好。根瘤菌剂可以购置也可以自制，具体方法分为干瘤法和鲜瘤法。

**1. 干瘤法**

豆科作物的盛花期，是根瘤菌活动和繁殖最旺盛的时期。这时在高产田里，选择健壮的植株，连根挖出，不伤根瘤，用水轻轻冲去泥土，挑选主根和支根上聚集许多大个、粉红色根瘤的植株，剪去枝叶、须根和下部的支根，挂在背阴通风处阴干，之后放在干燥处保存。翌年播种时，用刀割下根瘤，放在瓷罐内捣碎，加上少许凉开水搅拌均匀，即可拌种。一般每亩地约用 5～10 株根瘤就够了。

**2. 鲜瘤法**

在大田播种前 50d 左右，在塑料大棚或温室内提前育苗，育苗的大豆最好用干瘤法得到的根瘤（或根瘤菌剂）拌种，或在出苗 1 周左右追施 1 次根瘤菌肥，以促其根瘤长得好。苗床面积可以按需要的根瘤数量来定。待大田播种时，把正在生长的豆科作物连根挖出来，选大个、粉红色的根瘤，捣碎后再加上些凉开水，就可以拌种了，这就是鲜瘤法。每亩地用 7～10 个大根瘤即可。

使用根瘤菌剂时应注意以下几点。①根瘤菌对不同种甚至不同品种的豆科作物都有选择性。所以，所用的根瘤菌剂一定要和豆科作物属于同一互接种族，否则就没有增产效果。②太阳光中的紫外线对根瘤菌具有较强的杀伤力，所以，干鲜根瘤、自制或购买的根瘤菌剂以及拌好的豆种，一定要放在阴凉处，避免阳光直射。③拌种要均匀，不要擦伤种皮。④拌种时，不能同时拌入农药。⑤拌种时，每公顷豆种如果加入 75～150g 钼酸铵，会有更好的增产效果。此外，多年种植某种豆科作物的农田，如果继续种植这种豆科作物也应接种根瘤菌，这是因为土壤中原有根瘤菌的结瘤能力和固氮能力往往下降，即使能够结瘤，固氮能力也不高。

## 参考文献

[1] 韩立荣，冯俊涛. 微生物源农药［M］. 北京：中国林业出版社，2021.
[2] 李博文，刘文菊，张丽娟. 微生物肥料研发与应用［M］. 北京：中国农业出版社，2016.
[3] 李俊，姜昕. 微生物肥料生产应用技术百问百答［M］. 北京：中国农业出版社，2019.
[4] 李旺. 生物发酵饲料技术研究与生产应用［M］. 北京：中国水利水电出版社，2019.
[5] 李雁冰，李井春. 发酵饲料微生物［M］. 哈尔滨：东北林业大学出版社，2013.
[6] 刘爱民. 生物肥料应用基础［M］. 南京：东南大学出版社，2007.
[7] 刘昊翔，王军. 发酵饲料加工工艺及其应用［J］. 南方农机，2018，49（23）：24，27.
[8] 刘丽丽. 微生物肥料的生物学及生产技术［M］. 北京：科学出版社，2008.
[9] 陆文清. 发酵饲料生产与应用技术［M］. 北京：中国轻工业出版社，2011.
[10] 欧善生. 生物农药与肥料［M］. 北京：化学工业出版社，2011.
[11] 谭海军. 中国生物农药的概述与展望［J］. 世界农药，2022，44（4）：16-27，54.
[12] 王佰涛，杨文玲，王一雯，等. 微生物发酵饲料的特性、作用机制及应用研究［J］. 中国饲料，2020（11）：110-116.
[13] 王新凤. 发酵饲料的特点及应用［J］. 养殖与饲料，2022，21（3）：61-63.
[14] 王运兵，崔朴周. 生物农药及其使用技术［M］. 北京：化学工业出版社，2010.
[15] 吴文君，高希武，张帅. 生物农药科学使用指南［M］. 北京：化学工业出版社，2017.
[16] 余伯良. 发酵饲料生产与应用新技术［M］. 北京：中国农业出版社，1999.
[17] 元文霞，毕影东，樊超，等. 我国生物肥料的发展现状与应用［J］. 农业科技通讯，2022（12）：4-9.
[18] 郑怀国，串丽敏，孙素芬. 生物肥料行业发展态势分析［M］. 北京：中国农业出版社，2016.
[19] 周燚，王中康，喻子牛. 微生物农药研发与应用［M］. 北京：化学工业出版社，2006.

# 第七章

# 发酵技术与环境治理

## 第一节　微生物净化废水

### 一、微生物污水净化的原理

污水主要来源于生活和工业。生活污水如不经过处理则会使水源不适应生活需要，同时造成对水生生物的毒害作用，破坏水资源，还可传播肠道传染病；工业污水中有的无机物和有机物，使动、植物生长条件恶化，鱼类生产受损，人类的生活及健康受到不良影响。微生物法处理这两类废水是最经济又简便易行，且效果比较好的方法。

微生物处理污水的实质即人工构建一个小型生态系统，通过不同类群微生物之间的协同作用而实现物质循环和能量交换。当高 $BOD_5$ 污水进入污水处理装置后，其中的自然微生物区系在好氧条件下，根据营养物质或有毒物质的情况，在客观上造成了一个选择性培养条件，并随着时间的推移，发生了微生物区系有规律的更迭，从而使水中的有机物或毒物不断被降解、氧化、分解、转化或吸附沉降，进而达到去除污染物和沉降、分层的效果。此时，自然去除废气后的低 $BOD_5$ 清水可流入河道。经好氧性微生物处理后的废渣-活性污泥或生物膜的残余物，是比原来污水含 $BOD_5$ 更高的有机物，它们可通过厌氧处理而生产沼气和有机肥料。

简单地说，废水微生物处理装置实际上可以看作一个大型发酵罐，利用微生物的代谢作用，把水中的有机污染物转化为简单的无机物，即利用微生物的生命活动过程来转化污染物，使之无害化的方法。

### 二、污水处理中的微生物

污水处理中的微生物种类很多，主要是细菌、真菌、藻类、原生动物和后生动物。

**1. 细菌**

细菌具有较强的适应性和快的生长速度。主要包括真细菌（Eubacteria）和古细菌（Archaebacteria），是废水生物处理工程中的主要微生物。

根据需氧情况不同，污水处理中的细菌分为好氧细菌、兼性细菌和厌氧细菌；根据碳源利用情况的不同，分为光合细菌（包括光能自养菌、光能异养菌）、非光合细菌（包括化能自养菌、化能异养菌）；根据生长温度的不同，分为低温菌（10～15℃）、中温菌（15～45℃）和高温菌（>45℃）。污水处理设施中的微生物主要是异养细菌。

**2. 真菌**

真菌包括酵母和霉菌，在污水处理中具有重要作用。

真菌的三个主要特点：①能在低温和低 pH 条件下生长；②在生长过程中对氮的要求较低（是一般细菌的 1/2）；③能降解纤维素。

真菌在废水处理中的应用：①处理某些特殊工业废水；②固体废弃物的堆肥处理。

真菌丝在活性污泥的聚集中起骨架作用，但是过多的丝状细菌存在会影响污泥的沉降性能并引起污泥膨胀。

**3. 藻类**

藻类是单细胞或多细胞的真核微生物。它含有叶绿素，通过光合作用吸收二氧化碳和水以释放氧气，吸收水中的氮、磷和其他营养素以合成其自身细胞。

**4. 原生动物**

原生动物是能分裂和繁殖的最低等单细胞动物。污水中的原生动物既是净水器又是水质指标。大多数原生动物是有氧异养的。在污水处理中，原生动物的作用不如细菌重要，但由于大多数原生动物可吞咽固体有机物和游离细菌，因此具有净化水质的作用。原生动物对环境变化更敏感。不同的原生动物出现在不同的水质环境中，因此它们是水质的指标。例如，许多蠕虫具有足够的溶解氧。当溶解氧低于 1mg/L 时，它们出现的频率降低并且不活跃。

**5. 后生动物**

后生动物是多细胞动物。污水处理设施和稳定池塘中常见的后生动物包括轮虫、线虫和甲壳类动物。后生动物都是有氧微生物，生活在水质较好的环境中。后生动物以细菌、原生动物、藻类和有机固体为食。它们的存在表明处理效果更好，并且是污水处理的指标。

## 三、微生物净化污水的方法

**1. 厌氧化处理法**

又称甲烷发酵或沼气发酵，即从糖或其他有机物（蛋白质、氨基酸、脂类、有机酸）中释放能量，贮存在 ATP 中，不需 $O_2$（但有 $O_2$ 也可进行），不需要电子传递链，利用有机物作为最终电子受体的微生物代谢过程。该法依据厌 $O_2$ 微生物生命活动的要求，提供严格的无氧条件，使其把污水中的有机物最终分解成 $CH_4$、$CO_2$、$N_2$、$NH_3$、$NO_3$ 等。其分解过程大体经过两个阶段。①一是液化阶段。梭状芽孢杆菌属、假单胞杆菌属、链球菌属、葡萄球菌属、变形杆菌属等产生的细胞外酶能把污水中大分子有机物分解，然后通过胞内酶的作用，再转化为小分子脂肪酸。在此过程中，微生物把凝聚成的大分子固态颗粒，变成液态状小分子，因此叫液化阶段。②二是气化阶段。甲烷细菌会把液化阶段分解成的小分子有机物进一步分解成 $O_2$、$CH_4$、$CO_2$、$N_2$、$NH_3$、$NO_3$，其中甲烷含量最多。在此过程中产生大量气体，因此叫气化阶段。这种办法适合处理有机物含量较高的污水，如生活污水、酒精厂的蒸馏废液、啤酒厂的酵母废液、屠宰场的有机废水等。厌氧处理过程中，产生大量的甲烷等气体。因此可以安装回收设备回收甲烷，作为燃料。

### 2. 需氧处理法

该办法是根据需氧微生物生活的特点，提供充足的 $O_2$，使好氧微生物大量繁殖，使废水中的有机物最终氧化分解成 $CO_2$、水、硝酸盐等简单的无机物，达到净化污水的目的。需 $O_2$ 处理法包括活性污泥法、生物膜法、氧化塘法等，其中活性污泥法最为常见。

（1）活性污泥法

① 活性污泥法定义。活性污泥法又称曝气法，是利用含有好氧微生物的活性污泥，在通气条件下使污水净化的生物学方法，此法是现今处理有机废水的最主要方法。所谓活性污泥是指由菌胶团形成菌、原生动物、有机和无机胶体及悬浮物组成的絮状体。在污水处理过程中，它具有很强的吸附、氧化分解有机物或毒物的能力。在静止状态时，又具有良好沉降性能。活性污泥中的微生物主要是细菌，占微生物总数的 90%～95%，并多以菌胶团的形式存在，具有很强的去除有机物的能力，原生动物起间接净化作用。

② 活性污泥法的微生物组成。活性污泥是由细菌、霉菌、酵母菌、藻类等大量微生物和一些原生动物凝聚而成的绒絮状泥粒，具有很强的吸附和氧化分解有机物的能力，活性污泥中的细菌多数以菌胶团的形式存在，只有少数以游离态存在。菌胶团是活性污泥的主体，具有黏性，能使水中的有机物黏附在颗粒上，然后加以分解利用，菌胶团为原生物及丝状细菌提供了栖息和生活场所，其中的细菌具有很强的分解有机物的能力，而且由于菌体细胞包埋在胶质中，可避免被原生动物吞噬。活性污泥中的细菌类群随不同污水而呈现不同的优势菌群，如菌胶团属、假单孢菌属、芽孢杆菌属、八叠球菌属、螺菌属等。活性污泥中丝状细菌有球衣细菌、白硫细菌属，其中球衣细菌附着在菌胶团上或与菌胶团交织在一起，成为活性污泥的骨架。球衣细菌在含有机物较低的污水中出现，对有机物有很强的分解能力。因此，可以根据污水成分含量的不同，人为地增添一些优势菌种，加速废水有机物的分解。

③ 活性污泥法的微生物作用。

一是提高出水水质方面的作用：a. 通过某些原生动物的分泌物，在沉降过程中促进游离细菌的絮凝作用，提高细菌的沉降效率和去除率。b. 原生动物捕食细菌，提高细菌活动能力，提高对可溶性有机物的摄取能力。c. 原生动物和细菌一起，共同摄食病原微生物。

二是在活性污泥系统中的指示作用：a. 当活性污泥性能良好时，活性污泥表现为絮凝体较大，沉降性好。镜检观察出现的生物有钟虫属、盖虫属、有肋楯纤虫属、聚缩虫属、各类吸管虫属、轮虫类、寡毛类等固着型种属或匍匐型种属。b. 活性污泥恶化时，絮凝体较小，出现的生物有豆形虫属、滴虫属和聚屋滴虫属等快速游泳型生物。当污泥严重恶化时，微型动物大面积死亡或几乎不出现，污泥沉降性下降，处理水质能力差。c. 活性污泥从恶化恢复到正常，在这段过渡期内出现的生物有漫游虫属、管叶虫属等慢速游泳型或匍匐型生物。d.活性污泥膨胀时丝状菌是导致污泥膨胀的主要生物，由于丝状菌大量繁殖，活性污泥呈棉絮状，颗粒细碎且颜色相对较浅。

④ 活性污泥法的有机物分解过程。活性污泥去废水中有机物可分为三个阶段：a.微生物细胞内营养物质的吸收；b.活性污泥的增殖；c.微生物的氧化分解作用。活性污泥法根据曝气方式不同分多种方法，目前最常用的是完全混合曝气法。污水进入曝气池后，活性污泥中的细菌等微生物大量繁殖，形成菌胶团絮状体，构成活性污泥骨架，原生动物附着其上，丝状细菌和真菌交织在一起，形成一个个颗粒状活跃的微生物群体。曝气池内不断充气、搅拌，形成泥水混合液，当废水与活性污泥接触时，废水中的有机物在很短时间内被吸附到活性污泥上，可溶性物质直接进入细胞内。大分子有机物通过细胞产生的胞外酶将其降解成为小分子物质后再渗入细胞内。进入细胞内的营养物质在细胞内酶的作用下，经一系列生化反应，使有机物转化为 $CO_2$、$H_2O$ 等简单无机物，同时产生能量。微生物利用呼吸放出的能量和氧化过程中产生的中间产物合成细胞物质，使菌体大量繁殖。微生物不断进行生物氧化，环境中有机物不断减少，使污水得到净化。当营养缺乏时，微生物氧化细胞内贮藏物质，并产生能量，这种现象叫自身氧化或内源呼吸。

(2) 生物膜法　该法是以生物膜为净化主体的生物处理法。生物膜是附着在载体表面，以菌胶团为主体所形成的黏膜状物。生物膜的功能和活性污泥法中的活性污泥相同，其微生物的组成也类似。净化污水的主要原理是附着在载体表面的生物膜对污水中有机物的吸附与氧化分解作用。生物膜法根据介质与水接触方式不同，有生物滤池、生物转盘法等。

在生物滤池由于滤料间隙的空气不断溶于水中，水层中保有比较充足的溶解氧，而流过的废水中所含的大量有机物质可作为微生物的营养源，因此水层中需氧微生物能够大量生长繁殖。微生物的代谢作用使部分有机物质被氧化分解为简单的无机物，并释放出能量。这些能量一部分供微生物自身生长活动的需要，另一部分被转化合成为新的细胞物质。另外，废水通过滤池时，滤料截留了废水中的悬浮物质，并吸附了废水中的胶体物质，使大量繁殖的微生物有了栖息场所，从而在滤料表面逐渐生长出一层充满微生物及原生动物的“生物膜”。膜的外侧有附着水层，废水不断从滤池上淋洒下来，就有一层废水不断沿生物膜上部表面流下，这部分废水为流动水层。流动水层和附着水层相接触，附着水层由于生物净化作用，所含有机物质浓度很低，流动水层通过传质作用把所含的有机物传递给附着水层，从而不断地得到净化。同时由于生物膜上的微生物的增殖，膜的厚度不断增加，当达到一定厚度时，生物膜层内由于得不到足够的氧，由需氧分解转变为厌氧分解，微生物逐渐衰亡、老化，使生物膜从滤料表面脱落，随水流至生物滤池的滤料上再生成新的生物膜，如此不断更新。就部分滤料来说，处理废水效能呈周期性变化。在生物膜形成的初期，微生物的代谢活动旺盛，净化功能最好；随着生物膜逐渐加厚，内部出现厌氧分解现象，净化的功能逐渐减退；到生物膜脱落时为最低。但就整个滤池来说，滤料上生物膜的脱落是参差交替的。因此，在正常情况下，整个滤池的处理效果是基本稳定的。

需氧生物膜上的微生物种类很多，有细菌、真菌、藻类、原生动物和后生动物，以及肉眼可见的微型动物。生物滤池中上层、中层、下层构成生物膜的微生物，种类也有区别。

## 四、典型微生物净化污水处理工艺流程

现代污水处理技术，按处理程度划分，可分为一级、二级和三级处理（图 7-1)。

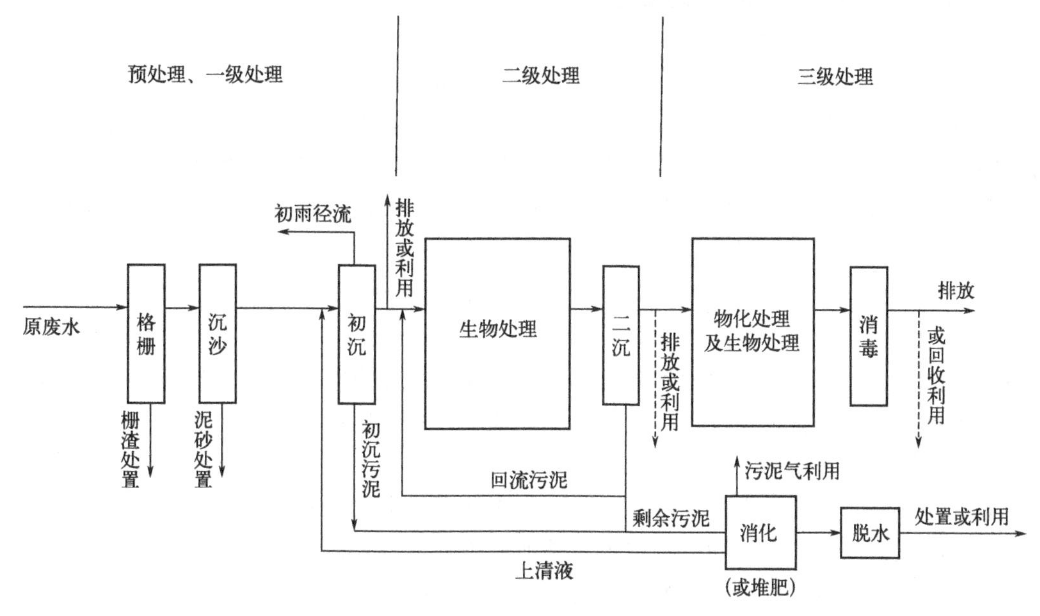


图 7-1 城市污水处理流程图

一级处理，主要去除污水中呈悬浮状态的固体污染物质，物理处理法大部分只能完成一级处理的要求。经过一级处理的污水，BOD 一般可去除 30%左右，达不到排放标准。一级处理属于二级处理的预处理。

二级处理，主要去除污水中呈胶体和溶解状态的有机污染物质（BOD、COD)，去除率可达 90%以上，使有机污染物达到排放标准。

三级处理，进一步处理难降解的有机物、氮和磷等能够导致水体富营养化的可溶性无机物等。主要方法有生物脱氮除磷法、混凝沉淀法、砂滤法、活性炭吸附法、离子交换法和电渗分析法等。

整个过程为通过粗格栅的原污水经过污水提升泵提升后，经过格栅或者砂滤器，之后进入沉砂池，经过砂水分离的污水进入初次沉淀池，以上为一级处理（即物理处理)。初沉池的出水进入生物处理设备，有活性污泥法和生物膜法（其中活性污泥法的反应器有曝气池、氧化沟等，生物膜法包括生物滤池、生物转盘和生物流化床)。生物处理设备的出水进入二次沉淀池，二次沉淀池的出水经过消毒排放或者进入三级处理。一级处理结束到此为二级处理。三级处理方法包括生物脱氮除磷法、混凝沉淀法、砂滤法、活性炭吸附法、离子交换法和电渗析法。二次沉淀池的污泥一部分回流至初次沉淀池或者生物处理设备，一部分进入污泥浓缩池，之后进入污泥消化池，经过脱水和干燥设备后，污泥被最后利用。

# 第二节　固体废弃物微生物处理

## 一、固体废弃物微生物处理的类型

固体废弃物是指在人类生活和生产活动中产生的失去使用价值的固态和半固态废弃物。随着我国科技的进步、工业发展不断深入、城市化进程不断扩大，在人民生活水平提高的同时，环境问题已然成为了现今普遍关注的问题，其中固体废弃物是环境污染的重要污染源之一。固体废弃物种类繁多、来源广泛、数量巨大，其对大气、水源、土壤和人类生活环境都造成了极大的影响。

据《2011 中国环境状况公报》，我国工业固体废弃物产生量达 325140.6 万吨，综合利用量（含利用往年贮存量）为 199757.4 万吨，综合利用率为 60.5%。固体废弃物处理的最终目标是无害化、减量化和资源化。现今对固体废弃物的处理方法有填埋处理、焚烧处理、粉碎处理、生物处理及各种化学方法处理等，其中生物处理主要是利用微生物对固体废弃物分解的处理技术，以低成本、绿色环保、不会有二次污染等优点一直以来受到许多研究者的关注。随着研究的不断深入，微生物处理技术也不断成熟，在固体废弃物处理中得到了广泛的应用。微生物处理技术与其他传统处理工艺相结合，将为解决固体废弃物对环境的危害和固体废弃物的资源化利用提供一条新的途径。

固体废弃物组成繁杂、数量巨大，在控制固体废弃物对环境的污染和资源化利用过程中需要对其进行分类，针对不同种类的固体废弃物采用不同的处理技术，以期达到最大的处理效益。固体废弃物按其组成可分为有机固体废弃物和无机固体废弃物，按其污染特性则可分为有害废物和一般废物等。在《固体废弃物污染环境防治法》中将固体废弃物分为城市固体废弃物、工业固体废弃物和有害固体废弃物。

微生物能有效分解生活垃圾中的有机成分，最大限度地实现固体废弃物的资源化和无害化处理。微生物在自然界中种类繁多，微生物处理技术在城市生活垃圾处理中占有很重要的地位，其主要固体废弃物处理技术包括固体废弃物的堆制技术和固体废弃物的填埋技术，其中固体废物的堆制、垃圾的填埋以及废物资源化过程均为发酵过程。

**1. 微生物技术处理城市生化垃圾**

微生物技术在城市生活垃圾处理中应用的主要代表是卫生填埋技术、生物反应器填埋技术、好氧堆肥技术、发酵降解技术及生物干燥器技术五种技术。

（1）*卫生填埋技术*　填埋法是最简单的垃圾处理方法，处理费用低，运行及管理方便，在世界各国广泛使用，也是我国目前及今后一段时期内处理城市生活垃圾最普遍使用的方法之一。城市生活垃圾含有较高的有机质含量及水分，在填埋过程会产生大量的垃圾渗滤液，其中含有种类繁多、成分复杂的污染物，被世界公认为最难处理的有毒、有害、高浓度有机废水之一，如果处理不当，渗滤液会渗入土壤或经地表冲刷混入河流，造成二次污染，已经成为垃圾填埋场亟待解决的问题。近年来，利用微生物技术处理垃圾渗滤液的研究受到关注，而应用微生物处理等的卫生填埋法成为城市生活垃圾处理技术研究的热点。

(2) 生物反应器填埋技术　由于传统的卫生填埋技术存在着渗滤液污染等问题，因此在其基础又发展了生物反应器填埋技术，通过有目的的渗滤液回灌控制系统，强化填埋垃圾中微生物的生物过程，从而加速垃圾中可降解有机组分的转化和稳定。生物反应器填埋技术的机理是利用微生物对填埋垃圾的降解作用，将填埋场视为一个天然的微生物活动的场所，利用先进的技术和工艺设备使城市生活垃圾填埋场的内部环境得到优化和改善，并使其变成可以控制的生物反应器，从而为微生物快速大量繁殖提供有利条件和空间，使垃圾填埋场同时具有容纳垃圾、防止污染、生物降解垃圾等多重功能。

(3) 好氧堆肥技术　好氧堆肥主要是通过应用好氧微生物在有氧的情况下，对堆积在地面或者专门发酵装置中的有机物实施降解处理，并以此获得具有较高稳定性的高肥力腐殖质。生活垃圾特别是厨余垃圾营养丰富，含有大量有机物质，C/N 值高，非常适合用作堆肥原料。我国一些大中城市已逐渐将好氧堆肥制取有机肥作为生活垃圾资源化处理的有效技术手段。目前餐厨垃圾好氧堆肥的研究主要集中在堆肥微生物的选择和控制、堆肥反应器的改进、工艺条件控制优化以及堆肥添加剂的应用等方面。

(4) 厌氧消化处理技术　由于城市生活垃圾具有有机质及水含量高的特点，具备了成为厌氧消化优质底物的条件。在厌氧微生物作用下，餐厨垃圾可产生氢气（$H_2$）和甲烷（$CH_4$）等能源气体；在发酵过程中还能减少病原菌、臭气产生和二氧化碳（$CO_2$）排放；同时发酵后沼渣可生产有机肥原料。由于有机质具有良好的生物降解性，因此厌氧消化技术被广泛应用于处理城市生活垃圾。生活垃圾相较于其他发酵基质具有更高的甲烷产率。因此，为了满足当前对于可再生能源需求，相较于气化和燃烧，厌氧消化处理餐厨垃圾技术是一种变废为宝、实现清洁再生资源、化腐朽为神奇的技术。

(5) 生物干燥技术　生物干燥是一种生物预处理技术，可用来处理城市生活垃圾，是生物堆肥的一种特殊形式，主要利用堆肥原理，通过强制通风使垃圾干燥脱水，垃圾中的微生物利用有机物发酵并产生热量。在高温下通风可以加速水分挥发，使混合垃圾的含水率显著下降，从而实现生物干燥的效果，最大限度地确保资源的回收再利用。垃圾的机械生物综合处理一般是将已粉碎的城市生活固体垃圾经生物干燥反应器处理后，得到的产品再进一步机械处理。生物干燥在目前仍属于较新的技术。在堆肥过程的控制上，生物干燥技术与传统堆肥工艺有一定区别。传统堆肥工艺利用微生物好氧发酵把有机物充分氧化成腐殖质类物质，而生物干燥技术则是利用生物反应过程中的放热来蒸发垃圾中的水。生物干燥过程的最终目标，是最大限度地降低垃圾含水率。生物干燥技术与堆肥工艺不同，它旨在干燥和保留垃圾基质中的生物质。在生物干燥反应器中的主要干燥机制为空气对流蒸发，而物料的物理特性对干燥效果也有一定影响。反应器通风系统类型的选择也是生物干燥的一个重要影响因素。

### 2. 微生物技术处理涉及重金属危险固体废弃物

涉重危废（heavy metals-contained hazardous wastes）是涉及重金属危险固体废弃物的简称，泛指重金属含量较高，致使其浸出浓度超过危险废物鉴别标准值的固体废弃物。涉重危废是固体废弃物中有害固废的一类，也是固体废弃物处置管理中需要重视的一类废弃物。涉重危废具有强烈的生物毒性，对环境有极高的危害，世界各国对涉重危废的监管都极其严厉。2016 年国家发布的新版《国家危险废物名录》中共列举了 46 大类危险废物，其中涉重危废占 17 大类。涉重危废来源广、种类繁多、组成复杂，从其来源上看主要可以分为两大类，一是社会来源，主要是失效产品废弃物，包括废旧电池和电子线路板、失效催化剂；二是工业来源，主要是工业生产加工过程产生的废弃物，包括电镀污泥、酸洗废渣、冶炼废渣和城市垃圾焚烧飞灰等。据环保部统计，2015 年我国各类危废产生量达 4220 万吨，据估计 1500 万～2000 万吨为涉重危废，其中废旧电池、废旧电子线路板和失效催化剂均在数十万吨级，而酸洗废渣、冶炼废渣、城市垃圾焚烧飞灰高达数百万吨级。这些数量巨大的涉重危废含有高浓度的剧毒/有毒金属，如镉、铅、汞、铜、镍、钴、锌、锰等。涉重危废处置不当可能会引发土壤大面积重金属污染，涉重危废的非法倾倒是近期频频发生的涉砷、涉铅、涉镉等重金属污染公害事件的直接原因，涉重危废的处理问题已迫在眉睫。

涉重危废因其严重的环境危害特性和生态毒性，无害化处理是现有处置技术的主要方向。生物沥浸是指通过特定微生物（类群）的直接（接触）作用或其代谢活性产物的间接（非接触）作用将固相材料中目标金属浸出并进入液相的过程，该技术因经济、绿色、节能、安全的特点，在涉重危废的资源化利用中得到应用和研究。从 20 世纪 60 年代开始，美国、加拿大、澳大利亚、智利、南非、印度等国家深入开展了低品质/难浸矿石的生物冶金（生物沥浸）技术和工艺的研究。我国生物冶金（生物沥浸）技术研究在王淀佐院士、邱冠周院士带领下取得重大突破，且在生物沥浸领域的国际影响力得到了提升。目前，生物冶金技术已成功用于低品硫化矿中铜、镍、钴、铀、金等有价金属的浸提和回收。

**3. 微生物技术处理工业固体废弃物**

工业固体废弃物是指在工业生产过程中产生的固体废弃物。工业固体废弃物可分为冶金工业固体废弃物、矿业固体废弃物、石油化学工业固体废弃物、轻工业固体废弃物、能源工业固体废弃物、其他工业固体废弃物。工业固体废弃物按其危险性可分为一般固体废弃物和有害固体废弃物两大类。一般固体废弃物主要有高炉渣、钢渣、赤泥、有色金属渣、粉煤灰、煤渣、硫酸渣、废石膏、脱硫灰、电石渣、盐泥等。有害固体废弃物如废矿物油及含油废物、含铬废物等难以被环境消化，同时对土壤、水源和人类生活健康造成危害的废弃物。传统的工业固体废弃物主要采用焚烧和填埋两种方法，而这两种处理固体废弃物的方式会造成二次污染，处理效果不佳，并且不能很好地对工业固废进行资源化利用。发展新的技术是实现工业固废无害化、资源化和减量化处理的方向。目前，有关微生物对工业固体废弃物的实验研究工作不少。如研究者进行了微生物-土壤联合处理废弃钻井液渣泥技术研究，该工艺在钻井进行现场试验。结果表明，经历了 3 个月的处理，钻井固体废弃物中的主要指标 COD、石油类的降解率超过 90%，浸出液指标达到国家《污水综合排放标准》一级指标要求，土壤重金属离子浓度没有显著变化，各指标均达到了国家《土壤环境质量标准》（旱地）三级标准。

## 二、固体废弃物微生物处理菌株的特点

一般认为，从固体废弃物的各种复杂有机物分解开始到最后生成沼气，共有五大类群

细菌参与，它们是发酵性细菌、产氢产乙酸菌、耗氢产乙酸菌、食氢产甲烷菌和食乙酸产甲烷菌。五大类群菌构成一条食物链，根据其代谢产物的不同，前三群细菌共同完成水解酸化过程，后两群细菌完成产甲烷过程。

**1. 发酵性细菌**

可用于沼气发酵的有机物种类繁多，如禽畜粪便、作物秸秆、食物及酒精加工废物等，其主要化学成分包括多糖类（如纤维素、半纤维素、淀粉、果胶质等）、脂类和蛋白质。这些复杂有机物大多不溶于水，必须首先被发酵性细菌所分泌的胞外酶分解为可溶性糖、氨基酸和脂肪酸后，才能被微生物吸收利用。发酵性细菌将上述可溶性物质吸收进入细胞后，经发酵作用将其转化为乙酸、丙酸、丁酸和醇类，同时产生一定量的氢气及二氧化碳。沼气发酵时发酵液中乙酸、丙酸、丁酸的总量称为总挥发酸（total volatile acid，TVA）。在发酵正常的情况下，总发挥酸中以乙酸为主。蛋白类物质分解时，除生成产物外，还会有氨和硫化氢产生。参与水解发酵过程的发酵性细菌种类繁多，已知的就有几百种，包括梭状芽孢杆菌、拟杆菌、丁酸菌、乳酸菌、双歧杆菌和螺旋菌等。这些细菌多数为厌氧菌，也有兼性厌氧菌。

**2. 产甲烷菌**

在沼气发酵过程中，甲烷的形成是由一群高度专业化的细菌——产甲烷菌引起的。产甲烷菌包括食氢产甲烷菌和食乙酸产甲烷菌，它们是厌氧消化过程食物链中的最后一组成员，尽管它们具有各种各样的形态，但在食物链中的地位使它们具有共同的生理特性。它们在厌氧条件下将前三群细菌代谢的终产物，在没有外源受氢体的情况下，把乙酸转化为气体产物甲烷和二氧化碳，使有机物在厌氧条件下的分解作用得以顺利完成。

## 三、沼气发酵处理废弃物

沼气发酵又称为厌氧消化、厌氧发酵，是指固体有机物质（如人、畜、家禽粪便，秸秆，杂草等）在一定的水分、温度和厌氧条件下，通过各类微生物的分解代谢，最终形成甲烷和二氧化碳等可燃性混合气体的过程。沼气发酵系统基于沼气发酵原理，以能源生产为目标，最终实现沼气、沼液、沼渣的综合利用。沼气发酵微生物要求有适宜的生活条件，对温度、酸碱度、氧化还原势及其他各种环境因素都有一定的要求。在工艺上只有满足微生物的这些生活条件，才能达到发酵快、产气量高的目的。实践证明，往往由于某一条件没有控制好而引起整个系统运行失败。因此，控制好沼气发酵的工艺条件是维持正常发酵产气的关键。

沼气发酵是一个复杂的生物化学过程，具有以下特点：

① 参与发酵反应的微生物种类繁多，没有应用单一菌种生产沼气的先例，在生产和试验过程中需要用接种物来发酵。

② 用于发酵的原料复杂，来源广泛，各种单一的有机质或混合物均可作为发酵原料，最终产物都是沼气。此外，通过沼气发酵能够处理 COD 质量浓度超过 50000mg/L 的有机废水和固体含量较高的有机废弃物。

③ 沼气微生物自身能耗低，在相同的条件下，厌氧消化所需能量仅占好氧分解的

1/30～1/20。

④ 沼气发酵装置种类多，从构造到材质均有不同，但各种装置只要设计合理均可生产沼气。

⑤ 产甲烷菌要求在氧化还原电位－330mV 以下的环境生活，沼气发酵要求在严格的厌氧环境中进行。

## 四、典型的微生物沼气发酵工艺

典型的微生物沼气发酵工艺如图 7-2 所示。

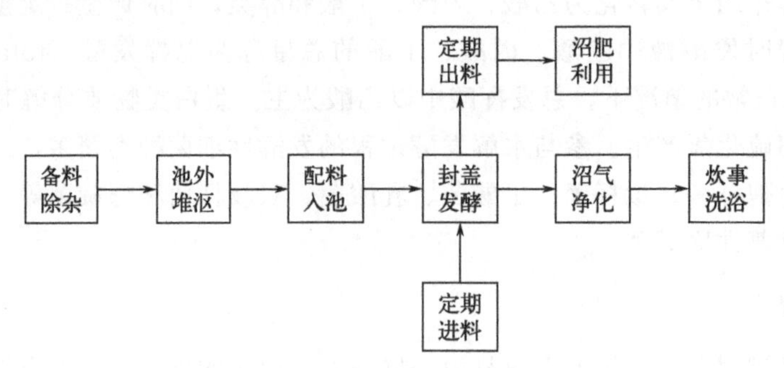


图 7-2　典型微生物沼气发酵工艺流程图

**1. 发酵原料**

在厌氧发酵过程中，原料既是产生沼气的基质，又是沼气发酵微生物赖以生存的养料来源。除了矿物油和木质素外，自然界中的有机物质一般都能被微生物发酵产生沼气，但不同的有机物有不同的产气量和产气速度。较难分解的有机物质，在投料前要进行切碎、堆沤等预处理。若有机物已经过牲畜肠胃消化、阴沟厌氧消化及工业发酵，入池后很快就会产气。因此，农业剩余物秸秆、杂草、树叶等，猪、牛、马、羊、鸡等家畜家禽的粪便，工农业生产的有机废水废物（如豆制品的废水、酒槽和糖渣等）及水生植物都可以作为沼气发酵的原料，如水葫芦等。

沼气发酵原料按其物理形态分为固态原料和液态原料两类；按其营养成分又分有富氮原料和富碳原料；按其来源分为农村沼气发酵原料、城镇沼气发酵原料和水生植物三类。

富氮原料通常指富含氮元素的人、畜和家禽的粪便。这类原料经过了人和动物肠胃系统的充分消化，一般颗粒细小，含有大量低分子化合物——人和动物未消化吸收的中间产物，含水量较高。因此，在进行沼气发酵时，不必进行预处理，就容易厌氧分解，产气很快，发酵期较短。

富碳原料通常指富含碳元素的秸秆和秕壳等农作物的残余物。这类原料富含纤维素、半纤维素、果胶以及难降解的木质素和植物蜡质。干物质含量比富氮的粪便原料高，且质地疏松，相对密度小，进沼气池后容易漂浮形成发酵死区——浮壳层，发酵前一般需经预处理。富碳原料厌氧分解比富氮原料慢，产气周期较长。

发酵原料的评估和计量，通常用总固体（total solids，TS）、悬浮固体（suspended solids，SS）、挥发性固体（volatile solid，VS）及挥发性悬浮固体（volatile suspended solids，VSS）、化学耗氧量（COD）和生物耗氧量（BOD）等指标评价和计量原料中有机物的含量和沼气的产量。

**2. 发酵过程的工艺控制**

上述发酵原料一入池便立即与发酵细菌完全混合，然后通过控制严格的厌氧环境、监控发酵温度来实施沼气发酵过程的良好工艺控制。

（1）严格的厌氧环境　沼气发酵微生物包括产酸菌和产甲烷菌两大类，它们都是厌氧性细菌，尤其是产甲烷菌是严格厌氧菌，对氧特别敏感。它们不能在有氧环境中生存，哪怕只有微量的氧存在，生命活动也会受到抑制，甚至死亡。因此，建造一个不漏水、不漏气的密闭沼气池（罐），是人工制取沼气的关键。沼气发酵的启动或新鲜原料入池时会带进一部分氧，造成了沼气池内较高的氧化还原势。但由于在密闭的沼气池内，好氧菌和兼性厌氧菌（此类菌在有氧或无氧环境中都能生存与活动）共同的作用，迅速消耗了溶解氧，使沼气池的氧化还原势逐渐降低，从而创造了良好的厌氧条件。

（2）发酵温度　沼气发酵微生物在一定的温度范围进行代谢活动，可以在8～65℃产生沼气，温度不同，产气速度也不同。在8～40℃范围内，温度越高，产气速率越大，但不是线性关系。40～50℃是沼气微生物高温菌和中温菌活动的过渡区间，它们在这个温度范围内都不太适应，因而此时产气速率会下降。当温度增高到50～55℃时，由于沼气微生物中的高温菌活跃，产沼气的速率最快。

通常产气高峰温度一个在35℃左右，另一个在54℃左右。这是因为在这个最适宜的发酵温度中，由两个不同的微生物群参与作用。前者叫中温发酵，后者叫高温发酵。

若沼气发酵温度突然上升或下降，对产气量有明显的影响。若温度突然上升或下降5℃，产气量会显著降低，若变化过大，则产气过程可能会停止。为防止沼气发酵温度的突变，沼气池应采取必要的保温措施。将沼气池建于大棚内（夏季遮阴），是防止温度突变的有效措施之一。

沼气常温发酵，在发酵过程中基本上不进行温度控制，发酵料液的温度随自然温度有规律地进行变化，其优点是设备简单、无需加温、便于推广；其缺点是产气率低，尤其是冬季经常由于温度过低而影响产气或停止运行。高温和中温发酵处理效率高、处理时间短、产气量高，但缺点是设备比较复杂，需要消耗大量的能量用于加温和保温。

## 五、微生物处理固体废弃物技术存在的问题

在城市生活垃圾处理中，微生物处理技术主要是对生活垃圾中的有机固体废弃物有良好的降解作用，并能产生资源，实现固体废弃物的无害化和资源化利用。但城市生活垃圾中难以被微生物降解的成分依然存在，微生物对其降解速度慢，这也是微生物技术在处理城市生活垃圾的局限性。

生物沥浸技术面临的问题。在高固液比条件下沥浸效率低的问题，涉重危废如废旧电池、城市垃圾的焚烧飞灰、失效催化剂等都是高碱性的氧化物或氢氧化物，因此，涉重危废中有价金属的生物沥浸过程会强烈消耗 $H^+$，导致沥液 pH 居高不下，危及嗜酸自养菌株的生长和活性。同时涉重危废中的高毒有机或无机物质如高浓度氟离子、六氟磷酸锂等都会危及工作菌株的生长，最终可能导致生物沥浸过程的停止。由于这些因素的存在，生

物沥浸技术在高固液比下对涉重危废的处理能力大幅减低，处理成本显著上升，这成为该技术实际应用的重大障碍。绿色、节能、低耗、安全是生物沥浸技术的优点，但同时存在抗逆差、速率低、周期长等缺点。高达几周甚至数月的反应时间大大降低了固废处理的效率。因为沥浸的工作菌株大多为生长缓慢的化能自养菌，这类菌种不能满足涉重危废快速浸提的需要。

微生物技术在工业固体废弃物处理上尚不成熟，目前主要处于初始研究阶段，微生物技术只是应用于工业固体废弃处理的一小部分，如回收工业固废中的有毒、有价金属，减少工业固废中的有害成分。同时经微生物技术脱毒后的残渣仍属于危废，最后还是需要通过传统的固化填埋或水泥窑协同处置进行无害化处理。所以微生物技术处理工业固体废弃物应协同其他传统处理技术，这样才能实现工业固废的资源化利用。

## 拓展知识

### 沼气发酵技术在农业生产中的应用

**1. 提供优质能源（沼气）和优质沼肥**

沼气是可再生的清洁能源，可替代秸秆、薪柴、煤炭等能源，而且能源效率较高。随着种植场、畜禽养殖场的规模化发展，各地规模化种植、养殖的比例还将继续提高，可为沼气发酵提供大量原料。沼气池一次性投入，使用寿命长久。沼气池既产生沼气，也产生优质沼肥。沼气可供农户一日三餐炊事及照明所用，沼气户每年消费煤量比非沼气户减少80%左右，消费秸秆用量减少 90%左右。

沼气池每年均可生产腐熟的高效、灭虫菌的优质沼肥。经检测，沼肥是迟、速效肥兼备的肥料，氮的回收率可比露天常温堆沤提高 50%左右，沼气户化肥农药用量比非沼气户年平均减少 30%左右。沼肥是保护地和露地栽培生产无公害农产品最好的肥料。沼气与沼肥在种植业与养殖业之间的循环利用，可更好地促进农村综合发展。

**2. 保护和改善生态环境**

秸秆的燃烧和粪便的随意堆放使环境污染日趋加重，随着化肥和农药的大量使用，土壤污染也逐渐加重。由于沼气工程的发展，沼气池的不断建立，秸秆和粪便几乎都用于沼气发酵，沼气的大面积使用，减少了环境污染，沼肥的大量使用，减少了化肥和农药的使用，最终改善了生态环境

# 第三节　发酵技术对有机废渣资源的利用

各种有机废渣如生物渣及工业的有机物下脚料，包括原粮、果蔬、甘蔗、油料作物以及诸多有机化工制品加工后留下的废渣中，还有许多可用的甚至是宝贵的物质，采用微生

物发酵技术将它们发酵后，可以大大提高其附加值。这类有机渣的深加工已引起科学界的普遍重视。

## 一、麸皮发酵

小麦麸皮是小麦面粉加工过程中的主要副产物，约占小麦籽粒的22%～25%，我国每年产量大约在3000万吨。作为一种重要的饲料原料，富含碳水化合物、膳食纤维和矿物质等诸多营养物质，但因其粗纤维和抗营养因子含量较高，在畜禽生产中利用率不高。通过选择合适的微生物组合及发酵技术，改变麸皮的纤维结构，降低抗营养因子含量，提高蛋白质和氨基酸含量等，显著改善小麦麸皮的营养价值，在畜禽生产中的应用价值得到很大的提高。

麸皮的简单发酵方法：1吨麸皮、1包99多功能饲料发酵剂、100公斤玉米或5公斤多糖性复合菌种营养基（这个效果更好）、食盐2公斤、清水500公斤，混合放入非金属容器或塑料袋中压实密封发酵一周即可使用，密封可以保存一年以上。发酵后的麸皮以15%～20%比例与猪饲料混合后饲喂，或者直接代替自配料中的麸皮即可。

## 二、米糠发酵

米糠是稻谷脱壳后依附在糙米上的表层残留物，约占稻谷粒重的7%～7.5%。米糠中可供利用的主要成分有粗蛋白（18%）、粗脂肪（22%）、粗纤维（9%）、灰分（10%）等。我国是世界第一产米大国，年产稻谷约2亿吨、副产品米糠1500万吨，其开发和深加工有广阔前景。而且米糠是可再生资源，原料来源不枯，只要产品质量稳定，打入市场后就容易占领市场。国内外的研究结果和资料表明，米糠中富含各种营养素和生理活性物质。美国等发达国家已经有食用米糠问世，中国也有类似产品被发明，即应用现代食品加工精准碾制技术将米糠中的不益食物质（稻壳、果皮、种皮、灰尘、微生物等）与益食营养物质（胚、糊粉层等外层胚乳）在洁净的生产车间里进行精准碾磨分离。此分离技术可将米糠分级为饲料级米糠和食品级米糠两部分，其中食品级米糠约占米糠总重量的80%、营养的90%以上。因为食品级米糠虽然只占稻谷重量的6%，且约占稻谷营养的60%，是大米碾白过程中的碾下物，所以其也被人们称为“米珍”或是“米粕”。米糠在应用前首先应该解决稳定性问题。这是由于新鲜米糠在脂肪酶的作用下，油脂迅速分解，米糠酸价增加，产生令人不愉快的霉味，因此必须先钝化这种酶才能后续生产加工。目前较为成熟的米糠稳定化技术有加热钝化法、辐射处理钝化法、挤压膨化稳定法、化学处理法和微波钝化法等。

米糠发酵多采用固态发酵，除应用于饲料生产外，还广泛用于米糠焙烤类、酒类和调味品类食品的生产中，具有产物浓度高、工艺简单、可控性强、废渣易回收和不产生废液污染等优点。液体发酵常用于制备米糠功能因子。

## 三、甘蔗渣发酵

甘蔗渣（包括残叶）是许多蔗糖生产国如古巴、巴西重要的农田废物之一。废渣约占甘蔗收获量的10%～20%，数量巨大。例如在印度，年产甘蔗2.2亿吨，可得蔗渣2200万～4400万吨。以往大多就地烧掉，温度可达600～800℃，使土壤中的微生物和蚯蚓等被杀死，从而导致土壤板结。多年来，国内外许多学者致力于糖厂副产品作饲料的开发研究，并已取得了一定的成果。如美国一畜牧研究所发明了一种将甘蔗渣经过氨化处理后加工成高蛋白饲料的方法。具体做法是：将甘蔗渣与尿素或胺化物混合（100∶2的水溶液），蔗渣要全部浸湿，在加热锅中在14kg的压力下蒸煮2h，出锅后降温至25℃左右时拌入酵母发酵，发酵后将其所产气体排放干净，并将蔗渣干燥，研磨成细粉后即可用作饲料。

## 四、稻壳发酵

稻壳是稻谷加工成大米时脱出的壳状物，过去主要用作家畜的粗饲料或建筑用的掺和料。稻谷壳硅石含量高、灰分高、韧性良好，同时具有密度低、多孔性、质地粗糙等特点。稻谷壳中富含有机质，它的主要成分一般由12%左右的水、36%的碳、0.48%的氮、0.32%的磷、0.27%的钾组成，不过成分会因为稻谷的品种、产地、加工方法等条件的不同而出现较大差异。

发酵方法如下：

① 将谷壳放入水桶内，或装入不透水的袋中，然后在水桶或袋中放入西瓜皮、柚子皮等果皮。

② 放入果皮后，向水桶或袋中倒入适量的红糖或蜂蜜水。

③ 向水桶或袋中加满水，然后搅拌均匀。

④ 盖好盖子，将水桶或袋子置于温度较高的环境中让其慢慢发酵即可。

## 五、酒糟发酵

酒糟是酒厂发酵后的有机渣，每生产1吨酒大约产生14吨这类废弃物，通常多用作饲料。用现代生物工程方法将其深加工，可制得甲烷和菌丝蛋白。酒的生产量在世界各国都很大，仅我国淮河流域就有100多家酒厂，年产酒量约为100多万吨，废渣量达数千万吨，处理效益相当可观。目前，利用饲料发酵技术是开发非常规饲料资源的主要技术手段。当下处理酒糟等下脚料，好氧发酵效果优于厌氧发酵，好氧发酵酒糟的同时也实现了水分含量的控制。其中菌种是至关重要的因素，菌种的质量决定了发酵后的效果。黄孢原毛平革菌是研究最多并且具有很强木质素降解能力的白腐真菌，它能分泌木质素过氧化物酶，从而降解木质素。康氏木霉能够分解纤维素且能够利用高纤维素含量的物质生产纤维素酶。黑曲霉生长速度快，产酶周期短、是一种安全的菌种，能够利用高粗纤维含量物质发酵生产纤维素酶，且在发酵过程中不产生真菌毒素。无花果曲霉是目前生产植酸酶的主要菌株，且被用于商品化植酸酶的生产。研究表明，酒糟利用黄孢原毛平革菌、康氏木霉、黑曲霉和无花果曲霉这4种菌经过最优条件发酵后，产物中羧甲基纤维素酶和木聚糖酶活性分别比单菌发酵时提高418.99%和507.45%。

## 六、油渣发酵

在油料和乳制品加工业中要排放许多油渣滤饼，它们有很大的利用潜力。与现有生产肥料的大多数有机物相比，油渣中含有更多的蛋白质，目前油渣一般直接作为有机肥料的原料，与其他有机物混合后发酵生产有机肥或有机-无机复合肥。

## 七、饼粕发酵

我国饼粕类资源十分丰富，主要有大豆饼粕、菜籽饼粕、棉籽饼粕、花生粕、芝麻饼粕、油茶饼粕、葵花籽饼粕、亚麻籽饼粕、红花籽粕等。这些原料都富含植物蛋白，其蛋白质含量一般都在30%以上。这些饼粕原料经过生物发酵后，饲料外观蓬松变软，气味芳香，抗营养因子降解，营养价值显著提高，是非常优良的微生物饲料。许多饼粕是提取蛋白质的好原料。例如：从花生饼粕中可提取组织蛋白，俗称人造肉；大豆饼粕可制取蛋白肉等。饼粕生物发酵饲料在养殖中需求量巨大，我国采用的发酵方式多为固态发酵，因而原料灭菌对于大批量生产来说成本较高。但如果消毒灭菌不彻底，在后期发酵的设备、输送系统等中很容易出现杂菌污染，导致发酵失败。敞开式发酵床生产量相对于发酵罐大很多，但使用敞开式发酵床进行发酵染菌风险更高。所使用的固态发酵反应器主要有静态浅盘式发酵罐、动态搅动式发酵罐和流体床式发酵床。

## 八、茶叶副产品发酵

茶叶是我国特产及主要创外汇商品之一，但我国每年约有10万吨低档茶叶积压库存难以销售，此外还有大量副产品，如茶叶加工过程中产生的茶末、茶树修剪下来的枝叶等。它们都是很有用的资源，进行深加工后可得到许多有价值的物质如茶多酚、咖啡因、茶色素、单宁、多糖复合体等，这些在食品、医药、日化诸行业中应用广泛，而且提取操作简便、成本低廉、附加值高，如制备茶后的副产品——禽畜发酵饲料。

用废茶和茶渣作为动物饲料必须经过微生物发酵处理，使其中的粗蛋白和多糖降解，即把茶渣或废茶烘干至含水量6%～8%，机械粉碎，然后用20%的氢氧化钠溶液于100℃下处理1h，除去木质素，最后用果胶酶或木霉菌在40℃下发酵72～96h，在70℃烘干至含水量4%～5%，适当粉碎后即可包装备用。茶末及茶籽饼中的氮素和粗蛋白以及维生素、纤维素含量丰富，作为饲料其营养价值比一般农作物秸秆高。

## 九、蚕沙发酵

我国盛产的丝绸，素有“纤维皇后”的美称。蜀锦、湘绣、苏杭绸缎驰名全球。可是在桑、蚕、茧、丝、绸一条龙生产过程中，不少有用的物质被当作弃物。例如桑皮可制成高级纸和优质棉；蚕蛹、煮茧水、废丝等皆可提取蛹油及复合氨基酸，用于食品、化妆品及医药工业等；特别是家蚕食用桑叶后的代谢物蚕沙（俗称蚕屎），目前主要用作农家肥。

蚕沙不仅隐藏着多种病原物，也是僵蚕病、空头软化病、蚕细菌软化病等多种蚕病病菌繁殖和传播的场所。在养蚕过程中，及时把蚕沙收集起来，加入5%生石灰拌匀，再加入适量的水，堆成1m以上的高堆，覆上薄膜，让其高温发酵。当蚕沙堆内温度达60～70℃时，通过1周左右的时间发酵，其中的病原菌基本被消灭。1个月后，再把蚕沙堆扒开上下翻动均匀，使其充分腐解，则杀菌彻底。最后，用作鱼饲料或肥料，就十分安全可靠了。

## 十、革渣发酵

皮革和毛纺业有不少废弃物可加工利用，它们大都可制成蛋白质或氨基酸。例如，铬革渣污染环境，在制革工业发达的国家已成为一大公害。我国现每年要产生近30万吨铬革渣，是排放最多的工业有机固体废弃物；但铬革渣蛋白质含量丰富，且以胶原蛋白为主。胶原蛋白由于其结构特殊，富有营养价值，特别适于制成饲料蛋白添加剂。

## 十一、籽壳发酵

籽壳是指很多植物种子的外壳，前面已经提到稻壳的多种用途，其实还有花生壳制葡萄糖、向日葵壳制糠醛、核桃壳制活性炭、桐籽壳制磷酸二氢钾、棉籽壳发酵制备饲料等，都是很有意义的。利用饲料发酵技术处理棉籽壳，微生物在生长过程中会产生一些分泌物，比如蛋白酶、纤维素酶、脂肪酶、果胶酶等，可能会降解棉酚，或者与棉酚结合形成络合物以达到脱毒的目的。用于脱毒的微生物大多数都是有益菌，比如枯草芽孢杆菌、酵母菌等，可以很好地维持动物的肠道平衡；将大分子蛋白质降解为小肽、氨基酸等物质，提高饲料的吸收率，增加采食量；可以去除其他抗营养因子如环丙烯脂肪酸（CPFA）、植酸（phytic acid，PA）、单宁（tannin）以及非淀粉多糖（non-starch polysaccharide，NSP）等；提高饲料粗蛋白含量，增加适口性。

## 十二、蛋壳发酵

禽蛋壳（主要是鸡蛋壳）历来被当作废物扔弃。初步估计，北京每月仅各食品厂、蛋品加工厂扔弃的鸡蛋壳就有上百吨，不及时处理会严重污染环境，而它的利用潜力却很大。据资料记载，我国早在宋朝就用蛋壳合成著名的“白色碎文釉”，煅烧温度为1250～1350℃，所得釉面呈均匀网络状。利用鸡蛋壳制备固体肥料，可以先把鸡蛋壳用清水清洗干净，用开水煮一遍进行消毒效果更好。清洗干净后的蛋壳放在太阳底下暴晒，至少要晒一个星期左右，把鸡蛋壳中的水分彻底晒干，晒干后使用料理机打碎成粉末。在配制盆栽用土时，拌一些鸡蛋壳粉进去作为基肥，用量10%左右即可。用粉碎的鸡蛋壳作为追肥，可以直接在盆土的表面挖坑，将鸡蛋壳粉埋到土里。注意在使用蛋壳粉作为追肥时，不宜直接撒到表面，肥质在盆土表层无法被根系吸收。

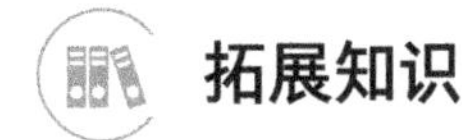

## 拓展知识

### 玉米芯的开发利用

玉米作为主要的饲料作物之一，长期被广泛应用于畜牧养殖业中。我国玉米年产量高达2亿多吨，其中玉米芯产量约占10%，达2000万吨以上。玉米芯是玉米果穗脱去籽粒后的穗轴。我国每年生产大量的玉米芯，但在农村大部分玉米芯被当作燃料烧掉，造成资源浪费还污染了环境。研究表明，玉米芯的主要包括32%～36%纤维素、35%～40%半纤维素、17%～20%木质素和少量的灰分以及其他组分，如果对玉米芯进行大力开发，显然能够增加经济效益和社会效益。

近年来随着科学技术的发展，玉米芯深加工范围也不断扩大，被加工成糠醛、糠醇、木糖、活性炭、饴糖、葡萄糖等一系列高附加值的产品；除此之外，玉米芯还可用于酿酒、榨油、制作食品盒、农作物栽培料、饲料等，使得玉米芯价值得以被充分发掘。玉米芯粗纤维含量高、适口性差，如果直接喂养动物，消化利用率不高，因而在畜牧业生产中应用较少，但玉米芯通过微生物与酶协同发酵，饲用价值提高，可达到节粮、健康养殖的目的。与发酵前相比，发酵技术的应用提高了玉米芯营养价值，对动物有一定的促生长作用，可以用来饲喂猪、鱼、鸭等。利用微生物发酵生产蛋白质饲料不但可解决蛋白质资源紧缺的问题，还可解决相关环境污染问题。

## 参考文献

[1] 陈吉，杨书辉，祁诗月，等.微生物技术处理固体废弃物的研究进展［J］.环境生态学，2019，1(2)：71-76.
[2] 陈丽媛，徐冲，陈杰，等.城市生活垃圾的微生物处理技术［J］.微生物学杂志，2016，36(3)：91-95.
[3] 巩健.发酵制药技术［M］.北京：化学工业出版社，2015.
[4] 黄晓梅，周桃英，何敏.发酵技术［M］.2版.北京：化学工业出版社，2021.
[5] 姜锡瑞.生物发酵产业技术［M］.北京：中国轻工业出版社，2016.
[6] 解强.城市固体废弃物能源化利用技术［M］.2版.北京：化学工业出版社，2019.
[7] 李季.农业废弃物好氧发酵技术与智能控制设备研究［M］.北京：科学出版社，2022.
[8] 孙尚琛，李文新，南怀燕等.现代微生物处理法用于治理污水［J］.农业工程，2016，6(6)：22-23.
[9] 汪苹，廖永红，臧立华，等.食品发酵工业废弃物资源综合利用［M］.北京：化学工业出版社，2018.
[10] 吴宇琦.典型有机固体废物高效处理处置与资源化［M］.北京：化学工业出版社，2022.
[11] 杨敏，张昱，高迎新，等.工业废水处理与资源化技术原理及应用［M］.北京：化学工业出版社，2023.
[12] 燕平梅.微生物发酵技术［M］.北京：中国农业科学技术出版社，2010.
[13] 姚宏.发酵工业废水处理与综合利用［M］.北京：中国建筑工业出版社，2021.
[14] 于文国.发酵生产技术［M］.3版.北京：化学工业出版社，2015.
[15] 张庆芳，迟乃玉.发酵工程技术［M］.北京：北京师范大学出版社，2012.

# 第八章

# 发酵技术在生活中的其他应用

## 第一节 面包发酵

### 一、面包发酵的原料

面包是以面粉、酵母、水、盐为基本原料，经面团调制、发酵、成型、饧发、烘烤等工艺而制成的膨胀、松软的制品。面包面团的发酵原理，主要是由构成面包的基本原料（面粉、水、酵母、盐）的特性决定的。

**1. 面粉**

面粉由蛋白质、碳水化合物、灰分等所组成，在面包发酵过程中，起主要作用的是蛋白质和碳水化合物。

（1）蛋白质　面粉中的蛋白质主要由麦胶蛋白、麦谷蛋白、麦清蛋白和麦球蛋白等组成，其中麦谷蛋白、麦胶蛋白能吸水膨胀形成面筋质。这种面筋质能承受面团发酵过程中二氧化碳气体的膨胀，并能阻止二氧化碳气体的溢出，提高面团的保气能力，它是面包制品形成膨胀、松软特点的重要条件。

（2）碳水化合物　面粉中的碳水化合物大部分是以淀粉的形式存在的。淀粉中所含的淀粉酶在适宜的条件下，能将淀粉转化为麦芽糖，进而继续转化为葡萄糖供给酵母发酵所需要的能量。面团中淀粉的转化作用，对酵母的生长具有重要作用。

**2. 酵母**

酵母是一种生物膨胀剂，当面团和加入酵母后，酵母即可吸收面团中的养分生长繁殖，并产生二氧化碳气体。

酵母能使面团形成膨大、松软、蜂窝状的组织结构。酵母对面包的发酵起着决定作用，但要注意使用量。如果用量过多，面团中产气量增多，面团内的气孔壁迅速变薄，短时间内面团持气性很好，但时间延长后，面团很快成熟过度，持气性变劣。因此，酵母的用量要根据面筋品质和制品需要而定。一般情况下鲜酵母的用量为面粉用量的3%～4%，干酵母的用量为1.5%～2%。

**3. 水**

水是面包生产的重要原料，其主要作用有：可以使面粉中的蛋白质充分吸水，形成面筋网络；可以使面粉中的淀粉受热吸水而糊化；可以促进淀粉酶对淀粉进行分解，帮助酵母生长繁殖。

**4. 盐**

盐可以增加面团中面筋质的密度，增强弹性，提高面筋的筋力，如果面团中缺少盐，饧发后面团会有下塌现象。盐可以调节发酵速度，没有盐的面团虽然发酵速度快，但发酵极不稳定，容易发酵过度，发酵的时间难以掌握。盐量多则会影响酵母的活力，使发酵速度降低。盐的用量一般是面粉用量的1%～2.2%。

综上所述，面包面团的四大要素（面粉、酵母、水和盐）是密切相关、缺一不可的，它们的相互作用才是面团发酵原理之所在。此外，其他辅料（如糖、油、奶、蛋、改良剂等）对发酵也是相辅相成的，它们不仅仅改善风味特点、丰富营养价值，对发酵也有一定的辅助作用。

**5. 其他辅料**

糖是供给酵母能量的来源，糖的含量在5%以内时能促进发酵，超过6%会使发酵受到抑制，发酵速度变得缓慢；油能对发酵的面团起到润滑作用，使面包制品的体积膨大而疏松；蛋、奶能改善发酵面团的组织结构，增加面筋强度，提高面筋的持气性和发酵的耐力，使面团更有胀力，同时供给酵母养分，提高酵母的活力。

## 二、面团发酵的原理

面团发酵就是利用酵母菌在其生命活动过程中所产生的二氧化碳和其他成分，使面团膨松而富有弹性，并赋予制品特殊的色、香、味及多孔性结构的过程。

酵母菌的生命活动是依靠面团中含氮物质与可溶性糖类作为氮源和碳源的。单糖是酵母生长繁殖的最好营养物质。在一般情况下，面团中的单糖很少，不能满足酵母生长繁殖的需要。所以，有时需在发酵初期添加少量葡萄糖或饴糖以促进发酵。另一方面，面粉中含有淀粉和淀粉酶，淀粉酶在一定条件下可将淀粉分解为麦芽糖。在发酵时，酵母菌本身可以分泌麦芽糖酶和蔗糖酶，这两种酶可以将面团中的蔗糖和麦芽糖分解为酵母可以利用的单糖。

其化学反应分为两步进行。

第一步是部分淀粉在$\beta$-淀粉酶作用下生成麦芽糖，其反应式如下：

$$\underset{\text{淀粉}}{2(C_6H_{12}O_5)_n} + \underset{\text{水}}{2nH_2O} \xrightarrow{\text{淀粉酶}} \underset{\text{麦芽糖}}{nC_{12}H_{22}O_{11}}$$

第二步是麦芽糖在麦芽糖转化酶的作用下生成葡萄糖和麦芽糖，其反应式如下：

$$\underset{\text{麦芽糖}}{C_{12}H_{22}O_{11}} + \underset{\text{水}}{H_2O} \xrightarrow{\text{麦芽糖转化酶}} \underset{\text{葡萄糖}}{2C_6H_{12}O_6}$$

此外，在面粉中含有少量蔗糖，部分蔗糖在蔗糖转化酶的作用下生成葡萄糖，其反应式如下：

$$C_{12}H_{22}O_{11}+H_2O \xrightarrow{\text{蔗糖转化酶}} C_6H_{12}O_6+C_6H_{12}O_6$$

蔗糖　　水　　　　葡萄糖　　果糖

生产面包所用的酵母是一种典型的兼性厌气性微生物，其特点是在有氧和无氧条件下都能生活。当酵母在养分供应充足及有足够空气的情况下，呼吸旺盛，细胞增长迅速，能迅速将糖分解成 $CO_2$ 与 $H_2O$，其总的反应式如下：

$$C_6H_{12}O_6+6O_6 \longrightarrow 6CO_2+6H_2O+2821.4\text{kJ}$$

剧烈的呼吸作用，使面团逐渐膨大，当面团中残存的氧消耗尽后，酵母即转入无氧发酵，此时在乙醇酶的作用下将糖分解成乙醇及少量的二氧化碳，释放出的能量较少：

$$C_6H_{12}O_6 \longrightarrow 2C_2H_5OH+2CO_2+100.5\text{kJ}$$

在整个发酵过程中，酵母代谢是一个很复杂的反应过程，这个过程在多种酶的参与下，经过糖解（或称无氧氧化）作用由已糖生成丙酮酸。这个过程中有氧呼吸与糖酵解的前一段作用完全相同，只是从丙酮酸开始在氧供给充分时，有丙酮酸以三羧酸循环的方式生成 $CO_2$ 与 $H_2O$，当无氧供给时，酵母本身含有脱羧酶与脱羧辅酶，可将丙酮酸经过 $\alpha$-脱羧作用生成乙醛，乙醛接受磷酸甘油醛脱下的氢生成乙醇。

在实际生产中，上述两种作用是同时进行的，即氧气充足时则以有氧呼吸为主，当面团氧气不足时则以发酵为主。在生产实践中，为了使面团充分发起，要有意识地创造条件使酵母进行有氧呼吸，产生大量二氧化碳，在发酵后期要进行多次撤粉，排出二氧化碳增加氧气。但是也要适当地创造缺氧发酵条件，以便生成一定量的乙醇以及乳酸等，使面包的特有风味更加丰富。

## 三、面包发酵过程

### 1. 面包制作工艺过程

面团搅拌→面团基础发酵→分割搓圆→中间醒发→成型→最后醒发→烘烤前装饰→入炉烘烤→烘烤后装饰→冷却→包装→成品（图 8-1）。

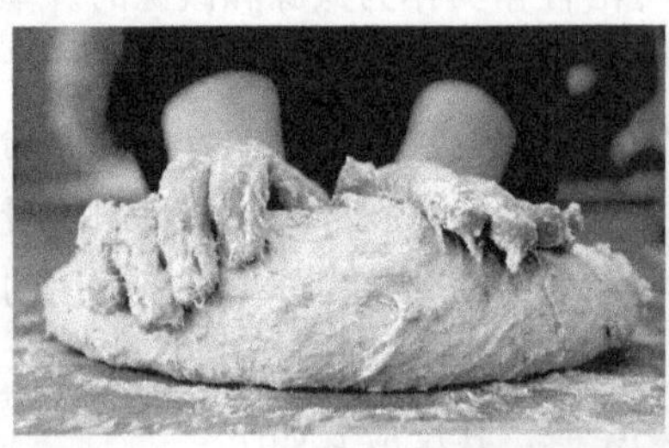
搅拌

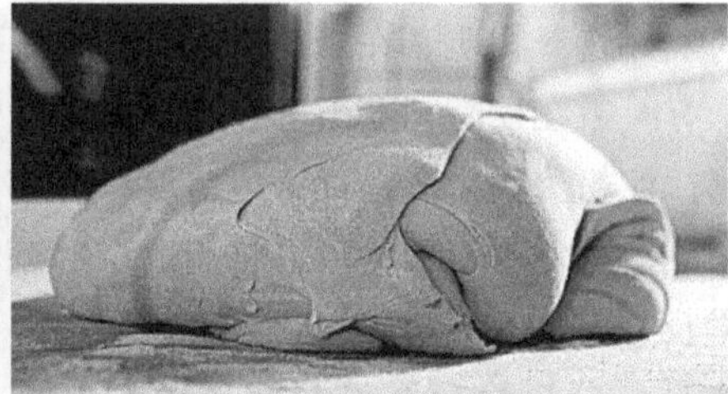
醒发

分割

烘烤

装饰

图 8-1　面包制作的主要工艺

## 2. 面包发酵工艺要点

（1）面团搅拌

① 水化阶段（拌匀阶段）。除油脂以外，将所有用料一起倒入搅拌机内，加适量水慢速搅拌，这时面团呈黏而湿的状态，既没有弹性也没有延伸性，这一阶段只起到将水与原料拌匀的作用。

② 面团卷起阶段（成团阶段）。这阶段是在拌匀后用中速或快速继续搅拌。随着面粉吸水膨胀，而逐渐形成面团，面团变得较硬，黏度下降，面筋逐渐形成，稍有黏手感，这时的面团用手一拉就断，没有弹性和延伸性。

③ 面筋扩展阶段（面筋形成阶段）。随着搅拌机的快速搅拌，面粉中的麦胶蛋白、麦谷蛋白大量吸水膨胀，形成致密的网络，面团变得干燥，表面呈现光泽，结构紧密，并富有弹性。

这时用手取一小块面团，感觉仍有些黏性，但黏性没有前段强，用手将其拉成薄片，透明度不好，虽然看到已形成的面筋，但网络不均匀，这时加入油脂，用慢速继续搅拌。

④ 面团完成阶段（面团成熟阶段）。当油脂基本与面团拌匀后再换用快速继续搅拌。随着搅拌的不断进行，面团黏性下降，已不再粘住搅拌缸内壁。面团的弹性增强，面团变得柔软，细腻而又有光泽。

用手取一小块放在手中，拉成薄片，这时就会感到不粘手，而延伸性很好，拉成的薄片均匀，透明度增加，从薄片中看到网络状，这时面团搅拌已完成。

特别注意这时的面团温度以27～28℃较为适宜，温度过高或过低都会影响面团的发酵和面包成品的品质。

（2）面团基础发酵　基础醒发适宜发酵温度为28℃，相对湿度为75%～80%，时间约15～20min。

夏季室内温度较高，可把面团放在发酵缸内，上面盖上湿布醒发，也可直接放在搅拌机内或案板台上醒发。在其他季节，温度较低时，可将面团放入发酵缸内，推入发酵箱醒发。

经过醒发，面团充分得到松弛，酵母菌适度繁殖，面团变得松软，便于工艺操作。

（3）分割、搓圆　面团经过醒发后，下一步就是分割（出体）和搓圆。

通过用手使面团旋转，排出面团内的二氧化碳气体，变成弹性较好的圆球形面团，大小、分量按品种要求而定。

（4）中间醒发　面团搓圆后，由于面团的结构紧密，不利于成型，必须待面团松弛、重新产生气体、恢复其柔软性能后，才好进行造型（时间约10min），但要注意不要被风吹干表面，影响外观。

（5）成型　把经过醒发松弛的面团，按产品要求进行造型（包馅成型）。

（6）最后醒发　把成型的面包放入已调好温度的发酵箱内进行发酵，起发到面包所需体积，温度为38℃，相对湿度为80%。

（7）烘烤前装饰　面包经过醒发达到体积大小要求后，在进炉烘烤前需进行表面装饰（如盖菠萝皮、表面挤上各种酱料等），然后进炉烘烤。

（8）烘烤（加温）　行业俗话说："三分制作，七分加温"，说明加温是制作面点的重要环节。

（9）烘烤后装饰　有个别品种需要待面包冷却后进行装饰，如奶油面包、三明治面包、麦当劳面包等。

（10）冷却、包装　面包出炉后，要自然冷却，不宜吹风扇，因为吹风扇会使面包表面收缩（内外温差所致），造成外观不美。

包装可以保证“食品卫生”，便于运输、贮存，不易污染，面包内水分得到有效保留，延长面包的保鲜期，同时会增加美观。

## 四、面包在烘烤中的变化

面包经发酵醒发后，进炉加温，面包内部的升温仍需一定时间，随着面包温度的升高，内部会发生一系列变化。

**1. 烘烤串发阶段**

面包进炉 5min 时，面包内部温度约为 40℃，这时酵母菌受热急剧繁殖，使面团体积增加。

**2. 酵母持续阶段**

面包内部温度在 60℃以下，酵母继续繁殖产气，以维持现有体积，因为这时面包还没有定型。

**3. 面包定型阶段**

这时面包内部温度由 60℃逐渐升高至 80℃左右，面粉中的淀粉开始受热膨胀，充填在已凝固的面筋网络中，使面包基本定型，但还未完全成熟，出炉会塌下去。

**4. 面包烘烤完成阶段**

随着烘烤的继续，面包中心温度逐渐升高，面包完全成熟，这时面包的温度较高，产生了棕红色的色泽及特殊香味。

面包烘烤的炉温一般在 180～230℃，时间 15～35min，具体视面包品种、大小而定，体积小，温度稍高，时间稍短；体积大，则温度稍低，时间稍长。只要运用恰当，可达到理想的效果。

## 拓展知识

### 面包的两次发酵和面团发过了怎么办

**1. 面包的两次发酵**

面包有两次发酵，第一次发酵称之为主发酵。正是在主发酵的过程中，面团才慢慢从面粉变成了有生命力的组织，面团有了味道，发酵赋予了面粉活力。面团的第一次发酵比较适合的温度为 25～28℃，湿度为 68%～82%。

第二次发酵不像第一次发酵会发生那么多化学反应和变化，它的主要作用是使面团再次膨胀到适合烘焙的大小，二次发酵温度为 30～38℃。

**2. 面团发过了怎么办**

发酵粉放多了或者发酵时间过长，都容易使面团发酵过度，蒸出的馒头或包子容易发酸味。面团发酵过度怎么办？发过的面团还能当作老面使用，做法是：再按原配方，多加一倍的量（即之前用什么配料打的面团，再重新称一份一样的），重新揉面发酵，既可以加快发酵速度，而且能做出更有风味、坚韧的面包。

将面团稍微揉圆，再次撕成小块放于盆中，加入适量面粉，继续揉搓，每次将面粉揉匀之后，再次加入面粉，继续揉搓，直至面团揉至合适的软硬程度。这个方法类似于制作戗面馒头的做法。

# 第二节　生物材料

生物材料（biomaterials）泛指一切与生物体相关的应用性材料或由生物体合成的材料。其具有良好的生物功能性、生物相容性、生物稳定性和可加工性，在医疗、化工、环保、食品等领域用途极其广泛。

微生物在适宜的条件下，能将原料经过特定代谢途径转化为人类所需要的产品，如 $\beta$-羟基烷酸（PHAs）、聚乳酸（PLA）、壳聚糖等。

## 一、$\beta$-羟基烷酸简介

$\beta$-羟基烷酸是由羟基烷酸单体组成的线性聚合酯，其结构通式如图 8-2 所示。其中 $m$ 可为 1、2、3 或者 4，通常情况下为 1，即为聚 3-羟基烷酸酯。$n$ 表示聚合度，决定 PHAs 分子量的大小，一般为 200000～3000000。R 是可变基团，可为饱和或者不饱和基团。单体的侧链 R 基团不同，形成的 PHAs 也不同，其中最常见的是侧链为甲基的聚 3-羟基丁酸酯（polyhydroxybutyrate，PHB）。

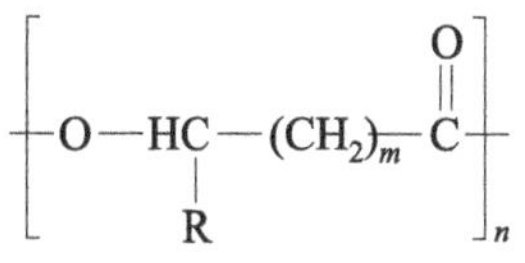

$$\left[ -O-\underset{\mathrm{R}}{\underset{|}{\mathrm{HC}}}-(CH_2)_m-\overset{\mathrm{O}}{\overset{\|}{\mathrm{C}}}- \right]_n$$

图 8-2　PHAs 的结构通式

PHAs 作为一种天然高分子聚合物，具有生物相容性、生物可降解性、无刺激性、无免疫原性和组织相容性等特殊性能。

PHAs 有良好的生物降解性，其分解产物可全部为生物利用，对环境无任何污染，是一种可完全分解的热塑性塑料，目前主要应用于医疗、工业、包装、农业等领域。

## 二、 PHAs 的应用领域

PHAs 目前的应用领域有：

（1）农业用资材　如地膜、育苗钵、农药和肥料缓释材料、渔网等。

（2）土木建筑材料　山间、海中土木工程修理用型材、隔水片材、植生网等。

（3）运输用缓冲包装材料　如发泡制品、片材、板材、网、绳等。

（4）野外文体用品　如高尔夫球座、钓钩、海上运动和登山等一次性用品。

（5）食品包装材料　食品和饮料包装薄膜（袋）、容器、生鲜食品用托盘、一次性餐饮具等。

（6）卫生用品　如纸尿布、生理卫生用品等。

（7）日用杂品　如轻型购物袋、包装膜、收缩膜、磁卡、垃圾袋、化妆品容器等。

（8）医用材料　如一次性医疗用具、手术缝线、药品缓释胶囊、骨折夹板、绷带等。

## 三、PHAs的微生物合成

### 1. 原理

微生物在碳源过量而其他营养元素如氮、磷、镁或氧不足时，积累大量 PHAs 作为碳源和能源的贮存物，或是作为胞内还原性物质及还原能力的一种储备。

### 2. 发酵菌株

能产生 PHAs 的微生物分布极广，包括光能和化能自养及异养菌计 65 个属中的近 300 种微生物。

目前研究的较多的微生物有产碱杆菌属（*Ralstonia eutropha*）、假单胞菌属（*Pseudonomas*）、甲基营养菌（*Methylotrophs*）、固氮菌属（*Azotobacter*）和红螺菌属（*Rhodospirilum*）。其中产碱杆菌属的真养产碱杆菌（*Ralstonia eutropha*）为革兰氏阴性兼性化能自养型细菌，积累 PHAs 可达细胞干重的 90%以上。

### 3. 发酵基质

（1）糖质碳源　有葡萄糖、蔗糖、糖蜜、淀粉等。

（2）甲醇　甲醇是最便宜的基质之一，价格低廉，可用于 PHAs 生产。

（3）气体 $H_2$、$CO_2$、$O_2$　真养产碱杆菌等一些爆鸣气细菌能利用 $H_2$、$CO_2$、$O_2$ 产生 PHAs，其中 $H_2$ 作为能源，$CO_2$ 是碳源。

以 $H_2$ 作为基质，以其价格和产率而言在经济上是划算的，且 $H_2$ 又是一种干净的可再生资源，可以同时解决两个严重的环境问题：温室效应及废弃的非降解塑料对生态环境的危害。

（4）烷烃及其衍生物等物质　假单胞菌能利用中等链长的烷烃或其衍生物醇、酸等产生中等链长羟基烷酸的共聚物（PHAMCL），共聚物中单体的组成与基质碳架的长度有关。

以辛烷作基质连续培养食油假单胞菌（*P. oleovorans*），稳定态细胞浓度 11.6g/L，PHA 的生产强度可达 0.58g/(L·h)，

### 4. PHAs的代谢途径

不同微生物合成 PHAs 的途径不同，基质不同其合成途径也有差异，其中真菌真养

产碱杆菌（*Ralstonia eutropha*）PHAs 的生物合成和降解途径如图 8-3 所示。

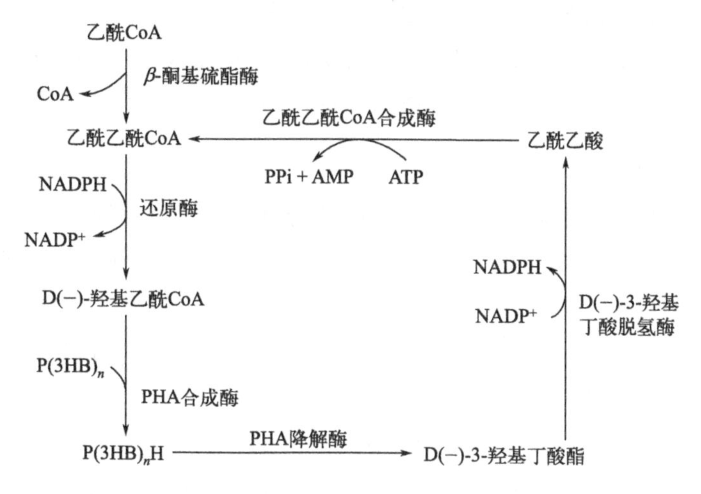


图 8-3 真养产碱杆菌 PHAs 的生物合成和降解途径

**5. PHAs 具体生产工艺流程**

工艺流程为：菌株的扩大培养→发酵生产→PHAs 产品的提取。PHAs 发酵生产的具体的生产过程与前述其他几种有机酸（乳酸、柠檬酸、苹果酸）的发酵过程相似，本节就不再详细叙述。

## 四、 PHAs 的提取

PHAs 的提取涉及两个方面：一是方法的合理性，主要表现在提取率，产物的纯度，提取过程是否对 PHAs 的结构产生影响，以及是否方便操作，预后处理是否复杂，环境是否污染等；二是过程的经济性，表现在提取材料的费用、能量的消耗和设备的投资等。

PHAs 的提取可分为有机溶剂法、次氯酸钠提取法、酶法、表面活性剂-次氯酸钠法和其他方法。

**1. 有机溶剂法**

对于由真养产碱杆菌（*Ralstonia eutropha*）生产 PHAs，研究初期通常采用的提取方法是有机溶剂法。有机溶剂包括氯仿、二氯乙烷、1,1,2-三氯乙烷、乙酸酐、碳酸乙烯酯及碳酸丙烯酯等。

原理：有机溶剂一方面能改变细胞壁和膜的通透性，另一方面能使 PHAs 溶解到溶剂中，而非 PHAs 的细胞物质不能溶解，从而将 PHAs 与其他物质分离开来。具体操作步骤如图 8-4 所示。

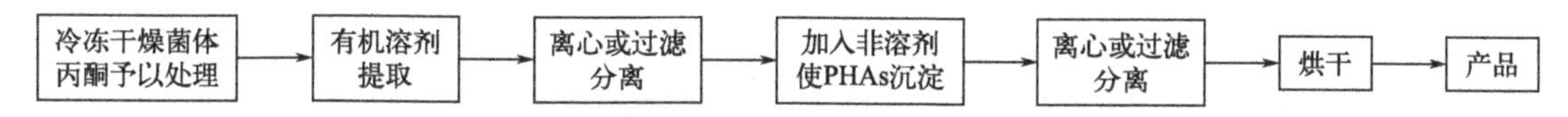


图 8-4 有机溶剂提取 PHAs 的过程示意

优缺点：有机溶剂提取引起PHB的降解非常小，得到的PHAs纯度非常高；因此，用有机溶剂提取PHAs通常作为一种实验室方法；但是当溶剂中含有超过5mg/100mL的PHAs时，溶液变得很黏，要去掉细胞的残余物就变得很困难；提取率难以达到很高；需使用大量的有机溶剂；造成严重的环境污染，操作不便。

**2. 次氯酸钠提取法**

次氯酸钠能够破胞且对细胞中的非PHAs细胞物质的消化很有效，因而用该方法破胞所得产品的纯度较高、提取速度快，避免了有机溶剂提取过程中繁琐的前、后处理工作。但是所得的PHAs分子量只有原来的一半，具体操作过程见图8-5。

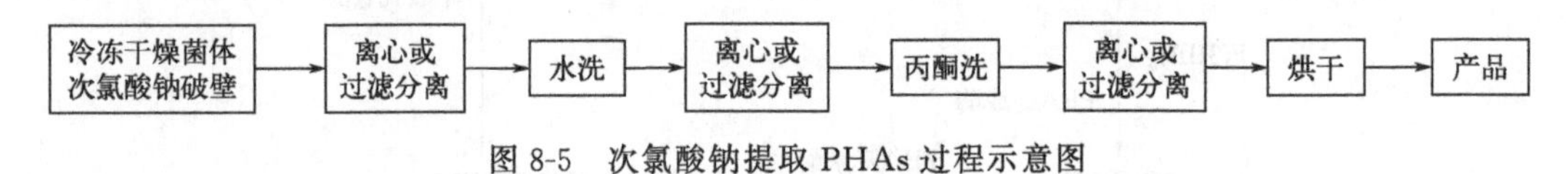


图8-5　次氯酸钠提取PHAs过程示意图

次氯酸钠提取法的优点是不使用大量的有机溶剂，但缺点是次氯酸钠对PHAs分子有严重的降解作用，因而所获得的PHAs分子量较小。根据氯仿提取时PHAs纯度高且被降解程度小，而次氯酸钠对非PHAs细胞物质消化很有效的优点，结合PHB疏水亲油，而细胞膜具有亲水性特点的原理，发明了用分散的次氯酸钠/氯仿提取PHAs的方法，其工艺流程为：冷冻干燥的菌体＋次氯酸钠＋氯仿破壁→离心分离→氯仿相中加入非溶剂物质使PHAs沉淀→离心过滤分离→烘干→成品。在该方法中次氯酸钠主要起破胞作用，而氯仿则对破胞产生的PHAs起保护作用，因而不但可得到较高纯度的PHAs，而且PHAs被次氯酸钠降解的程度大大降低。同时由于破胞较完全，因而可以获得较好的提取收率。

**3. 酶法**

基本原理与次氯酸钠法相似，即让大量的非PHAs细胞物质溶解而PHAs不溶解，从而达到分离提纯的目的。但是由于非PHAs细胞物质通常包括核酸、类脂物、磷脂、肽聚糖以及蛋白质等，因此实际上是通过多种酶的多步或协同作用来达到消化非PHAs细胞物质的目的。

单独使用酶来消化细胞中的杂质，所得到的PHAs的纯度不高，往往要结合其他方法，如再用表面活性剂处理，才能得到较高纯度的PHAs。该法包括细胞的热处理、酶处理和阴离子表面活性剂处理等步骤，因此操作十分复杂。

此外，由于细胞杂质成分比较复杂，特别是酶作用的条件比较苛刻，需要处理的步骤较多、操作较为复杂，因此酶法的应用在提取成本、过程放大方面受到了很大的限制。

**4. 表面活性剂/次氯酸钠法**

基本原理：当表面活性剂浓度较低时，其单个分子进入细胞膜的磷脂双层中；随着表面活性剂浓度的增加，更多的表面活性剂分子结合到磷脂双层中，细胞膜的体积就会不断增大；一旦磷脂双层中的表面活性剂饱和，再增加表面活性剂就会使细胞膜受到破坏，表面活性剂与磷脂形成大量的胶团，胞内PHAs物质释放出来。其工艺流程为：冷冻干燥菌体表面活性剂破胞→离心过滤→分离→次氯酸钠洗涤→离心过滤分离→水洗→离心过滤分离→烘干→产品。该方法能够比较方便地实现在水相中提取PHAs，这是它的突出优点，但要使用大量的表面活性剂，而且次氯酸钠的使用不可避免地造成了PHAs的降解。

**5. 其他方法**

基因工程技术重组大肠杆菌生产PHAs，用氨水从这类细胞中提取PHAs就是其中的一种方法。

各种提取的方法比较如表8-1所示。

**表8-1　各种方法提取PHAs的比较**

| 提取方法 | 提取时间/h | 提取温度/℃ | 提取率/% | 纯度/% | 分子量 |
|---|---|---|---|---|---|
| 氯仿 | 0.25 | 61 | 70 | 96 | 930000 |
| 次氯酸钠 | 1 | 25 | 90～95 | 95 | 600000 |
| 次氯酸钠/氯仿 | 1.5 | 30 | 91 | 97 | 1020000 |
| 酶法/表面活性剂 | 3 | 55/100 | — | 96 | — |
| 表面活性剂/次氯酸钠 | 0.25 | 25 | — | 97～98 | 730000～790000 |
| 氨水 | 0.5 | 40～50 | — | 86～91 | — |

## 五、PHAs的生物降解

**1. 降解机制**

（1）胞内降解　胞内PHAs的代谢是个循环过程。图8-6中第4步到第7步是降解过程。首先（第4步）胞内无定形PHAs颗粒（聚羟基丁酸）在解聚酶作用下降解，形成单体和二聚体的混合物，二聚体随之在二聚体水解酶作用下形成单体。

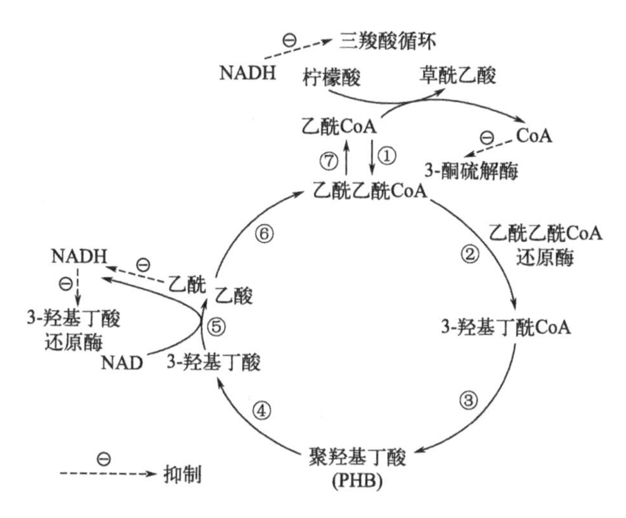


图8-6　胞内PHAs的代谢过程

（2）胞外降解 PHAs颗粒（聚羟基丁酸）的胞外降解有两种机制，在无菌条件下通过水解进行。这种机制对于PHAs在医疗方面的应用（如作为药物的缓释载体、手术缝线等）特别重要。

在自然环境中，存在的是酶降解机制。许多细菌和真菌可分泌外解聚酶，有些甚至可以利用PHAs颗粒（聚羟基丁酸）作为唯一碳源生长。

**2. PHAs在环境中的降解**

影响PHAs降解速度的因素较多，包括以下几个方面。①环境类型：微生物种群及活力、水分、温度。②塑料制品性质：厚度、表面组织形态、孔隙度、制品中的第二组分（如填充料、颜料）。

在自然环境中，能降解PHAs的微生物包括细菌、放线菌和霉菌等。科学家在土壤中发现有295种微生物可降解PHAs，包括105种革兰氏阴性菌、36种革兰氏阳性菌、68种放线菌和86种霉菌。

研究表明，在一定范围内，PHAs的降解速度与温度呈正相关，其降解可以分为两个阶段：第一阶段分子量下降；第二阶段是分子量下降到13000后开始腐蚀。

环境中有许多微生物能降解PHAs，但每种微生物的数量不一定很多，活力不一定很高。当PHAs出现在环境中后，经过一定的迟滞期，能降解PHAs的微生物会逐渐增多，活力升高，降解的速度加快。PHAs在不同环境中的降解如表8-2所示。

**表8-2　PHAs在不同环境中的降解**

| 环境条件 | 1mm厚膜消失所需时间/周 | 降解速度/(μm/周) | 50μm厚膜消失所需时间/周 | 降解速度/(μm/周) |
|---|---|---|---|---|
| 厌气活性污泥 | 6 | 170 | 0.5 | 100 |
| 河口堆积物 | 40 | 25 | 5 | 10 |
| 好气活性污泥 | 60 | 17 | 7 | 7 |
| 土壤(25℃) | 75 | 13 | 10 | 5 |
| 海水(15℃) | 350 | 2.5 | 50 | 1 |

通常情况下，PHAs厌氧降解比有氧降解快。真养产碱杆菌在厌氧条件下主要代谢产物是乙酸和R-3-羟基丁酸，乙酰CoA转变成乙酸的同时生成ATP；而在有氧情况下，乙酰CoA完全分解成$CO_2$和$H_2O$，产生12个ATP。

与短链PHB（聚羟基丁酸）比较，有较长侧链的PHAs在环境中的降解速度较慢，因为低分子量有机化合物离子化速度比结构复杂的要快，并且长侧链的重复单元增加了PHAs的疏水性，抑制或阻碍了微生物在聚体表面生长。

# 第三节　微生物发电

## 一、微生物燃料电池定义

微生物燃料电池（microbial fuel cells，MFCs）是一种利用微生物（产电菌）将有机物中的化学能直接转化成电能的装置。MFCs也可以被简单地定义为通过微生物的厌氧呼吸过程氧化底物、还原电极并输出电能的生物电化学系统。

## 二、微生物燃料电池发展历史

1911 年，英国植物学家 Potter 发现微生物的催化作用可以在燃料电池系统中产生电压，微生物燃料电池技术的发展就此开始。

20 世纪 50 年代，由于美国航空航天局（NASA）的推动，微生物燃料电池曾一度成为研究热点。

1999 年，Kim 等发现腐败希瓦氏菌（*Shewanella putrefaciens*）可以在无外源电子介体的条件下催化 MFCs 产电，该研究促使 MFCs 技术摆脱了依赖外源电子介体的瓶颈。

进入 21 世纪后，随着论文《降低电极微生物从海洋废弃物中提取能源》在《Science》杂志的发表，标志着能直接将电子传递给固体电极受体的微生物的发现，使得 MFC 迅速成为环保领域研究的新热点。

2004 年，美国宾夕法尼亚大学氢能源研究中心的 Bruce E. Logana 教授研究 MFC 构型与电极材料方面的改进时，研发出了易于搭建、廉价且高效的 MFC 雏形。2008 年，韩国科学技术研究院水环境修复中心的 Byung Hong Kim 教授和比利时根特大学微生物生态与技术实验室的 Willy Verstraete 等则在 MFC 产电菌和微生态方面做了大量基础研究工作，以探明 MFC 中电子产生与传递机理及微生物种群的关系及演变。这些研究构成了 MFC 技术的基本理论框架与技术方法。

## 三、微生物燃料电池基本原理

微生物燃料电池是利用微生物作为反应主体，将燃料（有机物质）的化学能直接转化为电能的一种装置。其工作原理与传统的燃料电池存在许多相同之处。以葡萄糖作底物的燃料电池为例，其阴阳极化学反应式如下。

阳极反应：　$C_6H_{12}O_6 + 6H_2O \longrightarrow CO_2 + 24e^- + 24H^+$

阴极反应：　$6O_2 + 24e^- + 24H^+ \longrightarrow 12H_2O$

### 1. 双室 MFC 原理

典型双室 MFC 原理如图 8-7 所示。

### 2. MFC 的工作过程

离子交换膜将阳极室与阴极室相分开，在每一区域发生着不同的反应。MFC 的工作过程可分为以下几个步骤：

在阳极室，微生物将底物氧化，这个过程伴随着电子和质子的释放，同时以细胞膜作为电子的受体。

释放出来的电子进一步从细胞膜转移到电池的阳极，经由外电路到达 MFC 的阴极，最终在阴极上与电子受体（氧化剂）结合。

氧化过程中生成的质子经电池内部的离子交换膜扩散到阴极区，并与电子受体于阴极

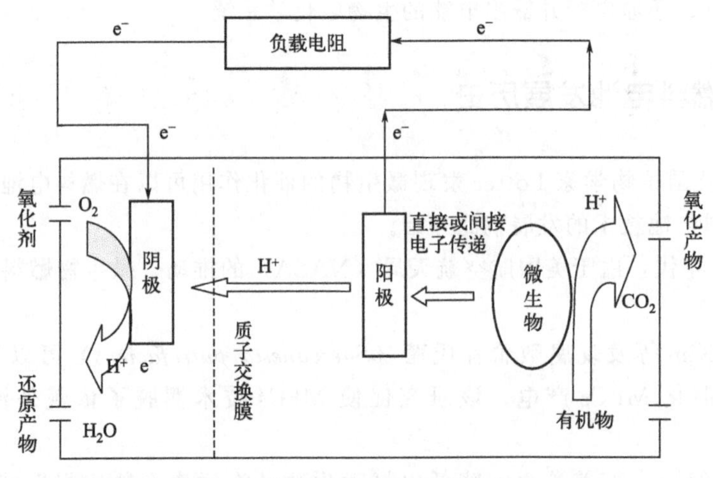


图 8-7 典型双室 MFC 原理示意图

表面发生还原反应，氧化物质被还原，从而完成整个 MFC 的电子产生、传递、流动过程，形成电流。

**3. 产电微生物及其群落**

无介体微生物是 MFC 研究的主流，这类微生物可以自我产生电子介体或者通过自身的细胞组织进行电子传递，如细胞膜电子传递链和纳米导线，解决了需电子介体微生物燃料电池的高运行成本问题，同时也保证了功率的高效输出。目前，报道无需外加介体的产电微生物主要有腐败希瓦氏菌（*Shewanella putrefaciens*）、硫还原地杆菌（*Geobacter sulferreducen*）、金属还原土杆菌（*Geobacter metallireducens*）、*Geopsychrobacter electrodiphilus Thermincola*. sp.、铁还原红育菌（*Rhodoferax ferrireducens*）、球形赖氨酸芽孢杆菌（*Lysinibacillus sphaericus*）等。

对于 MFC 阳极微生物的电子转移机制，普遍认可的方式主要有细胞接触转移、电子中介体转移和纳米导线转移 3 种。这里着重介绍纳米导线转移。在纳米导线方面，学者认为，诸如脱硫弧菌（*Desulfovibrio desulfuricans*）等产电微生物的微生物纳米线能更长距离地传导电子，穿越这种杆菌生物膜的菌丝网让生物膜具有了与广泛应用于电子工业的人造导电聚合物相媲美的导电性，电子可在其上传导，传导的距离可为细菌体长的几千倍。这种细菌的蛋白微丝就像真正的金属导线一样，这种作用代表了生物学领域一个基本的新特性。

对于 MFC 中阳极系统的微生物群落结构，有关研究表明，利用混合菌种构建 MFC 要优于纯菌构建 MFC，因为混合接种的 MFC 中微生物具有高度的生物多样性，这些微生物随着不同运行条件的变化而变化，其中产电菌通过产电过程直接或间接获得能量，从而逐渐成为该体系中的优势微生物。

**4. 燃料电池的电极材料**

MFC 的电极分为阳极和阴极，其作为微生物和催化剂的载体，以及电子转移的导体，须具有良好的导电性、稳定性，一定的机械强度，廉价的成本以及电极表面与微生物具有良好的相容性。

（1）**阳极材料** 微生物燃料电池系统的无介体产电菌群主要是异化金属还原菌，由于这些菌与过渡态金属之间的亲和作用，研究人员开始使用过渡态金属氧化物作为电极修饰剂，以促进微生物燃料电池系统产电能力的提升。研究比较成熟的金属化合物主要有$Fe_3O_4$、$MnO_2$等。经修饰后的阳极能够通过静电吸附、与外膜表面的细胞色素酶作用等方式促进产电菌群在阳极表面的黏附，同时通过过渡金属本身晶格上电子的不稳定性促进了电子的传递。

（2）**阴极材料** 目前在MFC中应用最多的还是铂催化剂，但金属铂价格昂贵。近几年来，非贵金属氧化物催化剂由于其来源广泛、价格低廉，被广泛应用于多种电池体系，如$PbO_2$、$MnO_2$、$TiO_2$、铁氧化物等，其中，$MnO_2$和$TiO_2$是目前研究较多的MFC阴极催化剂。

过渡金属大环化合物对氧具有电化学还原活性，尤其是过渡金属卟啉和酞菁化合物。由于大环类化合物的脱金属作用比较强，在中性或者碱性环境中是稳定的，因此，这类催化剂适合成为中性操作条件下MFC的阴极催化剂。过渡金属大环化合物的中心离子通常为Fe、Co、Ni等，其中以Fe和Co形成的配合物具有较高的氧还原活性。

## 四、微生物燃料电池分类

依据不同的划分标准，MFC可以分为多种类型。按菌源的不同MFC可分为纯菌MFC和复合菌MFC；按电子转移方式的不同可分为直接MFC和间接MFC；按结构的不同又可分为双室MFC和单室MFC，其中按装置中是否使用离子交换膜，双室MFC又可细分为有膜双室MFC及盐桥双室MFCs；单室MFC又可分为“二合一”“三合一”、有膜单室及无膜单室MFC。

### 1. 纯菌MFC和复合菌MFC

近年来，有不少科研工作者主要从事纯菌MFC的研究，这类MFC以单一的细菌为考察对象。细菌或是利用细胞膜外的特殊细胞色素（如腐败希瓦氏菌，*Shewmella putrefaciens*），或是利用纳米导线（如大肠杆菌，*Escherichia coli*）等方式，将底物氧化并将电子转移到电极，表现出良好的催化性能。但纯菌的能量转移率低，且对操作技能及运行环境的要求较高，长期运行有被污染的风险，通常只用来研究MFC的工作机理，不适于MFC的实际应用。

与纯菌MFC相比，复合菌MFC有着显著的优点：抗环境冲击能力强；可降解底物的种类多且效率高，输出功率大。具有产电性能的复合菌主要是从沉积物（海底和湖泊）或污水处理后的活性污泥驯化而来，通过菌群之间的协同作用，增强MFC的稳定性，最利于MFC的商业化运用。

### 2. 直接MFC和间接MFC

直接MFC是指燃料在阳极上被氧化的同时，电子直接从燃料分子上转移到阳极上。如果燃料是在阳极溶液或其他处所反应，产生的电子通过氧化还原介质传递到阳极上就称为间接MFC。

间接 MFC 的氧化还原介体大多价格昂贵、有毒且易分解，这在一定程度上限制了 MFC 的商业化进程。

**3. 双室 MFC 和单室 MFC**

双室 MFC 由两个电极室及分割材料组成，阳极室（厌氧室）与阴极室（好氧室）中间使用的分割材料为离子交换膜。离子交换膜价格较昂贵，为降低制造成本，盐桥也被广泛用作阻止阴极室氧气进入阳极室的材料。相比于离子交换膜，盐桥的内阻很大，造成 MFC 的输出功率很低。

单室 MFC 省去了阴极室，底物在阳极室被微生物催化氧化，电子由阳极直接传递到阴极，氢离子经过离子交换膜（或离子交换膜不存在）传到阴极。当把阴极与离子交换膜压合在一起，阳极独立即为“二合一”型 MFC；当把阳极、离子交换膜、阴极依次压合在一起即为“三合一”型 MFC；当以空气作为电子受体，可将离子交换膜除去，即为空气阴极无膜单室 MFC。

双室 MFCs 的优点是：电池的阴极室及阳极室彼此分开，便于对阳极、阴极及分割材料（离子交换膜）分别进行研究。但是由于双室 MFC 的阳极室和阴极室存在一定的距离，导致内阻较高，从而使得输出功率较低，并且离子交换膜的存在不利于电池装置的放大。

单室 MFC 的优点是电池的阳极与阴极距离较近，传质速率较大，装置内无离子交换膜，进一步提高了 MFC 的输出功率。但两电极距离过近且不使用离子交换膜同样有其不利的一面，氧气容易到达阳极，破坏阳极室微生物的厌氧环境，降低了 MFC 的库仑效率。

## 五、微生物燃料电池应用

**1. 废水处理及发电**

MFC 是一门将有机物在微生物的催化作用下实现化学能转化为电能的技术。污水处理及生物发电是 MFC 最初的发展动力，也是 MFC 最具商业应用的价值。

到目前为止，所有的废水处理的目的都是为了除去其中的污染物，即便是 20 世纪的活性污泥法（ASP），仍是一种能量密集型操作。据估计全美国电力消耗的 2% 都用于生产活性污泥法处理污水所需要的氧气。因此，现代废物的处理应尽可能地变废为宝，MFC 技术处理废水，在降解有机物的同时生产电能，符合“低碳”生活的要求。

**2. 生物修复与海水淡化**

MFC 能将可溶性的重金属还原成不溶性的离子，从而将其从污染物中去除，达到生物修复的目的。美国宾夕法尼亚大学和清华大学的最新研究显示，微生物可将污池的盐水变为饮用水并产生电能。研究人员使用两片特制的塑料薄膜，这种薄膜可以分离微生物产生的离子、电子、气体，让其分别流向阳极和阴极。利用这一原理，微生物工作后可最终产生高达 90% 的水，这种水甚至可以达到饮用水的标准。

MFC 能够除去水中大部分的盐分，减少了电能的消耗，因此可以降低淡化水质的成本。

**3. 生物传感器**

MFC 中电流或电量的生成与底物量之间存在一定的关系，故 MFC 可用于底物浓度的测定，如现已使用的乳酸传感器及 BOD 传感器。

MFC 作为生物传感器应具有良好的稳定性及较短的响应时间，韩国生产的相应的生物传感器可以检测工业污水及生活污水并拥有很好的稳定性和精确性。MFC 在 BOD 的测试中具有很大的应用前景。

**4. 人造器官的电源**

MFC 有着很好的生物相容性，微生物可以利用人体内的葡萄糖及氧气产生电能，作为人造器官的电力来源。人体内连续不断的葡萄糖摄入和氧气的不断补充，可供 MFC 永不间歇地工作。

### 六、 MFC 的发展展望

时至今日，国内外的科研工作者对 MFC 的方方面面都已有深入的研究，但这些 MFC 系统使用的电池装置、电极材料、隔膜材料以及底物的种类、细菌的来源、操作条件都存在很大的差异，导致不同的实验结果可比性较差，但就目前的文献报道而言，MFC 的功率密度多在 $10^{-3}$～$10^{0}$ $W/m^2$ 的范围内。

与其他纯粹的化学燃料电池相比，上述功率密度还存在 2～3 个数量级的差距。在近几年的文献中，虽可见少量的输出功率密度>$10^{0}$ $W/m^2$ 报道，但这些输出功率值多为短期峰值，且相关电池系统长期工作的稳定性仍需要提高。

目前，MFC 的发展方向主要包括：①借助分子生物学与基因技术剖析细胞与电极间的详尽工作机理，改进和调控具有电活性的微生物，以及改进反应装置，以期更好地提高 MFC 的输出功率及底物的库仑效率；②优化 MFC 的结构、电极材料和运行方式等，尤其是空气阴极以及生物阴极方面，以使其能应用于实际生产中；③微生物电化学合成是近两年微生物燃料电池新的发展方向，有待于进一步深入研究。

总之，近年来随着生物技术、电化学技术、纳米材料技术以及化学和环境工程学的进步，为 MFC 的研究提供更多的知识、物质、技术帮助，一旦突破 MFC 的研究瓶颈，MFC 将具有极为广阔的商业应用前景。

## 第四节　微生物提取金属

### 一、生物冶金的背景

生物冶金又叫生物浸矿，是指以细菌为主体的微生物技术应用于矿产资源的提取和冶金，在相关微生物存在时，由于微生物的催化氧化作用，将矿物中有价金属以离子形式溶解到浸出液中加以回收，或将矿物中有害元素溶解并除去的方法。微生物冶金包括生物浸出、生物吸附、生物选矿和富集、废弃物生物重整 4 个方面。应用于微生物冶金的微生物包括细菌、真菌、藻类和霉菌等。细菌是其中研究最深入、应用最广泛的一类微生物。

应用微生物浸出金属已有百余年的历史，真正在矿冶工业上使用湿法冶金是从铜的细菌浸出开始的，20 世纪 80 年代对难浸金矿石进行细菌预氧化的工业实践大大推进了微生物技术在矿石中的应用。微生物技术在低品位金属矿、难浸金矿、矿冶废料处理等方面具有巨大潜力。

经过多年的研究和实践，1958 年美国肯尼柯特铜矿采用微生物浸铜获得成功，1966 年加拿大也采用微生物浸出从铀矿中提取铀。之后利用微生物技术处理矿冶资源的研究异常活跃，并取得了长足进步。许多国家从几十亿吨低品位矿石中回收了价值数百万英镑的铜和铀。据统计，当今世界铜的总产量中约有 15%是利用微生物技术获得，而且还能从金属硫化矿石中浸出锰、钴、锡、金、银、铂、铬和钛等各种有用金属。

我国是一个有色金属矿产资源储量大国，同时也是消费大国。经过半个多世纪的生产消耗，易采易选冶矿已为数不多。现有的常规物理、化学选冶方法由于回收率低、资源损耗大、生产成本高和对环境污染严重等问题已不适应社会经济可持续发展要求。在此情况下，微生物在矿物分离方面的作用逐渐引起人们的重视，它既可用于矿物的就地浸出，也可用于工厂矿物处理、废水废渣处理。并且微生物浸矿具有生产成本低、投资少、工艺流程短、设备简单、环境友好、能处理复杂多金属矿物等优点，因此细菌浸矿的广泛应用，将引起传统矿物加工产业的重大变革，为人类、资源与环境的可持续发展开辟广阔的前景。

## 二、生物冶金所用微生物

与微生物冶金有关的菌类主要为硫杆菌属、钩端螺菌属、硫化杆菌属和嗜酸嗜热古生菌纲。

硫杆菌属：包括至少 14 种，能量来源是 $Fe^{2+}$、硫黄和其它矿物质，该属菌严格好氧且极度嗜酸，最重要的代表是氧化亚铁硫杆菌和氧化硫硫杆菌。硫杆菌属无机化能营养型，细胞为革兰氏阴性，棒状；直径 0.3～0.8μm，长 0.9～2.0μm。菌体通过单极生鞭毛进行运动，许多菌体表面还有黏液层。

钩端螺菌属：所有的钩端螺菌属菌都是严格好氧微生物，专一性地通过氧化溶液中的 $Fe^{3+}$ 或矿物质中的 $Fe^{2+}$ 来获取能量。

嗜酸嗜热古生菌纲：该类群中，一共有四个属（硫化叶菌属、酸菌属、生金球菌属和硫球菌属），均为好氧菌，极度嗜热嗜酸，球形；不具运动性，不具有鞭毛，兼性无机化能自养。

## 三、浸矿微生物的开发

浸矿微生物开发流程如图 8-8 所示。

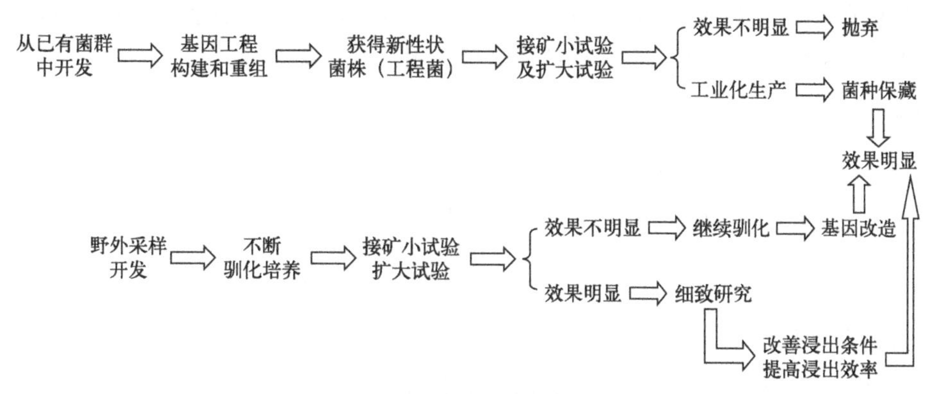


图 8-8 浸矿微生物开发流程

### 1. 适合的采样地点

浸矿微生物可能存在的地点：①矿山、矿堆或尾矿中流淌出来的酸性水；②矿石本身；③热泉水或矿浆。

微生物一般集中选择在低 pH 条件下，最适生长温度分为 30℃（中温菌）、45℃（中度嗜热菌）或 70～80℃（极度嗜热菌）的类群。堆矿环境呈酸性，温度 60～80℃，是理想的采样地点，这些菌活跃在浸矿液、矿石表面等区域。

### 2. 合适的培养条件

（1）培养基的选择 刚采集到的样品一般不直接先接入矿物质营养培养基来培养。通常选择一些易于菌体分解利用的培养物来扩大菌体数量，而后再接入矿物质营养培养基培养。由于冶金菌多为自养型细菌，矿物质营养培养基中一般加入硫酸铵或硝酸钾、磷酸钾、硫酸镁、硫酸铁、硫等作为矿物质来源。

（2）培养温度的初步确定 培养温度根据菌种来源而定。有适合 30℃培养的，但中度嗜热菌的最佳生长温度约 50℃，极度嗜热菌最适生长温度 60～70℃。通过初步设定培养温度可以有选择地获得一些适于特定环境浸出的微生物类群。培养基 pH 以 3～4 为宜，还必须通气、避免阳光照射等以利繁殖。

### 3. 培养方法——驯化培养

驯化培养就是不断提高目的矿样在培养基中的浓度，同时不断减少其他易于被菌体分解利用的化合物的量，直至完全停止。

驯化培养实际上是定向选择抗性菌体的过程，一开始可能所需时间比较长，但随着目的菌数的不断增多，驯化培养的周期会不断缩短。

当菌体对某种金属离子具有较强的耐受力，或菌数在一个较短周期内到达 $10^8$～$10^9$ 个/mL 时，驯化菌样就可用于生物浸矿试验。

## 四、微生物浸矿的原理及影响因素

### 1. 细菌直接作用浸矿

细菌对矿石存在着直接氧化的能力，细菌与矿石之间通过物理化学接触把金属溶解出来。某些靠有机物生活的细菌，可以产生一种有机物，与矿石中的金属成分嵌合，从而使金属从矿石中溶解出来。不同金属矿细菌直接作用的反应式如下。

黄铜矿：$MoS_2 + 3O_2 + 2H_2O \xrightarrow{细菌} H_2MoSO_4 + H_2SO_4$

辉钼矿：$CuFeS_2 + 4O_2 \xrightarrow{细菌} CuSO_4 + FeSO_4$

稀有金属镓和锗的硫化矿：$Ga_2S_3 + 6O_2 \xrightarrow{细菌} Ga_2(SO_4)_3$

$Ge_2S_3 + 6O_2 \xrightarrow{细菌} Ge_2(SO_4)_3$

**2. 细菌间接作用浸矿**

细菌能把金属从矿石中溶浸出来是细菌生命活动中生成代谢物的间接作用，例如细菌作用产生硫酸和硫酸铁，然后通过硫酸或硫酸铁作为溶剂浸提出矿石中的有用金属。不同金属矿细菌间接作用的反应式如下。

黄铁矿：$FeS_2 + 7Fe_2(SO_4)_3 + 8H_2O \longrightarrow 15FeSO_4 + 8H_2SO_4$

铀矿物：$UO_2 + Fe_2(SO_4)_3 \longrightarrow UO_2SO_4 + 2FeSO_4$

铜矿物：$Cu_2S + 2Fe_2(SO_4)_3 \longrightarrow 2CuSO_4 + 4FeSO_4 + S$

$CuFeS_2 + 2Fe_2(SO_4)_3 \longrightarrow CuSO_4 + 5FeSO_4 + 2S$

**3. 微生物浸矿的影响因素**

影响微生物浸矿的因素主要有三方面：浸矿条件是否适宜、矿石的特性和微生物本身。

(1) *浸矿条件对金属浸出效率的影响*

酸度：细菌氧化过程中，pH的选择非常重要，pH会对菌体培养、处理硫化矿物及氧化工艺造成一定的影响，大部分控制在pH2～3。

通气：对好氧嗜酸菌很重要。当溶解氧下降至0.5～1.0mg/L时，细菌氧化很快停止。但堆矿工艺不通气，可在矿堆上洒水。

温度：一般情况下，细菌最适生长温度并不等于最适浸出温度，每种细菌都有最适生长温度与浸出温度。

(2) *矿石的特性* 矿石本身的化学组成是影响微生物浸出的一个关键因素，矿石中某些金属元素的溶出会影响微生物的生长、代谢、繁殖。矿石成分的电位差对浸出效率也有一定影响。矿石中某些元素的溶出会改变酸溶液中的pH。此外，矿石粒的大小也会影响浸出效率，当矿石粒较小时，其比表面积较大，更有益于与微生物的接触，增加了浸出反应的表面积，但如果矿石粒过小，对于堆浸法而言，会不利于空气的流通以及溶液的渗透，从而影响浸出效率。

(3) *微生物本身* 首先是菌种，不同细菌对矿物的氧化和浸矿作用是不同的。目前用于浸矿的细菌主要有氧化亚铁硫杆菌、氧化亚铁微螺菌、氧化硫硫杆菌和嗜酸硫杆菌。实际应用中，菌液是各种细菌的混合液。

此外细菌的适应性、培养基的成分及氧和碳含量、培养环境中有害组分和抑制组分的存在均会对微生物浸矿造成一定的影响。经过一系列实验室手段进行驯化过后的菌种比自然界中本身存在的菌种的冶炼效果要好很多。而通过分子生物学以及基因工程等手段对冶金技术中微生物进行遗传改造，提高其在金属冶炼过程中的效率，也是目前微生物冶金的一个方向。

## 五、微生物浸矿的典型流程

微生物浸矿的典型流程如图 8-9 所示。微生物浸矿方法有许多种，大致可以分为微生物堆浸、微生物搅拌浸出、微生物地浸和微生物槽浸。

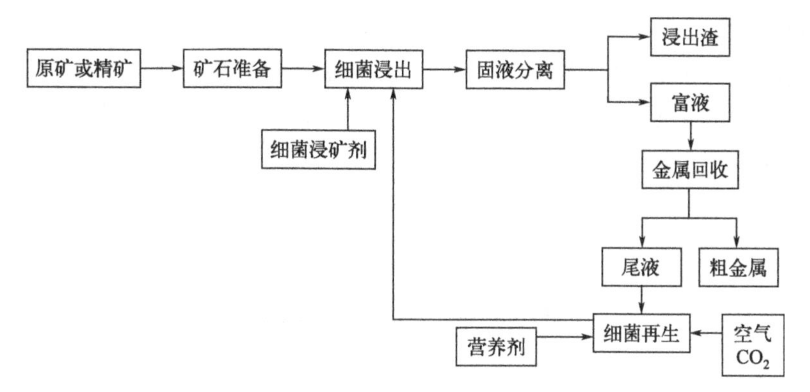


图 8-9　微生物浸矿的典型流程

### 1. 微生物堆浸

微生物堆浸一般多在地面上进行，通常利用斜坡地形，将矿石堆在不透水的地面，在矿堆表面喷洒细菌浸矿剂浸出，在低处建集液池收集浸出液（图 8-10）。

该工艺的特点是规模大、浸出时间长、成本低。

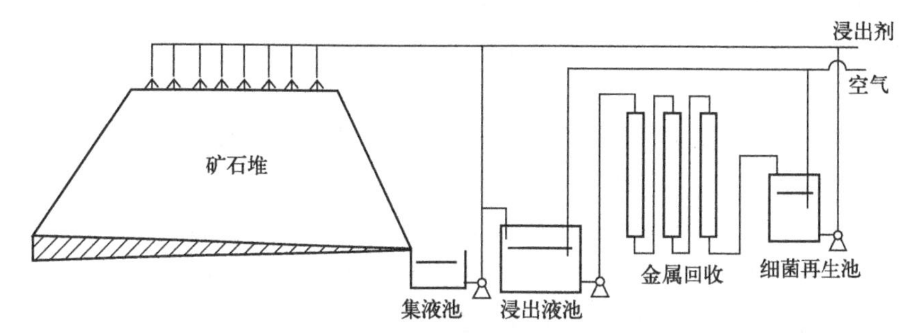


图 8-10　微生物堆浸工艺流程示意

### 2. 微生物搅拌浸出

微生物搅拌浸出法一般用于处理高品位的矿石或精矿，用于搅拌浸出的物料一般粒度非常细，浓度比较低；搅拌过程中还需控制温度，以免影响细菌的生长和生存。微生物搅拌浸出可分为半连续浸出和连续浸出。

半连续浸出：重复给料分批培养，即在浸出过程定期补加新鲜培养液，并定期将浸出液取出，这样做的目的是补充作用菌，并将有害代谢产物排出和稀释。

连续浸出：将几个重复的给料浸出设备串联起来，第一个罐流出物供给第二罐原料，直至最后一罐流出较高浓度的产品。

优缺点：缺点是生产成本高（需搅拌、加热、通气、冷却、耐酸反应罐），适用于处理单位价格高的矿种（如金矿）；优点是各项浸出指标易达到最佳水平。

**3. 微生物地浸**

又称为原地浸出或溶浸采矿，它是通过地面钻孔至金属矿体，然后由地面注入细菌浸矿剂到矿体中，浸矿剂在多孔的金属矿体中循环，最后经生产井用泵将浸出液抽到地面并回收。

**4. 微生物槽浸**

矿石的槽浸是一种渗透浸出的过程，通常在浸滤池或者槽中进行，一般用于处理高品位的矿石或精矿，矿石粒度比堆浸小，每个浸出槽一次可以装矿数十吨或数百吨，浸出周期为十天至数百天。

# 第五节　生物乙醇

## 一、生物乙醇背景

乙醇又称酒精，是由C、H、O三种元素组成的有机化合物，乙醇分子式$C_2H_5OH$，分子量为46.07。常温常压下，乙醇是无色透明液体，具有特殊的芳香味和刺激味，吸湿性很强，可与水以任何比例混合并产生热量。乙醇易挥发、易燃烧。工业乙醇含乙醇约95%。含乙醇达99.5%以上的酒精称为无水乙醇。生物乙醇是以生物质为原料生产的可再生能源。

随着化石能源的渐趋枯竭、粮食危机的出现、能源需求不断加大和油价持续上升等因素的影响，人们越来越认识到寻求清洁、可再生能源的迫切性。因此，越来越多的国家已将发展生物质能源产业作为一项重大的国家战略推进，纷纷投入巨资进行生物质能源的研发。

燃料乙醇是生物能源研究的热点。燃料乙醇指以生物质为原料通过生物发酵等途径获得的可作为燃料用的乙醇，目前国内外燃料乙醇的生产方法已逐渐转向了以微生物发酵为主的绿色、清洁的生产方法。

## 二、生物乙醇发酵机理

乙醇发酵是在无氧条件下，微生物（如酵母菌）分解葡萄糖等有机物，产生乙醇、二氧化碳等不彻底氧化产物，同时释放出少量能量的过程。生物发酵由于生化反应机理明了，同时具有高产、稳产、操作简单等优点，是制备乙醇的完美选择。

**1. 发酵的反应原理**

酵母菌在厌氧条件下可发酵己糖形成乙醇，其生化过程主要由两个阶段组成。第一阶段己糖通过糖酵解途径（EMP途径）分解成丙酮酸；第二阶段丙酮酸由脱羧酶催化生成乙醛和二氧化碳，乙醛进一步被还原成乙醇，整个过程葡萄糖发酵成乙醇的总反应式为：$C_6H_{12}O_6 \longrightarrow 2C_2H_5OH + 2CO_2$＋能量。

葡萄糖发酵成乙醇的发酵过程中除主要生成乙醇外，还生成少量的其他副产物，包括甘油、有机酸（主要是琥珀酸）、杂醇油（高级醇）、醛类、酯类等，理论上1mol葡萄糖可产生2mol乙醇，得率为51.5%。因酵母菌体的积累约需2%的葡萄糖，另外2%的葡萄糖用于形成甘油，0.5%用于形成有机酸，0.2%用于形成杂醇油，因此实际上得率只有约47%。

**2. 发酵原料**

由于乙醇生产工艺和应用的发酵微生物范围不断扩大、技术不断改进，乙醇发酵的原料范围也不断在扩大。

（1）*淀粉质原料*　淀粉质原料是生产乙醇的主要原料。我国发酵乙醇的80%是用淀粉质原料生产的，其中以甘薯干等薯类为原料的约占45%、玉米等谷物为原料的约占35%。

① 薯类原料。包括甘薯、木薯和马铃薯等。

甘薯：甘薯在我国北方俗称地瓜、红薯，南方称山芋、番薯。新鲜甘薯可以直接作为乙醇生产的原料。但是，为了便于储存，供工厂全年生产，一般都将甘薯切成片、条或丝，晒成薯干。约3kg鲜薯晒制成1kg薯干。甘薯是国家大力提倡优先发展的燃料乙醇生产原料。

木薯：木薯是一种多年生植物，属大戟科。目前全世界木薯种植面积已达2.5亿亩，是世界上5亿人口的基本粮食。木薯具备甘薯所具有的一切优点，而且果胶质含量少、醪液黏度小，可实现浓醪发酵。木薯作为原料的缺点主要是含氢氰酸，种植分布在山区，收集运输较困难；生产周期较长（在1年以上）。

② 谷物原料（粮食原料）。包括玉米、小麦、高粱、大米等。

谷物原料也是很好的乙醇生产原料。国际上最常用的谷物原料是玉米和小麦。我国由于人多地少，粮食珍贵，以往除玉米外，其他粮食一般较少用于生产乙醇，只有当玉米或小麦不足，或谷物受潮发热霉变的情况下才用谷物原料（陈化粮）。

（2）*糖质原料*　常用的糖质原料有糖蜜、甘蔗、甜菜和甜高粱等。

甘蔗：甘蔗属于禾本科、甘蔗属，是多年生热带和亚热带作物，南、北纬35°以内都可种植生长，以南、北纬10°～23°为最适宜生长区，在南北纬23°以上或10°以下，甘蔗产量或所含糖分较低。甘蔗是$C_4$植物，光饱和点高，二氧化碳补偿点低，光呼吸率低，光合强度大。因此，甘蔗产量很高，一般可达75～100t/hm$^2$。用于生物乙醇生产的甘蔗属于糖料蔗，其纤维较为发达，利于压榨，糖分较高（一般为12%～18%），出糖率高。

甜菜：甜菜古称忝菜，属藜科、甜菜属。甜菜分为野生种和栽培种，甜菜的栽培种有4个变种：叶用甜菜、火焰菜、饲料甜菜、糖用甜菜。糖用甜菜，俗称糖萝卜，通称甜菜，块根的含糖率较高（一般达15%～20%），是制糖工业和乙醇工业的主要原料，其茎叶、青头和尾根是良好的多汁饲料，因此也是甜菜属中开发利用最为充分的栽培种。

甜高粱：又称糖高粱、甜秆、甜秫秸等，是普通粒用高粱［*Sorghum bicolor*（L.）*Mocnch*］的一个变种，以茎秆含有糖分汁液为特点。甜高粱亩产 4～6 吨茎秆，含糖高达 18%～24%，平均 6 吨甜高粱茎秆可产 1 吨燃料乙醇。

与其他淀粉质类物资生产燃料乙醇相比，用甜菜、甜高粱和甘蔗以及这些原料制糖中产生的废糖蜜生产燃料乙醇的技术不同，都不需要进行原料的蒸煮、液化和糖化，极大地降低了燃料乙醇生产的能耗，但由于这三种糖类作物的季节性较强，因此目前在我国还不能进行全年生产，这也是糖类作物目前尚未大规模用于生产燃料乙醇的原因之一。

（3）纤维质原料　纤维类物质是自然界中的可再生资源，其含量十分丰富。天然纤维原料由纤维素、半纤维素和木质素三大成分组成，它们均较难被降解。近年来，纤维素和半纤维素生产乙醇的研究有了突破性进展，纤维素和半纤维已成为很有潜力的乙醇生产原料。

可用于乙醇生产的纤维质原料包括：①农作物纤维质下脚料（稻草、麦草、玉米秆、玉米芯、花生壳、稻壳、棉籽壳等）；②森林和木材加工业的下脚料（树枝、木屑等）；③工厂纤维素和半纤维素下脚料（甘蔗渣、废甜菜丝、废纸浆等）；④城市废纤维垃圾。

（4）野生植物　利用野生植物来代替粮食原料制造乙醇是发展我国乙醇加工业的一个途径。利用野生植物为原料生产乙醇不仅可以节约工业用粮，而且大多数不需要进行栽培和管理，只要利用农闲时采集，可以增加收入；另外许多野生植物是医药工业和化工原料，有利于原料的综合利用。可用于生产乙醇的野生植物有橡子、土茯苓、菊芋等。

橡子：橡子是橡树生产的果实，在每年 9、10 月份成熟，为黄色或棕色的坚果，形似卵形或球形，含有 50%左右的淀粉。1956 年开始，在我国就有乙醇厂利用橡子来制造乙醇。橡子是乙醇工业的一种良好代用原料。

土茯苓：土茯苓又名金刚根，在我国广东、台湾和西南部地区山野之间均有生长，淀粉含量在 60%左右。从色泽来看，土茯苓可以分为红、白两种，红色土茯苓内含单宁和色素的量较多，白色土茯苓内含淀粉较多。土茯苓除用来制造乙醇外，还可以作为药材之用。

石蒜：石蒜又名毒蒜，生长于堤塘、坟地等树荫间，我国各地均有。它有地下球形鳞茎，好似水仙，外皮为灰黑色。淀粉含量 40%左右。石蒜的组织松脆，纤维含量少，易于粉碎和蒸煮，是一种良好的代用原料。

菊芋：菊芋俗称洋姜，别名鬼子姜，是多年生草本植物。菊芋是在地下生长的块茎，容易栽培，一年种植后可以连收 4～5 年。菊芋含有一种储存性糖——菊粉，可以通过生物技术将菊粉转化为果糖、乙醇和蛋白质饲料等。

葛根：据世界粮农组织等权威机构专家预测，葛根有望成为世界第六大粮食作物，5 年内全球需求量每年达到 500 万吨。目前国内已多处推广淀粉含量较高的粉葛，粉葛的优势在于产量大、耐旱、耐涝、耐贫瘠，为多年生植物，对气候条件要求低，淀粉含量高，储存期长，综合利用生产乙醇的潜力大。

（5）其他原料　主要指造纸厂的硫酸盐纸浆废液、淀粉厂的甘薯淀粉渣和马铃薯淀粉渣、奶酪工业的副产品和各种乳清等。

**3. 与乙醇发酵有关的微生物**

（1）糖化菌　用淀粉质原料生产乙醇时，在进行乙醇发酵前，一定要先将淀粉全部或部分转化成葡萄糖等可发酵性糖，这种淀粉转化为糖的过程称为糖化，所用催化剂称为糖化剂。糖化剂可以是由微生物制成的糖化曲（包括固体曲和液体曲），其中含有多种糖化菌。

我国的糖化菌种经历了从米曲霉到黄曲霉，进而发展到黑曲霉的过程。能产生淀粉酶类水解淀粉的微生物种类有很多，在实际生产中主要用的就是曲霉和根霉。历史上曾用过的曲霉包括黑曲霉、白曲霉、黄曲霉、米曲霉等，黑曲霉群中以宇佐美曲霉（*Aspergillus usamii*）、泡盛曲霉（*Asp. awamori*）和甘薯曲霉（*Asp. batatae*）应用最广。白曲霉以河内白曲霉、轻研二号最为著名。乙醇和白酒生产中，不断更新菌种，是改进生产、提高淀粉利用率的有效途径之一。

（2）*乙醇发酵微生物*　许多微生物都能利用己糖进行乙醇发酵，但在实际生产中用于乙醇发酵的几乎全是乙醇酵母，俗称酒母。

利用淀粉质原料的酒母在分类上叫啤酒酵母（*Saccharomyces cerevisiae*）。繁殖速度快、发酵能力即产乙醇能力强，并具有较强的耐乙醇能力。常用的酵母菌株有南阳酵母（1300 和 1308）、拉斯 2 号酵母（Rasse Ⅱ）、拉斯 12 号酵母（Rasse Ⅻ）、K 字酵母、M 酵母（Hefe M）、日本发研 1 号、卡尔斯伯酵母等。

利用糖质原料的酒母除啤酒酵母外，还有粟酒裂殖酵母（*Schizosaccharomyces pombe*）和克鲁维酵母（*Kluyveromyces* sp.）等。

除上述酵母菌外，一些细菌如森奈假单胞菌（*Ps. Lindneri*）、运动发酵单胞菌（*Zymomonas mobilis*）和嗜糖假单胞菌（*Ps. saccharophila*），可以利用葡萄糖进行发酵生产乙醇。总状毛霉深层培养时也产生乙醇。利用细菌发酵乙醇早在 20 世纪 80 年代初就引起了注意，但此方法还未达到工业化，其中有许多问题有待研究。

## 三、生物乙醇发酵的典型工艺

### 1. 淀粉质原料乙醇发酵工艺

淀粉质原料生产乙醇分为原料预处理、原料蒸煮、糖化剂制备、糖化、酒母制备、乙醇发酵和蒸馏等工艺，工艺流程如图 8-11 所示。

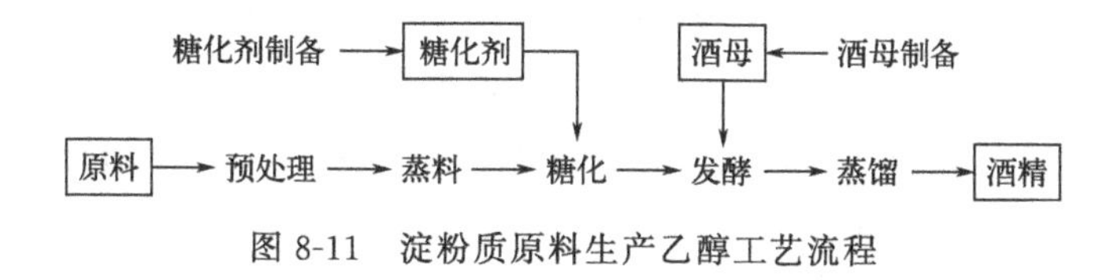


图 8-11　淀粉质原料生产乙醇工艺流程

淀粉糖化后的醪液送入发酵罐，接入酒母后，即可开始乙醇发酵。乙醇发酵过程可分为前发酵期、主发酵期和后发酵期三个阶段。前发酵期一般为前 10h 左右，在酒母与糖化醪加入发酵罐后，醪液中的酵母开始数量还不多，而后由于醪液中含有少量的溶解氧和充足的营养物质，酵母缓慢进行繁殖。主发酵期为前发酵期后的 12h 左右，在此阶段酵母细胞已大量形成，每毫升醪液中酵母数可达 1 亿个以上，酵母菌基本停止繁殖而主要进行乙醇发酵，使糖分迅速下降，乙醇量逐渐增多，醪液中产生大量二氧化碳，有很强的二氧化碳泡沫响声。在后发酵期阶段，发酵作用弱，产生热量也少，发酵醪温度逐渐下降。后发酵一般需要约 40h 才能完成，总发酵时间一般控制 60～72h。

**2. 糖质原料乙醇发酵工艺**

糖质原料制乙醇不必进行糖化及之前的工艺操作，工艺过程较为简单。

糖蜜乙醇发酵工艺过程包括前处理、酒母制备、乙醇发酵和蒸馏四个工序。前处理包括的内容有：将糖蜜稀释至糖浓度为12%～18%（依不同的发酵工艺而异）。糖蜜中常缺乏酵母必需的营养物质，需要添加一些氮源、营养盐（如硫酸铵、硫酸镁、磷酸盐等）以及生长素（如酵母菌自溶物）等。

**3. 乙醇脱水**

成熟的发酵醪内，乙醇含量一般为8%～10%。由于原料不同，水解产物中乙醇含量高低相异，如谷物发酵醪液中乙醇的质量分数不高于12%，亚硫酸法造纸浆水解液中仅含乙醇约1.5%。发酵醪中除含乙醇和大量水外，还有固体物质和许多杂质，需通过蒸馏把发酵醪液中的乙醇蒸出，得到高浓度乙醇，同时去除副产物杂醇油及大量酒糟。

脱水技术是燃料乙醇生产的关键技术之一。从普通蒸馏工艺出来的乙醇，其最高质量分数只能达到95%，要进一步浓缩，继续用普通蒸馏的方法是无法完成的，因为此时酒精和水形成了恒沸物（对应的恒沸温度为78.15℃），难以用普通蒸馏的方法分离开来。为了提高乙醇浓度，除去多余的水分，需采用特殊的脱水方法。目前制备燃料乙醇的方法主要有化学反应脱水法、恒沸精馏、萃取精馏、吸附、膜分离、真空蒸馏法、离子交换树脂法等。

# 第六节　微生物开采石油

## 一、微生物采油技术概况

石油又称原油，是一种黏稠的深褐色液体，主要成分是各种烷烃、环烷烃、芳香烃的混合物。它是古代海洋或湖泊中的生物经过漫长的演化形成的，属于化石燃料。石油由不同的碳氢化合物混合组成。组成石油的化学元素主要是碳（83%～87%）、氢（11%～14%），其余为硫（0.06%～0.8%）、氮（0.02%～1.7%）、氧（0.08%～1.82%）及微量金属元素（镍、钒、铁、锑等）。

石油的微生物采油技术是指将地面分离培养的微生物菌液和营养液注入油层，或单独注入营养液激活油层内微生物，使其在油层内生长繁殖，产生有利于提高采收率的代谢产物或直接作用于原油改善原油物性，以提高油田采收率的采油方法，也称微生物强化采油技术（Microbial enhanced oil recovery，MEOR）。

## 二、微生物采油的技术特点

**1. 适用范围广**

MEOR技术可开采各种类型的原油（轻油、中质原油、重油）。

**2. 工艺简单**

MEOR 技术利用常规注入设备即可实施，不需改造或增添注入设备。

**3. 成本低，经济效益好**

有些油田可取得投入与产出比为 1∶5 的良好效果。

**4. 无污染**

MEOR 产物易于生物降解，不损害地层，也不会造成环境污染，属于真正意义上的绿色采油技术。

## 三、微生物采油技术的发展历程

**1. 基础研究阶段（1926—1975 年）**

1926 年，美国贝克曼首先提出“在储油层利用微生物提高原油采收率”的设想。1940 年，美国佐贝尔发现细菌可以从沉积物中释放油，于 1946 年获得关于厌氧细菌注入油层的专利。从 20 世纪 50 年代起，不少微生物学家、生物化学家开展了有关研究。1954 年，苏联的 Lisbon 油田第一次开展微生物提高采收率的矿场试验。

**2. 蓬勃发展阶段（1975—1990 年）**

1973 年爆发了第一次世界石油危机，引起人们对各种提高石油采收率技术的高度重视。随着现代生物技术的发展，加快了 MEOR 技术的研究与应用。1982 年，美国召开 34 个国家参加的“世界微生物采油会议”，并决定今后每两年召开一次国际会议。1986 年，美国 BAC 公司与 NPC 公司联手开发油田专用系列微生物产品。1987 年，NPC 公司在 A/B 油田（Altamont/Bluebell 油田）推广了微生物采油技术，原油增产幅度达 10%～300%。

**3. 深入研究与现场应用阶段（1990 年至今）**

形成了菌种筛选与评价、驱油试验评价、油藏筛选、试验设计方案、微生物菌种现场试验五项有关技术组合的评价方法，MEOR 技术日臻成熟，成为一项具有强大生命力的三次采油技术。

## 四、与采油有关的微生物

**1. 采油微生物来源**

（1）本源微生物　是指存在于油藏中较为稳定的微生物群落，多数是在油田注水开发过程中由地表带入且已适应地层环境保存下来的微生物，也有的细菌在油藏形成过程就已经存在。由于地层缺乏微生物生长的营养物质，绝大多数处于休眠状态。

① 烃降解菌。是指可以利用石油烃作为生长底物的菌群，在注水井及接近注水井地带最为丰富。大部分为好氧菌，代表菌株有微球菌、节杆菌、红球菌和盐杆菌。

例如，从哈萨克斯坦 Kazakhstan 和俄罗斯 WestSiberia 油田分离到喜热噬油芽孢杆菌（*B. thermoleovorans*），菌株杆状、运动、内生芽孢、严格好氧，生长温度 40～70℃，最适生长条件为pH中性、温度55～60℃、氯化钠浓度5～10g/L，能够利用正构烷烃作为碳源。

② 硫酸盐还原菌。包括脱硫弧菌属、脱硫肠状菌属、脱硫叶菌属及脱硫单细胞菌属等。这些菌代谢产生$H_2S$酸性气体，不但可以提高地层压力，还可以溶解碳酸盐层，促进原油的释放和增大地层的渗透率。某些菌还可以降解石油中的组分，改善原油的流动性，提高原油采收率。

③ 产甲烷菌。包括甲烷杆菌属、甲烷八叠球菌属等。

（2）*外源微生物* 外源微生物又称异源微生物，也就是在外界培养，经筛选后注入油田的微生物。用于采油的外源微生物应具备如下特点：①能够在油藏条件下旺盛生长繁殖，所选微生物必须适应油藏的矿物岩性、油藏温度、地层压力、地层流体性质（包括原油性质和地层水性质，如矿化度、pH等）；②代谢产物有利于提高原油采收率，代谢产物主要为气体、酸、有机溶剂、生物表面活性剂及生物聚合物等；③能够与地层本源微生物配伍，筛选出的微生物注入地层后应成为优势菌，而不能受到地层本源菌的抑制。

**2. 地层对微生物活动的影响**

油藏是一种特殊环境，其高温、高压、高矿化度、无氧、多孔介质及其流体等因素对微生物的存活及生长繁殖都会产生明显影响。

油藏在被钻开之前，微生物活动处于极低的状态；开采后，不同微生物就会随注入水进入其中。随着注入水的不断增加，就会出现下列情况：①好氧和厌氧微生物不断进入油层，氧和有机物不断溶解到水中；②微生物逐渐适应环境条件；③在长期注水的条件下，形成逐渐适应油藏的稳定生物群落。

## 五、微生物采油技术

**1. 本源微生物采油**

（1）*原理* 本源微生物采油技术是通过调整油层中固有群落的生物活性来增加石油采收率的一种生物技术，其原理是以长期栖息于油层中并以烃为唯一碳源生长的微生物活性作为基础，通过向油层补气、通气和注入含磷源、氮源的矿物质，无机盐等营养液的方法，使油层中的本源微生物活性骤增（即激活），增加甲烷和$CO_2$的产量，从而提高石油采油率。

（2）*技术步骤* 好氧发酵阶段：接近注水井地带需氧和兼性厌氧的烃氧化菌被激活，由于烃类部分氧化，产生醇、脂肪酸、表面活性剂、$CO_2$、多糖和其他组分。这些物质一方面是原油释放剂，另一方面是厌氧微生物的营养源。

厌氧发酵阶段：产甲烷菌和硫酸盐还原菌（SRB）在缺氧层被激活，降解石油产生$CH_4$和$CO_2$等气体，这些物质在溶于油后，就会增加油的流动性，从而提高采收率。

（3）*应用条件* 不同的好氧微生物群和厌氧微生物群在油田广泛分布，在地层条件下具有生物化学活性。

微生物具有各种各样的将复杂的石油烃类改造成较简单的不稳定有机化合物的能力，它们还能形成一些公认的驱油剂，如$CO_2$、$CH_4$、脂肪酸、乙醇、多聚糖、表面活性剂及其他溶剂、生物聚合物等。

微生物能够直接在地层中含残余油的小区和微区制造出排驱石油的化合物。

### 2. 外源微生物采油

（1）原理 外源微生物采油即将地面培养的微生物菌种或孢子与营养物一起注入地层，菌种在油藏中繁殖，生长产生大量代谢物，增加地层的出油量，达到提高采收率的目的。外源微生物采油原理与本源微生物十分相似，不同之处是所应用的微生物并非油藏中所固有的微生物，而是在地面培养和选育的性能优异菌种。

（2）应用

① 单井吞吐采油。从油井注入营养液、菌种，关井数日或数周再开井生产，待产量大幅度下降后再重复这一过程。

如将细菌混合培养物 120L（梭状芽孢杆菌属、芽孢杆菌属、地衣芽孢杆菌和革兰氏阴性菌），用水稀释 500kg 糖蜜至浓度为 4%，加入后，关井 12d，原油增产量达 79%。

② 强化水驱采油。如采油微生物增效水驱技术，最常用的微生物是芽孢杆菌属、梭状芽孢杆菌属。在已注水油藏中（原油产量已递减），细菌混合培养物 120L（梭状芽孢杆菌属、芽孢杆菌属、地衣芽孢杆菌和革兰氏阴性菌），4%糖蜜 200kg，关井 12d 后，每天注入 2%糖蜜 10kg，10 个月后原油产量增加 13%，水/油降低 30%。

## 六、微生物提高石油采收率原理

### 1. 微生物自身的封堵作用和润湿作用

微生物增殖后可密集成团，可选择性或非选择性地堵塞地层中的大孔道，改变注入水的流动方向，扩大扫油面积；微生物黏附在岩石表面，可改善孔道壁面的润湿性，改善流动性。

### 2. 微生物代谢产气作用

微生物代谢产气（$CO_2$、$CH_4$、$H_2$、$H_2S$ 等）能够提高油层压力，使原油膨胀，溶解于原油使原油黏度下降，改善流动性。

### 3. 微生物代谢产酸作用

微生物代谢产物中的有机酸（低分子脂肪酸、甲酸、丙酸、异丁酸等）溶解石灰及岩石的灰质胶结物，从而增加岩石的渗透率和孔隙度；有机酸与灰质反应物（$CO_2$）可降低原油黏度。

### 4. 微生物代谢产溶剂作用

微生物代谢产物中的溶剂（丙醇、酮类、醛类）能够溶解石油中的蜡及胶质，降低原油黏度，提高原油流动性。

### 5. 微生物代谢产生物聚合物作用

微生物代谢产物中的生物聚合物（聚多糖）可以堵塞大孔道，迫使注入水起到分流作用，提高注入水的波及系数；同时生物聚合物可以增加水相黏度，改善水驱流度比；生物聚合物的吸附/滞留作用可以降低水相渗透率，提高原油分流量。

**6. 微生物代谢产表面活性剂作用**

微生物代谢产物中的生物表面活性剂可以降低油-水界面张力，提高驱油效率，改变岩石润湿性；消除岩石孔壁油膜，提高油相流动能力；分散乳化原油，降低原油黏度。

**7. 微生物降解烃类作用**

微生物将高分子的石油烃类降解为低分子的烃类，从而降低石油的黏度和凝点，增加原油的流动性。

## 七、微生物采油的监测技术

在微生物采油技术研究中，为了完善注入微生物的选择，对油层环境适应性、注入微生物与油层本源微生物竞争特性、添加营养源和提高原油采收率进行探讨，同时为了准确分析和客观评价 MEOR 现场试验效果，要求了解目的菌的生长繁殖状态，在多孔介质中的扩散、迁移状况，地层流体及地层本源菌对目的菌的影响等。应该定期监测众多特征参数（如注水井的压力，生产井的产量、含水，产出液的微生物含量，主要代谢产物含量，水相的 pH，油相和气体的组分等）的变化，才能发现规律。所以有必要对油层环境中的注入微生物进行动态监控。

若为井筒处理，油井的电流和负荷应有变化；若为单井吞吐，油井的液量或含水甚至动液面应有变化。现场进行微生物活体分析时，井口禁止动火，不能对取样口热消毒，也不宜用药剂消毒而污染样品，无菌、厌氧时取样难度很大，能在井下密闭取样最好。这方面的研究和设计目前还是空白。微生物驱油现场监测方面的报道最多的是产量变化。

作为 MEOR 注入微生物的检出和识别手段，虽然有生物化学形状试验法、选择培养基法及免疫学法等，但这些方法都存在着识别灵敏度或操作简便性问题。从多样化油层采集的众多未知微生物群中，高灵敏度而且简便地检出和识别注入微生物，这些方法不一定是有效的。传统方法有显微镜目测法和平板记数法。显微镜直接目测法直观快速，但对死菌、活菌不好分辨；平板记数法可解决活菌记数问题，提高活细胞浓度测试的准确性，但难以区分菌的种类，无法解决细菌的准确分类问题。有人提出应用 PCR 技术和 FISH 荧光染色技术，通过限制酶处理由 PCR 扩增的基因片段，能迅速简便地判断细菌间的系统和分类学差异，区分地层中原有微生物和注入的微生物，可基本满足监控细菌的要求。这虽然难度大些，但应该非常精确。

## 参考文献

[1] 伯纳德.石油微生物学［M］.北京：中国石化出版社，2011.
[2] 德拉帕克.生物燃料工程工艺技术［M］.北京：科学出版社，2011.
[3] 何雅蔷，鲍庆丹，王凤成.几种面包发酵方法标准的比较［J］.粮油食品科技，2010，18（3）：49-50.
[4] 侯元凯，唐天林，孙志强.生物柴油.生物乙醇植物栽培与应用［M］.北京：中国农业出版社，2010.
[5] 黄季焜，仇焕广.我国生物燃料乙醇发展的社会经济影响及发展战略与对策研究［M］.北京：科学出版

社，2010.
［6］ 柯从玉，孙妩娟. 微生物提高原油采收率现场应用技术［M］. 北京：中国石化出版社，2020.
［7］ 李洪枚. 含镍磁黄铁矿的生物冶金［M］. 北京：知识产权出版社，2010.
［8］ 李宏煦. 硫化铜矿的生物冶金［M］. 北京：冶金工业出版社，2007.
［9］ 李晓明，郑丽沙. 生物材料学［M］. 北京：高等教育出版社，2020.
［10］ 林海，董颖博，傅开彬，等. 硫化铜矿微生物浸出的影响因素和机制［M］. 北京：冶金工业出版社，2019.
［11］ 刘晓，李永玲. 生物质发电技术［M］. 北京：中国电力出版社，2015.
［12］ 刘志彬. 低碳经济下生物质发电产业发展与对策研究—基于河北等省的调研［M］. 北京：知识产权出版社，2016.
［13］ 彭裕生. 微生物采油基础及进展［M］. 北京：石油工业出版社，2005.
［14］ 钱伯章. 生物乙醇与生物丁醇及生物柴油技术与应用［M］. 北京：中国农业出版社，2010.
［15］ 钱伯章. 生物燃料技术与应用［M］. 北京：化学工业出版社，2021.
［16］ 邵伟，乐超银，唐明，等. 面包发酵过程中生物化学特性变化的研究［J］. 食品科技，2004，19（7）：21-23.
［17］ 孙立，张晓东. 生物质发电产业化技术［M］. 北京：化学工业出版社，2011.
［18］ 田宜水. 生物质发电［M］. 北京：化学工业出版社，2010.
［19］ 王国华，谢水波，霍强. 铜金铀矿的生物冶金理论与技术［M］. 长沙：中南大学出版社，2021.
［20］ 伍晓林. 微生物采油技术［M］. 北京：石油工业出版社，2022.
［21］ 徐晓宙，高琨. 生物材料学［M］. 2版. 北京：科学出版社，2016.
［22］ 薛济来. 有色金属生物冶金［M］. 北京：冶金工业出版社，2012.
［23］ 熊党生. 生物材料与组织工程［M］. 北京：科学出版社，2022.
［24］ 杨洪英，佟琳琳，刘伟，等. 钴矿石微生物浸出新技术及钴产品［M］. 北京：科学出版社，2017.
［25］ 姚俊. 油藏环境地微生物多样性及微生物驱油机制［M］. 北京：科学出版社，2019.
［26］ 易绍金，佘跃惠. 石油与环境微生物技术［M］. 北京：中国地质大学出版社，2002.
［27］ 袁士义. 化学驱和微生物驱提高石油采收率的基础研究［M］. 北京：石油工业出版社，2010.
［28］ 张廷山，徐山. 石油微生物采油技术［M］. 北京：化学工业出版社，2009.
［29］ 张兴栋，大卫・威廉姆斯. 二十一世纪生物材料定义［M］. 北京：科学出版社，2022.
［30］ 赵海，许敬亮. 燃料乙醇生产制备技术［M］. 北京：化学工业出版社，2020.
［31］ 中国石油和石化工程研究会. 乙醇燃料与生物柴油［M］. 北京：中国石化出版社，2012.